北京理工大学“双一流”建设精品出版工程

Distributed Computer Control System

分布式计算机控制系统

戴忠健 ◎ 编著

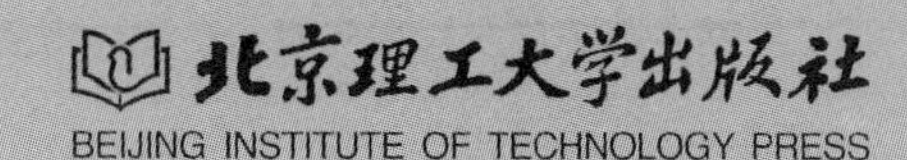

内 容 简 介

本书从应用的角度对分布式计算机控制系统的原理、结构、硬件和软件技术以及典型应用进行了系统、全面的分析和概述。全书共分10章，主要包括分布式控制系统的结构、分布式控制系统中的数据通信、分布式控制系统中的网络技术、现场总线、分布式控制系统的硬件、分布式控制系统的软件、分布式程序设计语言、分布式数据库、分布式控制系统的设计与应用。

本书可供自动化、电气自动化、计算机及应用、检测技术等专业的本科生和研究生使用，也可供这些专业的科技人员自学参考。

图书在版编目（CIP）数据

分布式计算机控制系统／戴忠健编著．—北京：北京理工大学出版社，2020.8
ISBN 978-7-5682-8972-6

Ⅰ.①分…　Ⅱ.①戴…　Ⅲ.①分布式计算机系统-计算机控制系统-高等学校-教材　Ⅳ.①TP338.8

中国版本图书馆CIP数据核字（2020）第163433号

出版发行／北京理工大学出版社有限责任公司
社　　址／北京市海淀区中关村南大街5号
邮　　编／100081
电　　话／(010) 68914775（总编室）
　　　　　(010) 82562903（教材售后服务热线）
　　　　　(010) 68948351（其他图书服务热线）
网　　址／http://www.bitpress.com.cn
经　　销／全国各地新华书店
印　　刷／三河市华骏印务包装有限公司
开　　本／787毫米×1092毫米　1/16
印　　张／17
字　　数／370千字
版　　次／2020年8月第1版　2020年8月第1次印刷
定　　价／56.00元

责任编辑／曾　仙
文案编辑／曾　仙
责任校对／周瑞红
责任印制／李志强

图书出现印装质量问题，请拨打售后服务热线，本社负责调换

前言

PREFACE

分布式计算机控制系统技术与产品在工业生产与民用工程自动化应用中占主要地位。随着生产过程工艺技术不断更新和产品质量不断提高，不同类型、不同功能、不同规模的分布式计算机控制系统在各领域得到了广泛应用。进入21世纪以来，随着控制系统技术的不断发展，特别是自动化和信息化的不断融合，分布式计算机控制系统变得越来越重要。由于具有数字控制、网络通信、监控组态、决策信息处理的功能，分布式计算机控制系统已成为工业和工程控制系统的主要应用形式，在航空航天工程、能源工程、石油与化学工程、生产流水线、制造过程、交通车辆控制、工程测量系统、安全监控系统、环境工程中起着重要作用。

本书是在笔者为自动化及相关专业的高年级本科生和研究生讲授“分布式计算机控制”课程的基础上，总结笔者多年的教学经验和科研成果及内部讲义的试用情况，并综合国内外多种资料编写而成的。本书从应用的角度对分布式计算机控制系统的原理、构成与开发进行了较全面的阐述。全书共分10章，主要介绍了分布式计算机控制系统的结构、数据通信、网络技术，现场总线，分布式计算机控制系统的硬件和软件、程序设计语言、数据库系统、设计与实现等内容，还包括对应用实例和大型系统的综合分析。本书既可以作为大专院校相关专业的教学用书或参考书，也可以帮助现场工程师和技术人员进一步掌握分布式计算机控制系统技术和应用。

在本书的编写过程中，研究生顾晓炜、谢亦辉、熊扬扬协助笔者完成了大部分插图绘制工作，在此表示感谢；同时对提供资料的单位和个人表示感谢。

由于水平有限，加之时间仓促，不足之处在所难免，恳请读者批评指正。

目　录
CONTENTS

第1章
绪　论

1.1　多计算机控制系统与分布式计算机控制系统

1.1.1　计算机控制系统的特点

计算机控制系统有集中式系统和分散式系统之分。在计算机控制与管理系统发展的初期，几乎全是集中式系统。这是有客观原因的，当时计算机的价格昂贵，购置一台计算机的成本较高，因此人们总希望它能承担较多任务，尤其是当时一些大型生产装置或过程的测量控制点比较多，需要集中在操作室由一两人全面监视，这样集中式控制就显示出一定的优越性，在管理方面也有类似需要集中、汇总的情况。但是在经过一段时间后，发现其有许多缺点：

（1）由于集中式系统的主机过于庞大，所以可靠性较差，而且一旦失效，将影响全局，造成很大损失。

（2）在同一台计算机上完成不同任务，无效开销太大，反应不及时。

（3）缺乏扩展的灵活性。

（4）如果被控设备（或信息源）距主机过远，所用线缆过多过长，就会造成投资成本大量增加。

随着小型机（特别是微型机）的出现，系统总成本中主机所占的比例大幅降低，于是就对一些控制对象（或管理对象）分处各地的系统采取了分散式的结构。这种分散式系统比集中式系统（或“群控”系统）要优越得多。

（1）在分散式系统中，每台计算机只控制（或管理）一个子系统，各有各的目标与运行方式，整个系统的可靠性得到很大提高。其原因有：一方面，子系统规模小，所用的计算机也较小，涉及的电子器件与装置较少，因此可靠性就相对较高；另一方面，一个子系统失效只影响局部，不会波及全局。

（2）系统的反应比较及时。

（3）由于计算机分处各地，因此无须像集中式系统那样使用过多的通信线缆。

（4）系统的扩展比较容易。

但是，对一个系统整体来说，各子系统之间总要有联系，系统要有总的目标，各子系统要按总目标加以协调。为了完成这一任务，就产生了分布式计算机控制系统，简称“分布式控制系统”。分布式控制系统与分散式系统一样，各子系统都由各自的计算机来控制或管理。它与分散式系统不同的是：整个系统的目标和任务事先按一定方式分配给子系统，而子系统之间必然有较多的信息交换。在分布式系统中，所有计算机既可能处于平等地位，也可能有主从之分。

分布式控制系统除了有分散式系统的可靠性高、信号线缆少、反应快、易于扩展等优点之外，还能克服一般分散式系统的缺点，使得子系统间的联系更加密切，易于协调，并且可以有主从之分。随着微型计算机的性能日益提高而价格大幅度降低，以及计算机通信技术与网络技术的迅速发展，分布式系统的推广和应用有了更好的基础。而且，生产规模、经济活动范围日益扩大，信息往来日益频繁，许多原来孤立的单位也渐渐联成一体，这样就使得分布式系统成为今后发展的一个主要方向。

综上所述，计算机控制系统分为以下三类：

（1）集中式控制系统（Centralized Control System）：为单计算机控制系统，即用一台计算机控制多个对象或设备。即使有多 CPU 控制器，只要是在单计算机内实现，就仍然是集中式控制系统。

（2）分散式控制系统（Decentralized Control System）：为多计算机控制系统，由多台计算机分别控制不同的对象，组成多个子系统，这些子系统在物理上、地理位置上、逻辑结构上、功能上都可以是分散的。以计算机网络为核心组成的控制系统都是分散式系统。

（3）分布式控制系统（Distributed Control System）：为多计算机控制系统。分布式控制系统有明确的总体目标，并把总体目标分解到各子系统，各子系统联系密切，并通过协调达到总体目标。

1.1.2　分布式控制系统的分类

分布式控制系统可分为平等式、分级式与混合式。

（1）平等式：各子系统之间没有主从关系，完全是平等的，如图 1－1 所示。

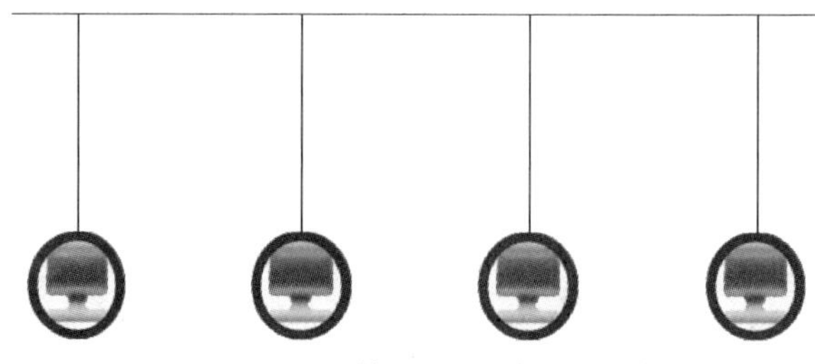

图 1－1　平等式分布式控制系统

（2）分级式：各子系统之间有主从关系，如图 1－2 所示。分级式系统被广泛采用的原因是许多现实生产系统的结构、组织机构等本身就是分级的。按照系统工程的层次性原则，对于大型的复杂系统，很难由一个上级部门（对计算机系统来说是一台主机）全部负责、统一管理，而应该分层负责，各司其职。

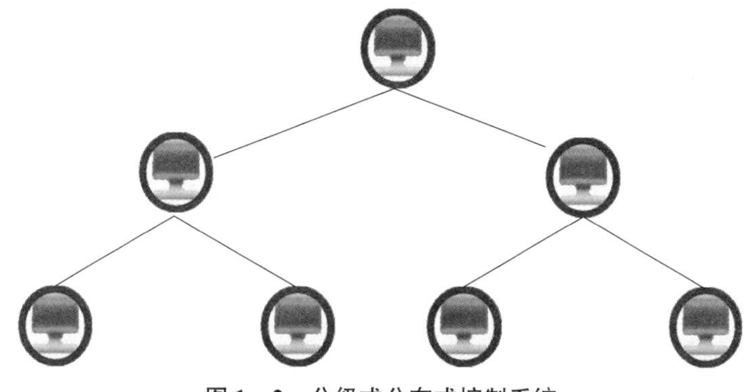

图1-2 分级式分布式控制系统

（3）混合式：整个系统中既有主从关系又有平等关系，如图1-3所示。

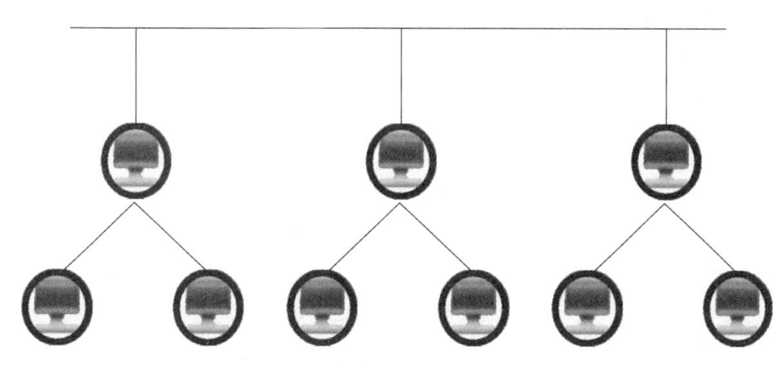

图1-3 混合式分布式控制系统

1.1.3 计算机学科研究的分布式系统

在计算机学科领域，对分布式系统有以下两种定义：

（1）分布式系统是一组由网络连接的、具有独立功能的计算机，在一套特殊软件的管理下，整个系统在用户面前为一个透明的整体。

（2）分布式系统是一组位于网络计算机上的并发构件，这些构件之间的通信以及任务协调都只能通过信件传递进行，其目的是实现资源共享。

以上两种定义体现了分布式系统在硬件上包含计算机网络，在软件上通过虚拟机来实现网络资源的共享，硬件和软件互相协调合作的特点。它是具有自治性、模块性、并行性的多指令流、多数据流的计算机网络。

由于多数分布式系统建立在计算机网络的基础上，因此分布式系统与计算机网络在物理结构上是基本相同的。在一个分布式系统中，一组独立的计算机展现给用户的是一个统一的整体，就好像同一个系统。系统拥有多种通用的物理资源和逻辑资源，可以动态地分配任务，分散的物理资源和逻辑资源则通过计算机网络来实现信息交换。著名的分布式系统的例子是万维网（World Wide Web，WWW），在万维网中，一切看起来就好像是一个文档（Web 页面）。

分布式计算机控制系统是一个新兴的综合与交叉学科方向，从不同的学科领域出发就会有不同的理解。本书侧重于控制学科与计算机应用方向，采用前述的分布式计算控制系统的定义，重点讨论具有主从关系的分级式系统。

1.2 分布式控制系统概述

1.2.1 分布式控制系统的产生和特点

控制系统的发展是从模拟技术向数字技术演进的过程，计算机进入控制领域，所带来的是从模拟技术到数字技术的革命性变化。

1. 数字化可以实现复杂的控制算法

过去，不论是基地式仪表还是单元组合式仪表，采用的都是模拟技术，在对被控对象进行控制时，其表达测量值和控制值的方法都是用某种物理量来进行模拟，如用电流的大小来表示液位的高低等。在对被控对象进行控制时，也采用同样的物理量来表达给定值和控制量，并采用物理的原理（如流体力学原理 、电子学原理等）来模拟微分、积分等算法。这样的技术不但无法实现复杂的控制，而且极不灵活，任何算法的改变都要对计算单元进行改装。数字技术则完全不同，它将现场测量值通过模拟量到数字量的转换器（称为 ADC 或 A/D）转换成一个二进制的、便于计算机处理的数字，这个数字由不同的电平来分别表示 0、1，并以 0 与 1 的不同组合来表达不同的数值。这个转换过程被称为数字化。数字化的工作一旦完成，以后的工作便完全在计算机内部的运算器中通过软件来实现，如各种控制算法的实现等。由于计算机具有强大的计算功能，可以完成任何公式的计算，因此计算机控制系统的功能比模拟仪表系统要强大得多。而且，由于所有算法都是通过软件来完成的，因此算法的改变非常容易，这体现了数字技术极大的灵活性。经过计算而得到的控制结果仍然是一个二进制数值，因此还要通过数字量到模拟量的转换器（称为 DAC 或 D/A）将控制值转换成相应的控制信号，然后通过执行器实施控制动作。

用数字技术构成的控制系统可以完成模拟系统无法完成的复杂控制。例如，在经典 PID 调节的基础上添加人工智能控制、对大滞后环节的处理等，这些算法如果采用模拟技术实现，其结构必然庞大，元件数量将多到无法承受，而且这样一个结构复杂、元件繁多的系统必然导致可靠性急剧下降，因此是不可实现的。而在数字化的系统中，任何复杂的算法都可用软件予以实现，算法的复杂既不改变系统结构也不增加元件数量（最多增加一块存储器）。因此，在这种情况下，数字化控制系统的可靠性要高于模拟系统。

2. 数字化可以实现友好的人机界面

与模拟技术相比，数字技术在控制功能方面有了极大的提高，它可以完成各种复杂的计算并进行智能化处理。另外，在人机界面上也比模拟仪表有了革命性的改变。在仪表控制系统中，所有显示单元、操作单元及给定值设定单元都安装在仪表盘上，而且每个控制点都有自己相应的显示单元、操作单元及设定单元。如果系统庞大，检测控制点很多，就需要面积很大的仪表盘，这给观察现场和进行操作带来了很大的困难。为了减小仪表盘的面积，很多仪表系统采取了密集安装方式，按照生产设备的工艺将仪表进行分区安排，这样虽然减少了仪表盘的面积，使人的操作在较小的、手眼可达的范围内进行，但不直观，人必须记住每个仪表盘上的单元是对实际生产设备的哪一部分进行显示和操作的，稍有疏忽就会产生错误。另一种方法就是采用模拟盘，将生产设备按实际的工艺过程描绘到一个面板下，在控制位置上安装仪表的显示操作等单元，这种方式虽然直观，但大大增加了仪表的表盘面积，使操作人员必须在大面积的模拟盘面前不断走动、巡视，以控制生产过程的运行，无论是密集安装的仪表盘还是按工艺过程表示的模拟盘，其信号线的连接都非常复杂。

在现场，我们经常可以看到仪表盘（或模拟盘）背后密如蛛网的信号线，这些线都通过电缆井、电缆桥架等敷设到现场。这对于检查和维护来说，工作量都巨大，特别是要增加仪表或改变测量控制点的位置、功能时，其困难更大。而计算机控制系统的人机界面就简洁得多。在计算机控制系统（图1－4）中，一般采用显示器和键盘、鼠标（或轨迹球）来实现显示操作功能，我们可以在显示器上很容易地显示生产设备的分布、生产工艺流程，并通过键盘、鼠标进行操作或设定值控制。这些都是通过软件实现的，并不需要进行一一对应的硬接线，而且显示器的表现力丰富，利用光标进行的控制操作直观方便，加上软件对操作命令的各种合法性检查，就可以使误操作的概率降到很低。

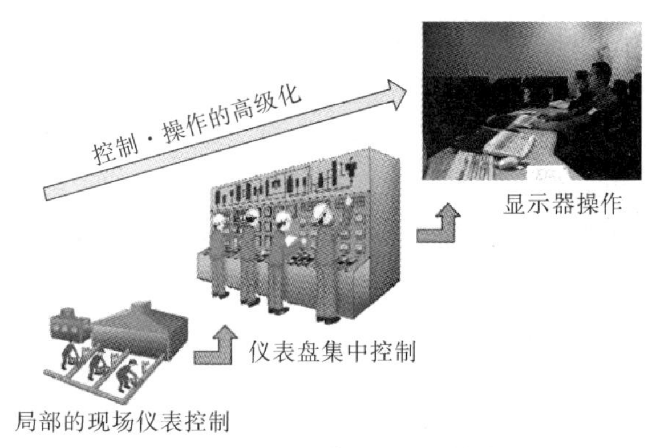

图1－4 控制系统操作界面的变化

3. 数字技术的最大优势是形成网络

由于每个数字单元都可以有智能处理功能，对外具有地址和识别码，因此可以在一条公用的总线上实现多个单元的信息传输。而且，数字信息的传输与模拟信息的传输不同，数字信息可以利用编码技术、查错纠错技术来剔除受到干扰而出错的信息，因此数字信息的传输是无失真的，不会产生附加的误差；而模拟信号的传输会产生附加误差，而且每次传输都会在已有的误差上叠加新的误差，系统对此很难识别和滤除。此外，模拟信号的传输不可能共线，只能每个信号使用一对线。信号传输线的数量在系统中似乎不是一个能够引起重视的问题，但如果信号数量很多、传输距离很长，这个问题就相当突出，它将导致成本急剧上升、设计和施工的难度大幅提高、线缆的维护难度加大，而且很容易引入干扰（甚至雷电等高压的渗入），造成系统损坏。

分布式控制系统是网络进入控制领域后出现的新型控制系统，它将整个系统的检测、计算和控制功能安排给若干台不同的计算机完成，各计算机之间通过网络来实现相互之间的协调和系统之间的集成，网络使得控制系统实现在功能和范围上的“分布”成为可能。

4. 分布式控制系统的特点

我们可以认为，单元式组合仪表的控制系统和直接数字控制计算机系统是分布式控制系统（DCS）的两个主要技术来源；或者说，直接数字控制（DDC）计算机系统的数字技术和单元式组合仪表的分布式体系结构是DCS的核心，而这样的核心之所以能够在实际上形成并达到实用的程度，则有赖于计算机网络技术的产生和发展。

在DCS出现的早期，人们还将其看作仪表系统。ISA［S5.3］1983年对DCS的定义：

“That class of instrumentation（input/output devices，control devices and operator interface devices）which in addition to executing the stated control functions also permits transmission of control，measurement，and operating information to and from a single or a plurality of user specifiable locations，connected by a communication link.” 某一类仪器仪表（输入/输出设备、控制设备和操作员接口设备），它不仅可以完成指定的控制功能，还允许将控制测量和运行信息在具有通信链路的、可由用户指定的一个或多个地点之间相互传递。

按照这个定义，我们可以将DCS理解为具有数字通信能力的仪表控制系统。从系统的结构形式看，DCS确实与仪表控制系统相似，它在现场端仍然采用模拟仪表的变送单元和执行单元，在主控制室端是计算单元和显示、记录、给定值等单元。但从实质上，DCS和仪表控制系统有着本质的区别。首先，DCS是基于数字技术的，除了现场的变送单元和执行单元外，其余处理均采用数字方式。而且，DCS的计算单元并不是针对每个控制回路设置一个计算单元，而是将若干个控制回路集中在一起，由一个现场控制站来完成这些控制回路的计算功能。这样的结构形式不只是出于成本上的考虑——与模拟仪表的计算单元相比，DCS的现场控制站比较昂贵。采取一个控制站执行多个回路控制的结构形式，是由于DCS的现场控制站有足够的能力完成多个回路的控制计算。从功能上讲，由一个现场控制站执行多个控制回路的计算和控制功能更便于这些控制回路之间的协调，这在模拟仪表系统中是无法实现的。一个现场控制站应该执行多少个回路的控制，这与被控对象有关，系统设计师可以根据控制方法的要求来具体安排在系统中使用多少个现场控制站，每个现场控制站中各安排哪些控制回路。在这方面，DCS有着极大的灵活性。

如果说，从仪表控制系统的角度看，DCS的最大特点在于其具有传统模拟仪表所没有的通信功能。那么从计算机控制系统的角度看，DCS的最大特点则在于它将整个系统的功能安排给若干台不同的计算机去完成，各计算机之间通过网络实现互相之间的协调和系统的集成。在DDC计算机系统中，计算机的功能可分为检测、计算、控制及人机界面等，而在DCS中，检测、计算和控制这三项功能由称为现场控制站的计算机完成，而人机界面则由称为操作员站的计算机完成。这是两类功能完全不同的计算机。而在一个系统中，往往有多台现场控制站和多台操作员站，每台现场控制站或操作员站对部分被控对象实施控制或监视，这是对功能相同而范围不同的计算机进行划分。因此，DCS中对多台计算机的划分既有功能上的，也有控制、监视范围上的。这两种划分方式就形成了DCS的“分布”的含义。

ISA除了在［S5.3］1983中对DCS做出定义外，还从不同的角度做出了解释：

“A system which, while being functionally integrated, consists of subsystems which may be physically separate and remotely located from one another［S5.1］.”物理上分立并分布在不同位置上的多个子系统，在功能上集成为一个系统。这解释了DCS的结构特点。

“Comprised of operator consoles, a communication system, and remote or local processor units performing control, logic, calculations and measurement functions.”由操作台、通信系统和执行控制，逻辑、计算及测量等功能的远程或本地处理单元构成。这指出了DCS的三大组成部分。

“Two meanings of distributed shall apply: a) Processors and consoles distributed physically in different areas of the plant or building; b) Data processing distributed such as sever”两个含义：①处理器和操作台物理地分布在工厂或建筑物的不同区域；②数据处理分散，多个处理器并行执行不同的功能。这解释了分布的两个含义：物理上的分布和功能上的分布。

“A system of dividing plant or process control into several areas of responsibility, each managed by its own controller (processor), with the whole interconnected to form a single entity usually by communication buses of various kinds.”将工厂或过程控制分解成若干区域，每个区域由各自的控制器（处理器）进行管理控制，它们之间通过不同类型的总线连成一个整体。这侧重描述了DCS各部分之间的连接关系，它们是通过不同类型的总线来实现连接的。

总结以上各方面的描述，我们可对DCS做出比较完整的定义：

（1）以回路控制为主要功能的系统。

（2）除变送单元和执行单元外，各种控制功能及通信、人机界面均采用数字技术。

（3）以计算机的CRT、键盘、鼠标/轨迹球代替仪表盘形成系统人机界面。

（4）回路控制功能由现场控制站完成，系统可有多台现场控制站，每台现场控制站控制一部分回路。

（5）人机界面由操作员站实现，系统可有多台操作员站。

（6）系统中所有现场控制站、操作员站均通过数字通信网络来实现连接。

上述定义的前3项与直接数字控制（DDC）计算机系统无异，后3项则描述了DCS的特点，这也是DCS和DDC计算机系统最根本的不同。

1.2.2 分布式控制系统的发展历程

计算机、网络与通信技术、控制技术的发展都对分布式控制系统的发展起积极的推动作用。从1975年第一套分布式控制系统诞生至今，分布式控制系统的发展可以分为四代。

1. 第一代（初创期，1975—1980 年）

第一代 DCS 是指 1975—1980 年间出现的第一批系统，由于这是第一批 DCS，因此控制界称这个时期为初创期或开创期。这个时期的代表是率先推出 DCS 的 Honeywell 公司的 TDC－2000 系统，同期的还有 Yokogawa（即横河）公司的 Yawpark 系统、Foxboro 公司的 Spectrum 系统、Bailey 公司的 Network90 系统、Kent 公司的 P4000 系统、Siemens 公司的 Teleperm M 系统及东芝公司的 TOSDIC 系统等。

这个时期的系统比较注重控制功能的实现，因此系统的设计重点是现场控制站，各个公司的系统均采用了当时最先进的微处理器来构成现场控制站，因此系统的直接控制功能比较成熟可靠，而系统的人机界面功能则相对较弱，在实际运行中，只用 CRT 操作站进行现场工况的监视，而且提供的信息也有一定的局限。在描述第一代 DCS 时，一般以 Honeywell 公司的 TDC－2000 系统为模型。第一代 DCS 由过程控制单元、数据采集单元、CRT 操作站、上位管理计算机、连接各单元和计算机的高速数据通道共五个部分组成，这也奠定了 DCS 的基础体系结构。

第一代 DCS 在功能上更接近仪表控制系统，这受大部分仪器仪表的生产和系统工程的背景影响，其特点是分散控制、集中监视。这个特点与仪表控制系统类似，所不同的是，控制的分散不是到每个回路，而是到现场控制站，一个现场控制站所控制的回路从几个到几十个不等，集中监视所采用的是 CRT 显示技术和控制键盘操作技术，而不是仪表面板和模拟盘。

在这一时期，各个厂家的系统均由专有产品构成，包括高速数据通道、现场控制站、人机界面工作站以及各类功能性的工作站等。这与仪表控制时代的情况相同，所不同的是，DCS 还没有像仪表那样形成 4～20 mA 的统一标准，因此各厂家的系统在通信方面是自成体系，当时还没有厂家采用局域网标准（实际上当时网络技术的发展也不成熟），而是各自开发自有技术的高速数据总线（或称数据高速公路），因此各厂家的系统并不能像仪表系统那样可以实现信号互通和产品互换。这种由独家技术、独家产品构成的系统形成了极高的价位，不仅系统的购买价格高，而且系统的维护运行成本高。可以说，DCS 的这个时期是超利润时期，因此其利用范围也受到限制，只在一些要求特别高的关键生产设备上得到了应用。

2. 第二代（成熟期，1980—1985 年）

第二代 DCS 是指在 1980—1985 年前后推出的系统，如 Honeywell 公司的 TDC－3000、Fisher 公司的 PROVOX、Taylor 公司的 MOD300 及 Westinghouse 公司的 WDPF 系统。第二代 DCS 的最大特点是引入了局域网（LAN）作为系统骨干，按照网络结点的概念组织过程控制站、中央操作站、系统管理站及网关（Gate Way，用于兼容早期产品），这使得系统的规模、容量进一步增加，系统的扩充有更大的余地，也更加方便。这一时期的系统开始摆脱仪表控制系统的影响，逐步靠近计算机系统。

在功能上，这一时期的 DCS 逐步走向完善。除了回路控制外，还增加了顺序控制、逻辑控制等功能，加强了系统管理站的功能，可实现一些优化控制和生产管理功能。在人机界面方面，随着显示技术的发展，图形用户界面逐步丰富，显示密度大大提高，操作人员可以通过显示器的显示得到更多生产现场信息和系统控制信息。在操作方面，从过去单纯的键盘操作发展到基于屏幕显示的光标操作（图形模作界面），轨迹球、光笔等光标控制设备得到越来越多的应用。

随着系统技术的不断成熟，更多厂家参与竞争，DCS 的价格逐渐下降，这使得 DCS 的应用更加广泛。然而，在系统的通信标准方面仍然没有进展，各厂家虽然在系统的网络技术方面下了很大功夫（有些厂家还采用了由专业实时网络开发商的硬件产品），但网络协议方面依然各自为政，不同厂家的系统之间基本不能进行数据交换。系统的各个组成（如现场控制站、人机界面工作站、各类功能站及软件等）都是各 DCS 厂家的专有技术和专有产品。因此从用户的角度看，DCS 仍然是一种购买成本、运行成本和维护成本都很高的系统。

3. 第三代（扩展期 1985—1990 年）

第三代 DCS 以 Foxboro 公司于 1987 年推出的 I/A Series 为代表，该系统采用了 ISO 标准 MAP（制造自动化规约）网络。这一时期的系统除 I/A Series 外，还有 Honeywell 公司的 TDC3000UCN、Yokogawa 公司的 Centum XL 和 μXL、Bailey 公司的 INFI - 90、Westinghouse 公司的 WDPFⅡ、Leeds & Northrup 公司的 MAX1000、日立公司的 HIACS 系列等。

这个时期的 DCS 在功能上实现了进一步扩展，增加了上层网络，将生产的管理功能纳入系统。这样，就形成了直接控制、监督控制和协调优化、上层管理的三层功能结构，这实际上就是现代 DCS 的标准体系结构。这样的体系结构已经使 DCS 成为一个很典型的计算机网络系统，而实施直接控制功能的现场控制站在功能逐步成熟并标准化后，成为整个计算机网络系统中的一类功能结点。20 世纪 90 年代以后，人们已经很难比较出各厂家的 DCS 在直接控制功能方面的差异，各种 DCS 的差异主要体现在与不同行业应用密切相关的控制方法和高层管理功能方面。

在网络方面，各个厂家已普遍采用了标准的网络产品，如各种实时网络和以太网等。在 I/A Series 推出之初，业界曾认为 MAP 网将成为 DCS 的标准网络而结束 DCS 没有通信标准的历史，但实际情况的发展并不如预期，数字信息互通的复杂程度远远大于模拟信号互通，MAP 绝不可能像 4 ~ 20 mA 那样成为控制领域的统一标准。MAP 协议是 GM 公司投入上百亿美元开发的产品，其内容涉及从物理层到应用层的各个网络层次（其中物理层和数据链路层采用了 IEEE 802.4 令牌总线标准），其开发初期是针对如 GM 这样的大型制造业的，虽然在后期得到了一些厂家的支持，但依然难以涵盖所有行业的应用。这类面向复杂问题的标准只能在广泛应用中逐步形成，而不可能人为地制定出来，因此到 20 世纪 90 年代后期，很多原来支持 MAP 的厂家逐渐放弃了这个虽然内容完整但非常复杂的协议，而将目光转向了只有物理层和数据链路层的以太网和在以太网之上的 TCP/IP 协议。这样，在高层（即应用层）虽然还是各个厂家采用自己的标准，系统间无法直接通信，但至少在网络的底层，系统间是可以互通的，高层的协议可以开发专门的转换软件，从而实现互通。

除了功能上的扩充和网络通信的部分实现外，多数 DCS 厂家在组态方面实现了标准化，由 IEC 61131 - 3 定义的 5 种组态语言为大多数 DCS 厂家采纳，在这方面为用户提供了极大的便利。各个厂家对 IEC 61131 - 3 的支持程度不同，有的仅支持其中一种，有的支持5种，支持的程度越高，为用户带来的便利就越多。

在构成系统的产品方面，除现场控制站基本上还是各DCS厂家的专有产品外，人机界面工作站、服务器和各种功能站的硬件和基础软件（如操作系统等）已没有哪个厂家使用自己的专有产品，而从市场采购相关产品，这为系统的维护带来了相当大的好处，也使系统的成本大大降低。目前DCS已逐步成为一种大众产品，在越来越多的应用中取代仪表控制系统，而成为控制系统的主流。

从20世纪90年代开始，现场总线开始成为技术热点。实际上，现场总线的技术早在20世纪70年代末就出现了，但始终作为一种低速的数字通信接口，用于传感器与系统间交换数据。从技术上，现场总线并没有超出局域网的范围，其优势在于它是一种低成本的传输方式，比较适用于数量庞大的传感器连接。现场总线大面积应用的障碍在于传感器的数字化，因为只有传感器数字化后，才有条件将现场总线作为信号的传输介质。现场总线的真正意义在于，这项技术再次引发了控制系统从仪表发展到计算机的过程中没有新的信号传输标准的问题。人们试图通过现场总线标准的形成来解决这个问题，因为只有彻底解决了这个问题，才可以认为控制系统真正完成了从仪表到计算机的换代过程。

4. 新一代（1990—）

现场总线技术的成熟与应用造就了新一代的DCS，其技术特点是全数字化、信息化和集成化。

从总的趋势看，DCS的发展体现在以下几方面：

（1）系统的功能从低层（现场控制层）逐步向高层（监督控制、生产调度管理）扩展。

（2）系统的控制功能由单一的回路控制逐步发展到综合了逻辑控制、顺序控制、程序控制、批量控制及配方控制等的混合控制功能。

（3）构成系统的各部分由厂家专有产品逐步改变为从市场采购的产品。

（4）开放的趋势使厂家越来越重视采用公开标准，使第三方产品更容易集成到系统。

（5）开放性带来的系统趋同化迫使厂家向高层的、与生产工艺结合紧密的高级控制功能发展。

（6）数字化的发展越来越向现场延伸，使现场控制功能和系统体系结构发生了重大变化，将发展为更智能化、更分散化的新一代控制系统。

1.2.3 国内外现状与应用

经过几十年的发展，国内在原来直接数字控制（DDC）技术自行研发和工控机应用的基础上，对国外DCS的工程应用及技术引进，逐渐形成了独立自主的DCS产业，特别是在大型火力发电厂中的应用中，国产DCS取得了可喜的业绩，已经达到（或接近）国际先进水平。与国外DCS相比，国内DCS产业具有以下特色和应用优势：

（1）国产DCS的性价比高，适合在300 MW以下机组中选用，在600 MW以上机组可逐步扩大应用范围。

（2）国内 DCS 企业对大型发电厂的工程能力有待在实际工程锻炼中进一步提高。

（3）国内 DCS 企业应加强研发力量，在 DCS 中尽快解决与 FF、PROFIBUS－PA 等现场总线仪表连接的工程实践，EDDL 设备描述语言技术，可互操作性技术的应用等专项技术。

（4）加强管控一体化，电控、仪控一体化的应用技术的工程实践，特别是加强“资产管理”专项技术的实践。

（5）加强功能安全技术的研究。

（6）在引进国外特大型机组 DCS 应用工程中，把国内制造厂作为最终用户的伙伴，参加进去，从中吸取国外先进技术和工程管理经验，并为最终用户在该机组的运行、维护保驾护航。

DCS 虽然主要应用在工业集散控制中，且具有广阔的应用前景，但 DCS 的应用已推广到农业、金融、军事等领域，并不断从多层次网络、不同网络规范向网络结构和网络协议的扁平化发展。

1.3 分布式控制系统的优缺点与设计分析问题

1. 分布式控制系统的优点

1）性价比高

分布式控制系统采用低价的微机构成，与同样功能的大、中型计算机相比，分布式控制系统所需的价格不到其的 1/3。

2）资源共享

分布式控制系统中的数据、程序、外设等资源都可以由各子系统共享，这也是提高性能价格比的重要方面，还能提高系统的适应性与灵活性。

3）采用模块化结构

由于采用模块化结构，因此分布式控制系统容易实现通用化与系列化，系统的扩充也很方便，还可以对系统进行重构，实时地动态分配与管理系统，以适应不同环境和用户的要求。

4）可靠性高

一般情况下，子系统故障不影响全局，可由其他子系统以“容错”方式带故障运行，称“优美降级运行”。各子系统间还可互相诊断、检测和保护，从而提高整个系统的可靠性。分布式控制系统对故障的处理能力或带故障运行的能力（即系统的容错运行能力）也称为坚定性（或坚强性），它是可靠性指标的重要组成部分。分布式控制系统的坚定性大大优于集中式的单机系统。

5）响应速度快

分布式控制系统可通过并行处理或各子系统分别处理来实现快速响应。集中式控制则采用分时处理方式来对多个对象的申请按优先级排队响应，往往滞后，且等待时间较长。

2. 分布式控制系统的缺点

1）技术要求较高

多机系统中的硬件与软件方面都有一些特殊问题需要处理，比单机系统复杂得多，系统总体的调度、协调和优化更是一个难度较高的研究课题。

2）数据通信量很大

分布式控制系统需要增加通信（或连网）设备及费用，由此带来了数据通信的安全性与保密性问题，从这个角度来说，会降低系统的可靠性。这与系统总体可靠性高的优点并不矛盾。

上述问题都是分布式控制系统发展过程中需要逐步解决的。随着分布式控制系统的广泛应用和技术水平的不断提高，它的优点会更加显著，存在的问题将逐渐得到解决而显示其越来越强的生命力。

反映 DCS 水平的技术指标有网络结构、硬件体系、软件体系，以及系统容量、系统实时性、系统人机界面、系统现场接口、系统控制功能、系统精确度、系统灵活性和可扩展性、系统可靠性、系统可用性、系统可维护性、系统稳定性、系统安全性等。如何进一步科学地评比这些指标，是当今制造业的任务。

3. 分布式控制系统的设计与分析问题

1）选择与分析系统的结构

例如，分级分布式系统、环形系统等表明了在整个系统中各子系统之间的关系及其所处的地位，也指明了系统中各计算机之间的网络连接方式。各类结构分别有其功能和优缺点，必须在全面分析比较后合理地设计和选取。

2）系统内的通信和连网技术

在分布式控制系统内，各计算机之间必须连网通信，进行信息交换。网络类型与数据传送的方式及其速率也是多种多样的，必须根据系统的要求，设计和选择合适的网络通信技术，减少用于数据传送的开销，以满足系统总体的技术要求。

3）分布式软件的设计与开发

这主要是指分布式操作系统与分布式文件管理系统、分布式数据库及其管理系统、分布式语言等。这些软件系统各有其特点，在技术实现上有相当大的难度，必须进行专门的设计与开发，才能满足分布式控制系统的要求。

4）系统中各子系统的功能分配

这是指系统总体性能的实现与优化，保证系统的控制与管理功能，以及对系统的可靠性、安全性、保密性等方面的要求。

思　考　题

1. 分布式控制系统是如何产生的？
2. 分布式控制系统的发展趋势有哪些？
3. 分布式控制系统主要应解决哪些设计与分析问题？

第 2 章

分布式控制系统的结构

本章着重分析和讨论分布式控制系统中，各子系统间的关系，即多机系统中各计算机之间的拓扑结构关系，主要有分级分布式系统（树形结构）、共享总线系统、环形系统、星形系统、点至点互连系统。

2.1 分级分布式系统

2.1.1 分级分布式系统的组成与实例

分级分布式系统的拓扑结构为树形结构，是分级式（上下级式）结构。在这种结构中，各计算机之间存在着较明显的层次关系。通常，最底层的计算机执行数据的采集功能；中间层的计算机执行数据的加工和控制功能；高层的计算机则根据下级计算机提供的信息，执行综合处理功能，进行管理决策。图 2－1 所示为一个典型的三级分布式系统结构。

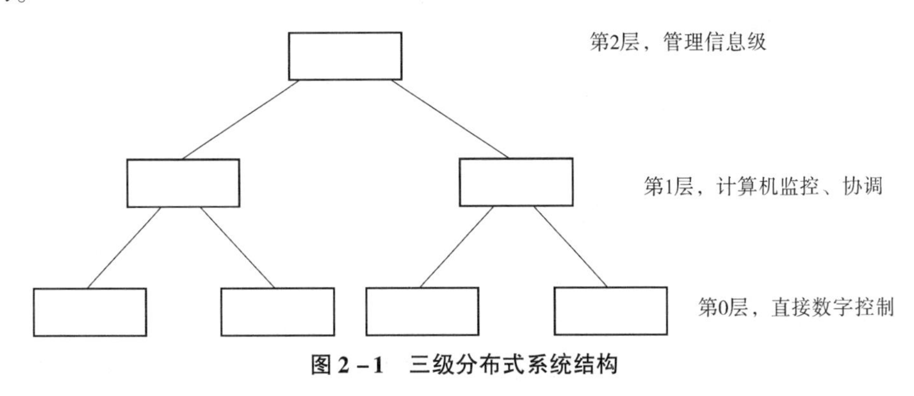

图 2－1　三级分布式系统结构

第 0 层通常由微型机或单片机组成，它通过接口设备与现场的信息检测设备相连，信息检测设备可以检测温度、压力、液面、流量等参量的变化，以及某些开关量的状态。微型机应有足够快的响应速度，以保证完成外界信息采集的任务，根据具体应用系统的要求以及微型机的功能，这一级还可以承担简单的数据加工及处理任务，甚至包括某些回路的控制任务。为了便于故障诊断，可以将外界信息周期性地进行存储。在工业控制系统中，这一级一般为直接数字控制（Direct Digital Control，DDC）级。

第 1 层的计算机功能应该比第 0 层强，对这一级的功能要求取决于具体应用，涉及范围较广。它可以包括：对第 0 层的数据进行分析处理，建立有关的文件并执行文件操作；监视第 0 层的工作状态；与第 0 层进行数据通信等。在工业控制系统中，这一级一般为计算机监控（Supervisory Computer Control，SCC）级。

第 2 层通常执行全局管理决策，如全局统计分析、市场预测、产品结构分析、决策分析等。一般来说，这一级的计算机功能较强，其数据处理和运算速度较快，存储空间也较大。根据具体任务与要求，这一层可以采用高档微型机、小型机，甚至功能更强的工作站等计算机系统。

典型的工业企业级的分级分布式系统如图 2－2 所示。

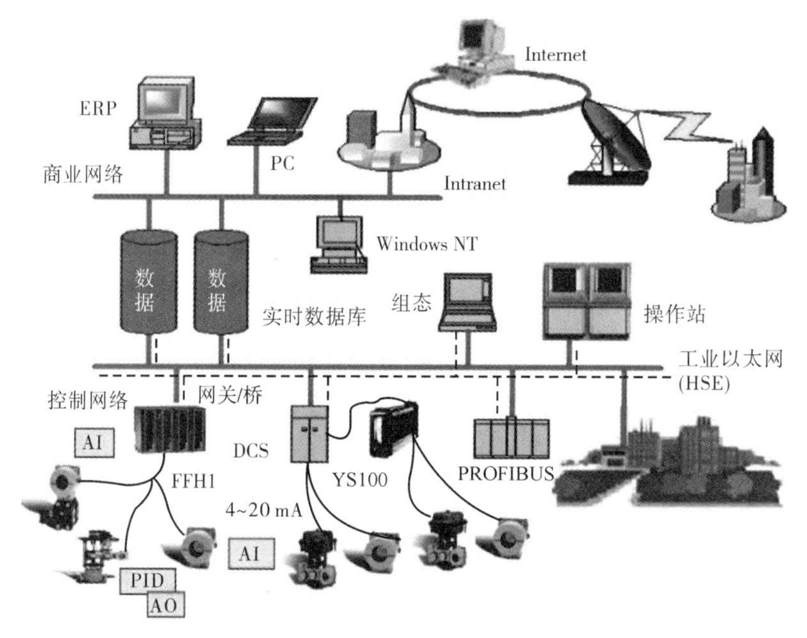

图 2－2　典型的工业企业级的分级分布式系统

2.1.2　优缺点及改进措施

1. 优点

分级分布式系统具有结构简单的优点，并且常常与实际控制与管理系统中的层次关系相对应。此外，其实现简单、通信网成本低、可靠性高。

2. 缺点

分级分布式系统的缺点有：计算机之间的信息传送必须经过高层计算机进行转发；通信线路的数目较多，会影响系统的经济性和响应时间；最高层计算机的故障会对系统产生严重的影响。

通常，在计算机数目较少以及层次不多的情况下，可考虑采用这种结构。若将其与其他结构结合，则可适用于更复杂的多种控制与管理系统。从可靠性角度考虑，有两个故障因素对系统可靠性的影响较大。其一，最高层计算机发生故障，则整个系统将失去控制。最高层控制机在系统中称为“金字塔顶”，是一薄弱环节，是“瓶颈”，影响可靠性。其二，如果某条通信线路发生故障，就会导致某些计算机与系统失去联系。对于那些可靠性要求较高的应用系统，可以采用冗余技术来克服这两方面的问题。

3. 改进措施

1）采用双机冗余法

双机冗余分布式系统（图 2－3）不仅成本非常高，还会增加整个系统的复杂性和软件及硬件切换电路的开销，因此通常只在可靠性要求很高的场合才会采用。

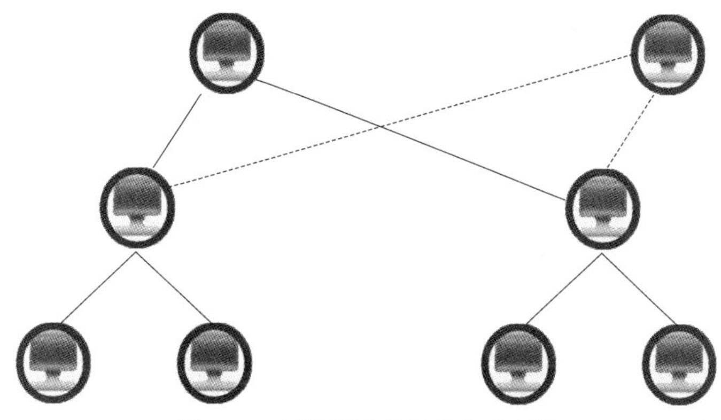

图 2－3　双机冗余分级分布式系统

2）采用安全措施或降低运行

对于分级分布式系统来说，无论是否采用冗余技术，系统均可降级使用，也就是说，当系统的某个部分出现故障时（如计算机、通信线路），整个系统仍可继续工作（当然，系统性能会有所降低）。为了保证系统具有降级使用的能力，在设计分级系统时，应注意以下几个问题：

（1）当最低级计算机出现故障时，它的所有过程输出应该停止，而且自动转换至备用控制状态（如常规仪表控制、手动控制）。

（2）每台计算机都应能替其他计算机保留一段时间的信息，当出现故障的计算机回到工作状态时，再把这些信息传送给它。

（3）各计算机应具有相对的独立性，也就是说，一台计算机的运行应不依赖于其他计算机的信息（例如，一些重要的程序应存储于本机）。

（4）能够把故障及时让现场操作（或管理）人员了解，以便采取必要的措施。

在分级系统中，计算机之间的通信是采用点至点方式实现的，而且位于不同支路的各计算机之间的通信需要最高层计算机的干预。当某层的计算机负责管理多个下层设备（或计算机）时，会出现多路信息竞争传送的情况。因此，需要考虑采用相应的技术，以减少信息丢失现象，如采用缓冲区、利用 DMA 技术以及某些控制方式等。在多级系统中，数据通信线路既可以是串行的，也可以是并行的。

2.1.3 性能评价

分级系统除了具有一般分布式控制系统共同的性能指标外，还有两个特别重要的性能指标：响应时间（Response Time）；稳态服务系数（Coefficient of Steady - State Service）。

1. 响应时间

响应时间（脉冲响应时间）是指某层计算机提交作业（或送出信息）到另一层，该层处理完毕并返回信息的总时间，包括两次传输加一次处理的时间，即输入时间、处理时间、输出时间的和。

一般来说，响应时间系指从某层次的计算机提交作业（该作业应依赖于某些其他层次的消息或干预）开始，至所要求的通信与处理任务完成为止的时间。例如，第 0 层的某台计算机提交的某个作业需要与第一层的某台计算机交换信息，如果从第 0 层提交作业开始，到第一层返回最后一个信息的时间是 10 s，则我们说该作业的响应时间是 10 s。

2. 稳态服务系数

稳态服务系数用于衡量多级系统中各作业的有效工作状况，是系统的效率指标，又称有效服务系数。当各计算机按一定规则周期性地提交各作业时，稳态服务系数 S 可表示为

$$S = \frac{\sum_{i=1}^{n} T_i}{\sum_{i=1}^{n} t_i} \tag{2-1}$$

式中，T_i——完成作业 i 的理想周转时间（周转时间是完成某项作业所需的时间）；

t_i——完成作业 i 的实际周转时间；

S——总的理想周转时间与总的实际周转时间之比。

理想周转时间可算出，实际周转时间可测出。

由式（2-1）可知，因 $0 \leqslant T_i \leqslant t_i$，所以 $S < 1$。

T_i 应为不加作业重叠等待、中断等待、通信等待的时间。

每个作业的周转时间与下列参数有关：

（1）执行时间。

（2）每个字节（或报文）的通信延迟时间。

（3）每个作业的输入和输出信息数目。

（4）每个信息所包含的字节数（或报文数）。

之所以造成理想周转时间与实际周转时间的差异，是由于中断处理时间、通信等待时间、输入/输出延迟以及作业执行时间延长等方面的变化。

在分级系统中，如果在某一段时间内只有一个作业在运行，就可以较精确地估计该作业的执行时间（因为可以精确地知道信息的接收、执行以及输出时间）。但是，若各作业在时间上有重叠，由于会出现排队等待现象，就很难精确估计各作业的执行时间。这就是实际周转时间一般比理想周转时间要长的主要原因。

由此可见，稳态服务系数 S 实际上是衡量分级系统运行效率的指标，S 越大（越接近

于 1)，就说明整个系统用于排队等待的辅助时间越短。S 实际上是系统的有效服务系数。

3. 实例分析

图 2－4 所示为某工厂的三级分布式控制系统。第 2 级计算机（即主计算机）处理整个工厂的长期计划，主要采用批处理方式工作，在该级有一个大型数据库（即中央数据库）。第 1 级的每台计算机用来控制一条（或多条）生产线，每台计算机都有自己的数据库，在这些数据库中保存生产线的调度计划以及有关的生产信息。这些计算机把生产命令送至有关的过程控制机（第 0 级）中，并且周期地接收过程状态信息。同时，第 1 级计算机也定期地向主机报告有关的生产状态。第 0 级各计算机则主要对各生产设备进行控制或监督。

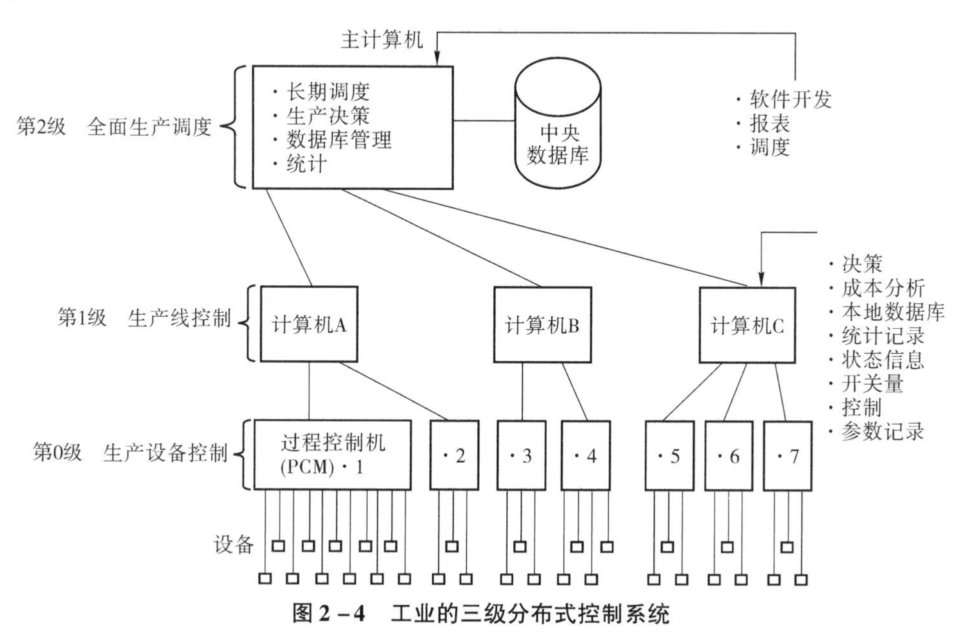

图 2－4　工业的三级分布式控制系统

在最坏的情况下，第 1 级的计算机 A 必须接收 8 条生产线的状态信息，并且对之处理后才能发出控制命令至第 0 级的处理机 #1 和 #2。假设每个状态信息包括 5 个规格化的参数值，每个参数值形成一个 16 位的字。第 1 级与第 0 级之间的数据通信由 1200 波特（Baud）的串行线路组成，并且按异步方式工作。在计算机 A 中，平均中断处理时间是 100 μs，输入信息并产生所需命令的平均指令执行时间是 2.5 μs。为了存储信息以及访问保存在磁盘中的“命令表”，就需要对磁盘进行两次访问。假设输入每个字大约需 100 条指令进行处理，磁盘的平均访问时间是 70 ms，对于第 0 级计算机的控制命令由一个字组成，串行异步通信每传送 8 位数应附加一位停止位，则系统的响应时间可以进行如下计算。

1）求响应时间 T

（1）输入时间（第 0 级→第 1 级）：

$$t_1 = 8\ \text{信息} \times 5\ \text{字/信息} \times 2 \times (8+2)\ \text{位/字} \times 1/1200\ \text{bps} + 8 \times 100\ \mu\text{s}$$

$$= (667 + 0.8)\ \text{ms} \approx 668\ \text{ms}$$

（2）处理时间：

$$t_2=(8\times5\times100\ 指令/字\times2.5\ \mu s)+2\times70\ ms=(10+140)ms=150\ ms$$

（3）输出时间：

$$t_3=2\ 字\times2\times(8+2)\times1/1200\ bps=33\ ms$$

所以，$T=t_1+t_2+t_3=851$ ms。

从这个具体的例子可以看出，通过提高数据传输速率和缩短磁盘访问时间，可以大大缩短响应时间，相对来说，处理速度对响应时间的影响并不是很大。

2）求稳态服务系数 S

假设在第1级运行4个作业，测得其实际周转时间：作业1为400 ms；作业2为500 ms；作业3为550 ms；作业4为400 ms。理想周转时间可根据各作业的参数通过计算求得。这4个作业需处理的信息数分别为8、12、20和2；每条信息所包含的字数按作业的不同而不同，以作业序号顺序排列分别为10字、20字、25字和84字；再假设每个作业运行时需访问磁盘4次。由此可计算出4个作业的理想周转时间 T_1、T_2、T_3、T_4 如下：

$$T_1=4\times70+8\ 信息\times10\ 字/信息\times100\ 指令/字\times2.5\ \mu s/指令=300\ ms$$

$$T_2=4\times70+12\ 信息\times20\ 字/信息\times100\ 指令/字\times2.5\ \mu s/指令=340\ ms$$

$$T_3=4\times70+20\ 信息\times25\ 字/信息\times100\ 指令/字\times2.5\ \mu s/指令=405\ ms$$

$$T_4=4\times70+2\ 信息\times84\ 字/信息\times100\ 指令/字\times2.5\ \mu s/指令=322\ ms$$

$$S=(300+340+405+322)/(400+500+550+400)\approx74\%$$

可见，此系统的服务效率相对来说还是比较高的，在运行作业时，辅助时间所占的比例不算很大。

2.2 共享总线系统

2.2.1 共享总线系统的结构

各种数据处理设备（包括计算机或外围设备）通过公共数据通道（总线）连接起来，构成共享总线系统，其结构简称总线式结构，如图2－5所示。

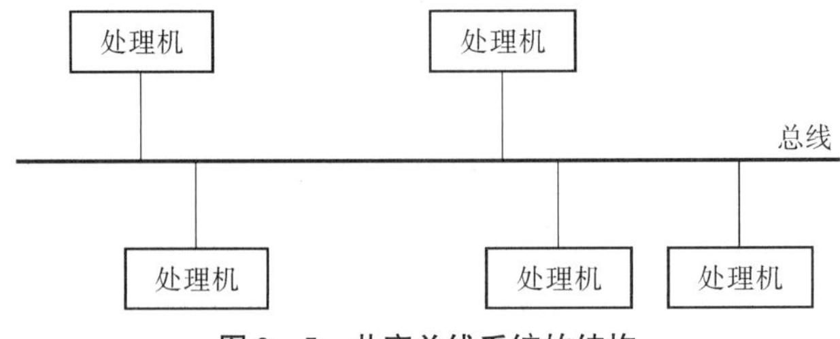

图2－5 共享总线系统的结构

这种结构的计算机控制与管理系统在工业过程控制、企业管理、办公自动化、航空运输、银行与饭店管理等方面被广泛应用。许多总线式结构以商品化的计算机局域网的形式出现，通常总线由双绞线、同轴电缆或光缆组成。

共享总线系统一般采用串行总线进行数据通信。若通信距离较近，也可以采用并行总线，以提高通信速率。这里的总线属于外总线的范畴，要通过硬件接口（或专用装置）将数据处理设备挂接到公用总线。这与微机内部的 CPU 总线或内总线（板级总线）是不同的。

挂接在总线上的数据处理设备按照一定的规则对总线进行访问，从而达到各设备之间彼此交换信息的目的。

总线结构中的通信采用“广播式”，即一台设备发送的信息，其他设备都可以接收。这是因为，总线只有一组，而挂接在总线上的设备有多台，系统在某一时刻只允许一台设备通过总线发送信息（即占用总线），并且这种占用是排他性的。若两台以上的设备同时向总线发送信息，就会导致通信出错，严重时甚至会损坏设备，这就是总线冲突（或总线竞争）问题。因此，必须对总线访问进行控制。

对总线访问的控制可以采取集中控制和分散控制两种方式。在集中控制方式中，访问总线的控制功能集中于一处，所交换的信息首先传送至一个共享开关，然后由它将这些信息沿着公用总线传送到指定的目的地。这种总线访问的控制功能可以包含在一台计算机中，也可以由一个专用总线控制器来完成。专用总线控制器可以按查询方式、中断方式或特殊的分配方式工作。

在这种控制方式下，信息在总线上能通畅传送的条件是：信息在总线上的传输时间短于该信息的发送时间。

设总线上总共连接 M 台计算机，每台计算机每秒向总线发送的信息数为 a，查询一台计算机的时间为 t_p，传输一条信息的时间为

$$t_p = l/b \tag{2-2}$$

式中，l——信息长度（位，b）；

b——信息传送速率（位/秒，bps）。

若要求信息在总线上的传输时间小于该信息的发送时间，则有

$$\begin{cases} t_p + \dfrac{l}{b} < \dfrac{1}{Ma} \\ \text{或} \\ M < \dfrac{1}{a}\left(t_p + \dfrac{l}{b}\right) \end{cases} \tag{2-3}$$

由式（2-3）可见，传送速率越高，信息长度越短，发信率越低，则可以连接的计算机数量就越多。换言之，当计算机数量一定时，在上述情况下，总线上不易出现信息“阻塞”现象，总线冲突也就随之减少。这就好像当车流量一定时，车速越高（如在高速公路上），就越不容易出现堵车现象；又像有多个水管的出水流入水槽，当水管出水流量较小或水槽中的水流较快时，则水槽中的水就不易溢出。

在分散控制方式中，总线的控制逻辑分散在与总线相连的所有设备中，这是目前最广泛采用的方法。时间分割多路访问和随机多路访问方式是比较流行的总线控制机理。具体的控制方式有以下几种：

（1）优先链控制方式。由链形电路决定占用总线的优先权，类似Z80微处理器中采用的中断优先权链形电路。

（2）定时询问控制方式。由定时询问信号线上的代码逐台设备地向下传递控制权。

（3）独立请求控制方式。系统中配有总线请求信号线，按固定的优先级别来分配总线的占用权。

（4）隐请求控制方式。各设备按预先分配的代码顺序占用总线，系统中不必设置总线请求或定时询问信号，但在软件上应附加相应的代码算法。

共享总线系统的性能主要取决于总线的“带宽”、总线上信息的最大传送速率、总线上挂接设备数、总线访问规程等。

由于总线采用广播式发送，因此若两台设备同时向总线发送信息，就会出现总线冲突或总线竞争。

2.2.2 优缺点及改进措施

总线式结构的主要优点在于其结构简单，数据处理设备的挂接或摘除都比较方便；此外，系统初始建立的成本以及修改费用也比较低。某台处理设备发生故障不会对整个系统造成严重威胁，系统可降级使用，继续工作。它的主要问题在于，如果总线出现故障，就会造成整个系统瘫痪，但可以采用冗余措施来进行补救。例如，双总线结构就可较好地解决总线这一瓶颈问题，但这要求总线及各设备的总线接口都必须有双份，导致系统的成本大大增加，因此一般只用于可靠性要求特别高的系统中。

2.3 环形系统

2.3.1 环形系统的结构

将系统中的计算机（或数据处理设备）通过其接口连接到环形数据通道上，即形成环形系统，其结构简称环形结构，如图2－6所示。

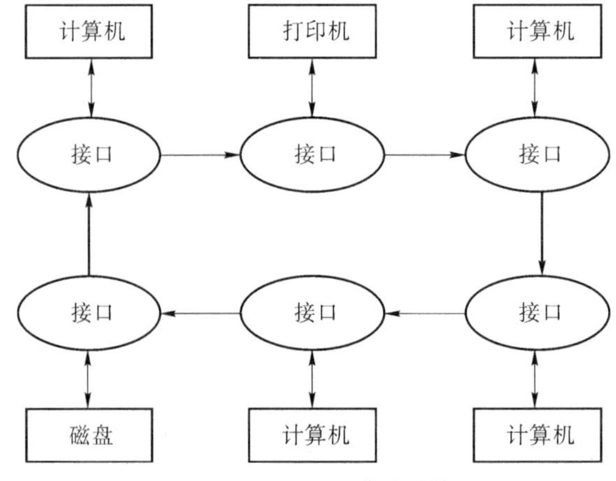

图2－6 环形系统的结构

环形数据通道的传输方向既可以是单向的，也可以是双向的。某台数据处理设备为了传送信息至其他设备，就将信息通过环路的接口送到环形通信线路上，然后依次通过相邻节点设备送到指定的数据处理设备中。节点是系统中的计算机或其他数据处理设备，它们可通过其接口与系统中的其他设备连网通信。当然，在双向环形数据通道中，还需要考虑路径控制问题。环形系统所传送的信息既可以是固定长度的，也可以是变长度的，这取决于不同的系统。在有些环形系统中，允许若干台设备的信息同时在环形通道传输。

环形结构是当前广泛采用的结构之一，特别是在计算机网络中，它和总线式结构一样占有重要地位。

环形结构与总线式结构的主要区别有：

（1）在拓扑结构上，“环”是封闭的，总线一般是非封闭的。

（2）在总线结构中，信息的传送是“广播式”的；在环形结构中，信息的传送是“驿站式”的（“接力棒式”的）。

（3）在同一时刻，总线上只允许传送一个信息，而在同一时刻，环形通路上有可能传送多个信息。

2.3.2　优缺点及改进措施

环形结构的突出优点：结构简单，控制逻辑也并不复杂，挂接与摘除设备比较容易。此外，环形系统的初始成本及修改费用也较低。环形结构的主要问题在于可靠性方面，一旦某节点设备（包括其接口）或环形数据通道出现故障，就会对整个系统的工作造成威胁。为此，需要考虑提高可靠性的措施，如采用双向环形数据通道，或在节点设备上附加“旁路通道”等。如图 2－7 所示为几种提高环形系统可靠性的结构。

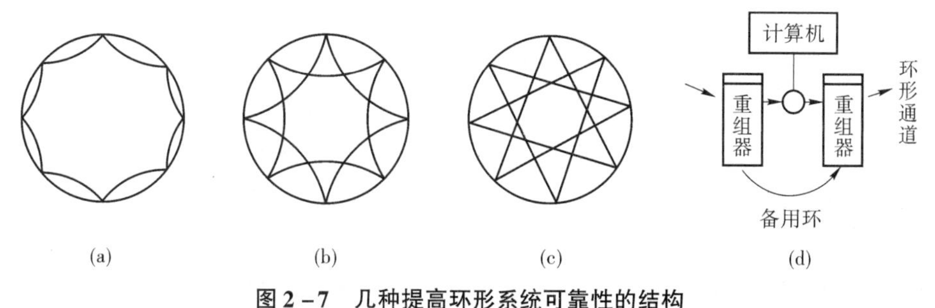

图 2－7　几种提高环形系统可靠性的结构

（a）双环；（b）编带环；（c）带弦环；（d）旁路通道

2.4　星形系统

2.4.1　星形系统的结构

在星形系统中，对系统起控制作用的一台计算机（主机）作为中央开关，用独立的通信线与其他计算机（从机）连接，如图 2－8 所示。在星形系统中，只有一台主机，称为中心节点，将从机都称为卫星节点。卫星节点分别与中心节点连接，互相并不连接。

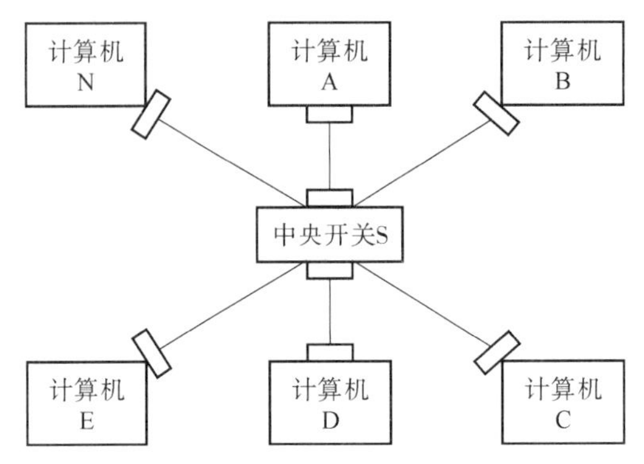

图 2-8　星形系统的一种典型结构

若计算机 A 要把信息送到计算机 B，则把请求发送信号（RTS）送到中央开关 S（主机），主机根据来自 B 的准备接收信号（RTR）建立一条由 A 到 B 的通路。如果计算机 C 也要把一个信息送到 B，而 A 和 B 之间的传送正在进行之中，那么 C 必须等待，直到 S 到 B 的连接对 C 来说变成可用。但是若此时 S 到 D 的连接可用，则 C 能把信息送到 D。

星形系统的工作方式与二级分布式系统类似，其中的中央开关可具有双重功能，既可作为信息开关又可作为通用的数据处理装置。当作为中央开关的计算机具有对整个系统进行控制管理的功能时，星形系统实际上已扩展为分级分布式系统，其中心计算机对于周围的从机来说既是主机又是上位机。但如果中央机仅作为信息开关使用，其功能即相当于从机的中继站，而不是上位机，这时的星形系统与两级分布式系统是有原则区别的。

计算机多机系统可以用串行的同步传输线或异步传输线接成星形结构，其中心节点可以是一台小型计算机或微型计算机，如何控制该系统，以及主机应提供多大的数据缓冲能力，则必须由系统的设计要求来确定。

在某些方面，星形系统类似中断驱动的、集中控制的总线系统。在这两种方法中，分布在各处的节点机都通过执行优先级排队命令的中央控制器来传送信息。由于星形系统中的中央控制器必须并行控制大量信息通路，因此中央开关的功能比共享总线系统中的总线控制器复杂。

中央开关所需的容量取决于一个报文所需的处理时间和信息传送的吞吐量，一个报文的处理时间取决于报文长度和处理机的速度。若中央开关处理一个报文所需的时间为 t_s，它表示中央计算机将信息从输入缓冲器中取出并输出到接收机的时间。假设中央计算机的平均指令周期为 1 s，处理一个报文平均需执行 200 条指令，则 $t_s = 200\ \mu s$。

一个报文的平均传送时间为以下三方面之和：

（1）报文等候处理时的输入缓冲时间。

（2）处理时间 t_s。

（3）输出缓冲时间。

输入缓冲器中的排队时间一般在毫秒级；输出缓冲时间为多路传输器轮转到合适的接

收地址并输出信息所需的时间，一般也在毫秒级。因此，一般中央计算机转发一个平均长度为 1000 位的报文所需的时间远小于 1 s。

2.4.2　优缺点及改进措施

星形系统的主要优点是结构简单、造价低、系统的模块性好；缺点是可靠性较差，中心节点是瓶颈。在必要时，可采取冗余措施，增加一个中心节点及其通信线路，以提高可靠性。

2.5　点至点互连系统

2.5.1　点至点互连系统的结构

把两台以上的计算机通过通信线路彼此连接，便形成点至点互连系统。在点至点互连系统中，如果每台计算机都与其他计算机有通信线路连接，则称为全互连系统，否则称为部分互连系统。显然，环形系统是部分互连系统的一种特殊形式。点至点互连系统的复杂程度主要取决于所挂接的节点数目，特别是对于全互连系统来说，随着节点数目的增加，所需通信线路及其接口的数目将大大增加。如图 2－9 所示的由 6 个节点组成的全互连系统需要 15 条通信线路，而且每台计算机需要 5 个接口，整个系统共有 30 个接口来连接这些通信线路。对于 N 台计算机组成的全互连系统来说，需要 $N(N-1)/2$ 条通信线路，每台计算机需要 $N-1$ 个接口，整个系统则需要 $N(N-1)$ 个通信接口。显然，当计算机之间距离较远、计算机数目较多时，这种系统的造价是相当昂贵的。不过，全互连系统的可靠性很高，部分通信线路的故障对整个系统的性能仅略有影响，但全系统照样可以正常工作。为了克服全互连系统造价过高的缺点，又兼顾该系统可靠性高的优点，可以采用部分互连结构。

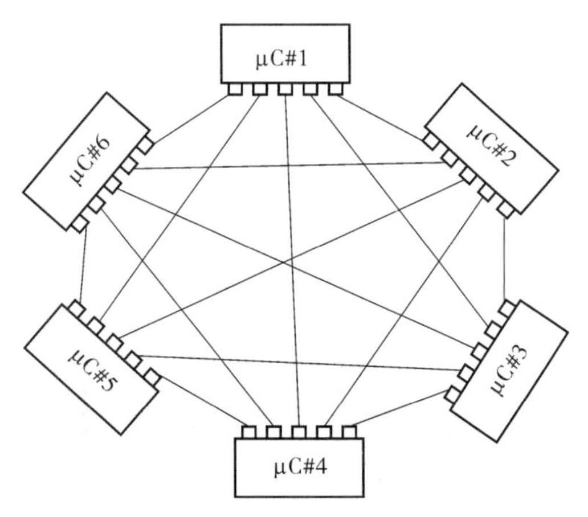

图 2－9　点至点互连系统的一种典型结构

点至点互连系统可用于大型计算机网络信息系统（通常是全国性的，甚至是国际性的信息系统）。其中，部分互连结构是目前广泛采用的系统结构。用于实现点至点互连系统的技术主要有两种——线路转接技术、存储转发技术，其实现的系统分别称为线路转接系统、存储转发系统。

在线路转接（线路交换）系统中，只有一条公用的通信线路，当两台计算机之间要进行通信时，通过线路转接技术使公用数据通信线路与它们相连，从而实现计算机之间的通信；一旦通信完毕，就把通信线路释放，以便为其他计算机所用。它的工作原理类似于电话交换机的工作方式。线路转接系统的缺点是系统通信延迟时间较长，其优点是可以节省通信线路的数目。在许多情况下，可以利用线路转接技术来实现两台计算机之间大量信息的快速交换。

存储转发技术可用于某些大型分布式计算机网络中计算机之间的连网和通信。它的基本思想是把某些地理位置分散的“存储转发”通信处理机通过专用通信线路连接（全互连或部分互连），形成通信子网，节点计算机或终端分别与有关的“存储转发”处理机相连，便形成完整的计算机网络信息系统。

存储转发系统可以分为两种类型：一种是报文转发（报文交换）系统；另一种是报文分组转发（报文分组交换）系统，或称为包转发系统。

如图 2－10 所示，在报文转发系统中，整个报文在通信子网上沿着预先确定的通信线路从源计算机传送到目的计算机。当报文途经每一台通信处理机时，首先将报文存储在存储设备（通常是磁盘）中，如果指定路径的通信通道存在，就把报文转发至下一台通信处理机中。

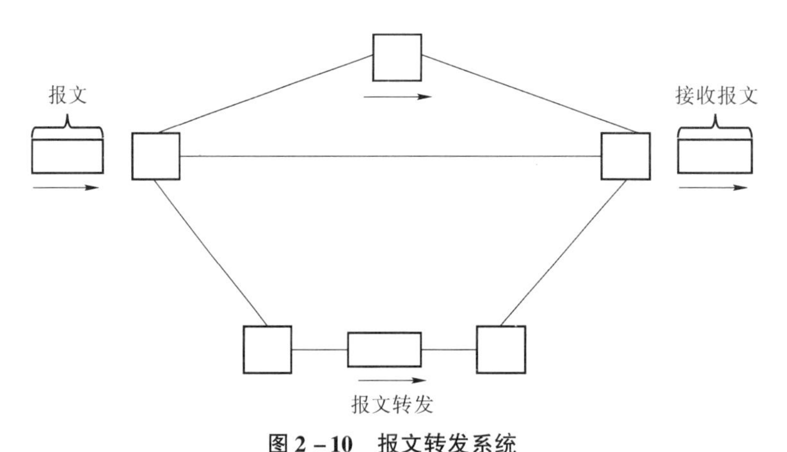

图 2－10　报文转发系统

如图 2－11 所示为报文分组转发系统，它首先在美国高级研究规划局的 ARPA 网络中采用，紧接着其他一些公司和有关国家也采用了这一技术。它的基本思想是将一个报文分成若干小段，每段称为一个“包”，然后将这些包沿着通信子网按不同的路径传送至指定的计算机，到达目的地后再将这些包还原成报文。

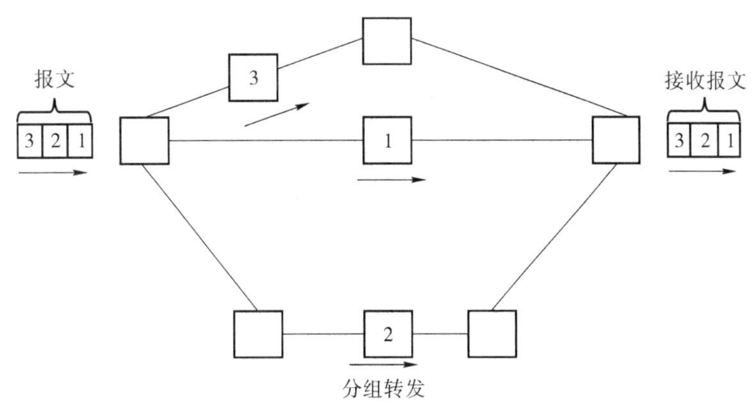

图 2－11　报文分组转发系统

报文分组转发技术具有下述优点：

（1）可以将包存储在通信处理机的主存储器中，而且当某通信处理机“占线”时，可将包沿其他路径传送至指定的计算机，这样就可以减少信息传输的延迟时间，并降低通信处理机的成本。

（2）在经过通信子网传送信息包的过程中，可以采用“适配路径”方式，即在网络中两点间的信息传输路径不是事先确定的，而是在实现信息传输时根据网络的具体条件动态地确定传输路径，这样既可以提高网络的利用率，又可以减少信息的传输延迟，还有助于简化网络的具体实现。

（3）报文分组交换方式有助于推动网络通信协议的标准化。

从上面的分析中可以看出，报文分组交换技术比报文转发技术有着许多明显的优点，正受到越来越广泛的重视，获得多方面的应用。但是在一定的条件下，报文转发技术也有它的可取之处。例如，当只有少数计算机之间的距离比较远时，采用报文转发技术，利用拨号方式，通过调制解调器将信息沿电话线路传输，是非常经济的实现方法。

2.5.2　优缺点及改进措施

点至点互连系统的主要优点是可靠性高，特别是全互连系统无瓶颈，可实现节点间的互检和系统的动态重构；其主要缺点是成本高，系统扩展的费用随节点数增加而急剧上升。因此，一般系统中常采用部分互连结构，典型的是立方体结构。如图 2－12 所示，在立方体结构中，可保证系统中的每个节点至少有 3 条通路与其他节点相连。在单个立方体结构中，具有 8 个节点，通信接口的总数为 24 个，通信线路共 12 条，每个节点有 3 条通信线路与其他节点相连。多个立方体的组合结构视立方体数目和配组情况来决定其通信接口数和通信线路数，这时每个节点与其他节点相连的通信线路为 3 ~ 6 条。

另一种典型的点至点部分互连系统的结构是二维方阵结构，如图 2－13 所示。在二维方阵结构中，任意点可以有 2 ~ 4 条通信线路与其他节点相连。

若将点至点互连系统中各节点全部（或大部分）连起来，对于全互连系统，通信接口为$(N-1)N$个，通信线路（组）数为$N(N-1)/2$。

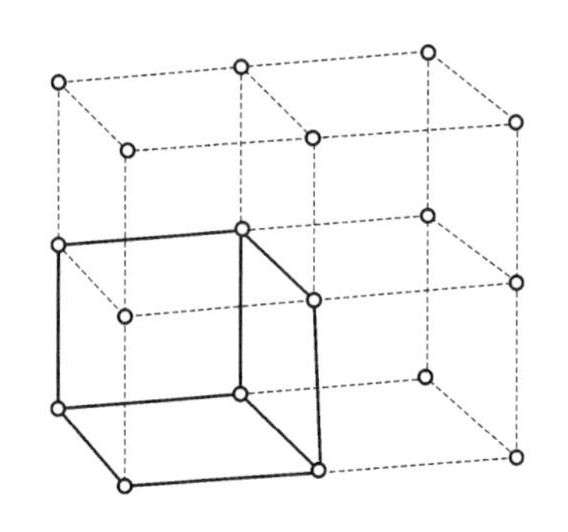

图2-12　立方体结构的部分互连系统

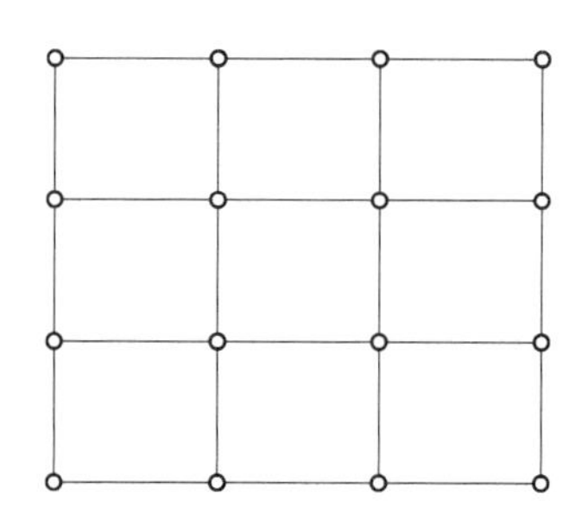

图2-13　二维方阵结构的部分互连系统

2.6　分布式控制系统的性能要求与结构选择

2.6.1　分布式控制系统的功能

常规的集中式计算机控制系统除了可靠性较差之外，其功能往往受到一定的限制，在这种常规系统中，操作人员必须从大型控制面板收集现场数据，并且这种常规系统仅能对少量信息提供自动处理功能，大量例行工作仍需操作人员去完成。分布式控制系统除了克服常规集中式计算机控制系统可靠性较差的弱点外，其功能也大大加强，许多例行工作均可以自动处理。例如，处理现场的数据，帮助操作人员与管理人员做出决定；执行较先进的控制算法；自动进行数据的采集、记录、跟踪与检索；灵活的人机对话功能；自动报警分析处理；综合处理经济信息与技术信息，以获得最大的经济效益。

分布式控制系统的功能具有明显的层次性（图2-14），此类系统一般具有4个层次，由下而上依次为直接控制、局部分系统控制、厂区控制、信息管理。处于最底层的直接控制层用于传感器数据的采集，局部分系统控制层用于控制比较复杂的设备（如一个反应器或一个锅炉）或对若干台设备进行综合监控。所交换的信息通常是某些命令或报警显示信息等，响应时间取决于设备的运转速度和反应时间，通常在几十毫秒至几十秒的范围内，传送的信息量一般在几十至几百字节之间，对传输速率的要求并不是很高，通常为300～10^6 bps。厂区控制层用于对整个工厂的控制，如能源的最佳利用、生产计划的编制和调度以及与中央控制室之间的通信联系等，所传送的信息除了命令、报警、显示之外，还包括一些统计信息。这一层的响应时间除了某些报警信息要求较快的响应（通常在几秒的数量级）外，一般在几分钟至几小时之间。信息传送速率通常在几十 kbps 至几 Mbps 之间。最高层是信息管理层，其功能包括生产指标的分析、市场预测、经济活动分析、经营决策等，其信息的交换通常以文件的形式进行，响应时间通常为几小时甚至几天。

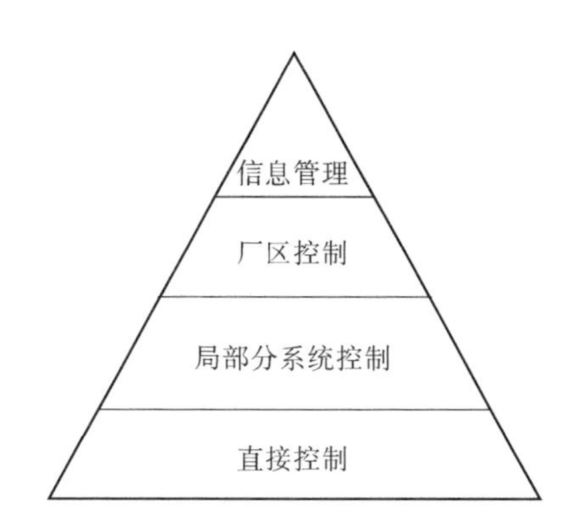

图 2 – 14　分布式控制系统的层次和功能

2.6.2　分布式控制系统的性能要求

分布式控制系统的主要性能有：可靠性、可用度、故障软化与容错能力、吞吐量与响应时间、灵活性与可扩充性、系统的易开发性、经济性。

1. 可靠性

面向过程与设备的控制及管理计算机系统，首先应该保证能安全可靠地工作，以免系统的某一部分故障有可能导致整个系统崩溃，造成重大的经济损失。一个系统在长期运行中不出故障是很难办到的，可靠性指标就可以用于衡量一个系统安全可靠工作的程度。通常，用平均故障间隔时间（MTBF）来衡量一个系统的可靠性。这是一个概率统计指标，代表两次故障之间的统计意义上的平均间隔时间，此间隔时间越长，可靠性就越高。对于 MTBF 的具体要求取决于系统的应用环境，一般来说，对于连续生产过程的控制应用场合，至少应达到上万小时。对于分布式控制系统来说，按照不同的拓扑结构可将系统分解为多个子系统，可对各个子系统分别提出 MTBF 的要求，从而得出整个系统总体的 MTBF。

2. 可用度

计算机控制系统一旦出现故障，人们总希望能够尽快排除故障，使系统继续投入运行，以便提高系统的运行率。可用度便是衡量系统运行率的指标，可用下式描述：

$$A = \frac{\text{MTBF}}{\text{MTBF} + \text{MTTR}} \times 100\% \qquad (2-4)$$

式中，A——系统的可用度；

MTBF——平均故障间隔时间；

MTTR——平均修复时间。

由式（2–4）可知，为了提高可用度，应该提高 MTBF 而减少 MTTR。分布式控制系统对其出现故障的子系统能通过硬件与软件方法，比较方便地进行维修，并在较短的时间内排除故障，因而其可用度很高。这类系统的可用度一般在 99% 以上。

3. 故障软化与容错能力

当系统的某一部分出现故障时（硬件或软件方面的故障），分布式控制系统不应该全部瘫痪，而应该在适当降低系统总体功能的情况下继续工作。这种性能通常称为故障软化（或容错能力），也是衡量系统可靠性高低的另一重要方面。要想系统具有故障软化功能，系统的硬件与软件除了应具备模块化特性外，还应具有一定的冗余措施。分布式控制系统由于其模块化结构和系统的动态重构能力，通常具有一定的故障软化与容错能力。

4. 吞吐量与响应时间

在分布式控制系统中，用吞吐量来描述在给定时间内系统可完成的总工作量，用响应时间来描述系统对某一事件反应的快慢。人们总希望系统具有较大的吞吐量和较短的响应时间，但这二者是有一定矛盾的，因为系统吞吐量的增大一般会使系统的层次与结构趋于复杂，而导致反应速度减慢。通常根据任务与被控对象对控制系统的要求来选择合适的吞吐量与响应时间。分布式控制系统的吞吐量与响应时间可通过排队模型或物理仿真方法进行分析。

5. 灵活性与可扩充性

分布式控制系统的硬件与软件一般采用模块化结构设计，使得系统具有较大的灵活性，容易实现扩充，以适应各种应用环境。

6. 系统的易开发性

分布式控制系统的开发周期在很大程度上取决于系统的硬件和软件结构与实现方法。例如，所采用计算机的数目与类型；硬件接口；系统的互连结构；系统模块的数目与种类；所采用的程序设计语言；数据库的规模与复杂程度；说明书与手册的种类与数目。

7. 经济性

对于分布式控制系统来说，人们总希望能够用较小的投资和开发费用，使系统满足各项技术指标，并获得较大的经济效益。

2.6.3 分布式控制系统结构的选择

本章已分别介绍了适用于分布式计算机控制系统的互连结构，这些结构从性能上看各有特色。

从可靠性角度来看，全互连结构的可靠性最高，部分互连结构次之，树形结构、总线式结构与环形结构再次之，而星形结构的可靠性在同等条件下则最差。对于树形结构来说，某个节点计算机或通信线路发生故障，仅会引起系统性能有所降低，整个系统仍可照常工作，出现故障的层次越高，对系统造成的影响就越大，当最高层节点计算机发生故障时，对整个系统造成的影响将是较为严重的。对于环形结构来说，通信线路的故障会使单向环路系统无法正常工作，但对双向环路结构则不会造成严重影响；环路中的某个节点计算机的故障会给整个系统带来较大影响，为了弥补这一弱点，可采用旁路的办法进行补救。对于总线式结构来说，某个节点故障不会对整个系统造成严重影响。但是，如果总线本身出现故障，则会导致系统瘫痪。对于这三种结构，都可以采取一定的冗余措施来提高系统的可靠性。

从成本的角度看，系统的成本与所采用的计算机数目、通信线路的种类和长度，以及通信网络和控制系统的硬件、软件的复杂程度有关，一般来说，全互连结构的成本最高，在计算机的位置比较分散且相距较远时，树形结构与星形结构的成本比总线式结构与环形结构高。

从灵活性与可扩充性来看，总线式结构与环形结构显得比较灵活，其次是星形结构与树形结构，再次是部分互连结构，而全互连结构的灵活性与可扩充性则最差。

从上面的分析可以看出，几种互连结构在性能上各有千秋。在一个具体的应用环境下，究竟选用何种分布式系统结构，是一个比较复杂的问题，涉及的因素较多。一般来说，主要取决于具体应用环境的特点和在该环境下哪些性能是应该侧重考虑的。通常对于一个具体的应用环境来说，可能同时有几种可供选择的互连结构方案，这时往往要综合权衡各方面的因素，再从中进行取舍。例如，从可靠性角度考虑，全互连结构或部分互连的报文交换结构占有一定优势，但在许多兼顾控制与管理的应用场合，特别是系统局限在一个建筑物内的情况下，这两种结构通常并不是优选的方案。在许多企业、事业部门中，生产控制与管理的功能呈现比较明显的层次性，因而树形的分级分布式系统便是一种很自然的选择方式。尤其是在一些数据采集与控制系统中，传感器与输入设备之间通常没有数据通信要求，在这种情况下，采用分级分布式结构是比较合适的。此外，当传感器数目比较多以及数据传输量较大时，分级分布式结构也比较经济实用。在有些要求可靠性、可用性比较严格的应用场合，正如前面所分析的，可以采用冗余技术来提高分级分布式系统的性能。

随着微型计算机局部网络的迅速发展，总线式结构和环形结构逐渐成为分布式控制系统中占主导地位的互连结构。它们的应用范围越来越广泛，商品化的产品也越来越多。无论采用何种类型的系统结构，通常在具体实现中总希望采用同一类型的计算机或互相兼容的计算机，这样在技术上和软硬件开发上比较容易实现。

还有一点值得指出的是，互连结构的选择与硬件的工艺水平也是有密切关系的，随着半导体集成电路工艺技术的发展，计算机的可靠性已大大提高。因此，即使从互连结构角度而言可靠性相对较差的星形结构，其在硬件可靠性提高后往往也能满足许多应用环境的要求，这就是近年来星形的计算机控制与管理系统在一定范围内获得应用，甚至某些大型系统也采用了星形结构的缘故。

总之，适用于控制与管理的分布式计算机系统结构是多样化的。对于一个具体的应用系统来说，有多个可供选择的系统结构方案，它们各具特色，又很难进行定量比较，必须综合权衡各方面的因素，才能进行选取。此外，本章仅分析了几种常用的系统结构，实际上还有许多不同类型或派生出来的系统结构。在有的应用系统中，还把几种不同的互连结构综合在一起，形成新型的（或组合式的）系统结构，使它兼顾几种结构的优点。例如，有的分级分布式系统中采用多层次的总线式结构，各层次的上位机与多台下位机之间的通信由共享总线来完成，从而使系统兼有树形结构和总线结构的优势。

思　考　题

1. 分布式控制系统有哪些结构形式？各有什么优缺点？

2. 在2.1节的实例中，设通信速率为9600 bps，磁盘的平均访问时间为30 ms，其余参数不变，计算系统这时的响应时间 T 和稳态服务系数 S。

3. 若干台单片机通过共享总线进行通信，通信速率为19200 bps，通信查询时间为50 μs，信息包长度为32字节，单片机每秒可发送10个信息包，试求系统在总线畅通情况下最多可连接的单片机数。

4. 分布式控制系统的结构类型根据什么原则选定？几种典型结构和系统性能之间有哪些关系？

第 3 章

分布式控制系统中的数据通信

3.1　概　　述

与过程控制系统相同，通信网络最初采用模拟信号方式传送信息。随着技术的进步，其趋势是向全数字化通信的方向发展。在自动化系统中采用的网络与通信系统网络没有本质区别，因此在 DCS 中采用的网络系统也将是全数字化的。也就是说，数据在各设备之间，借助某种介质，以 1 和 0 的二进制信息流串行地进行传输。

数据通信的目的是无差错地将数据在一定时间内从发送端送达目的端。数据通信系统一般包括发送设备、传输介质、通信协议传输报文、接收设备等部分。数据通信系统实际上是软件和硬件的结合体。

数字通信的优点是能够在一根电缆（或光缆）上传输大量不同种类的信息。在模拟信号系统中，一根电缆只能传输一种信号。例如，一台传统的压力变送器采用 4 ~ 20 mA 标准信号只能传输一个压力值。新型的现场总线化的压力变送器同样采用一根电缆，但除了传输压力值外，还可以传输压力变送器的运行状态、越限报警等信息。在整定和调整压力变送器参数时，传统的模拟信号变送器只能在现场进行，而智能压力变送器可以通过现场总线在控制室完成。

无论是简单的 RS - 232 串行口通信，还是千兆位以太网，本质上都是数字通信。

3.2　通信信道

3.2.1　数字通信的编码方式

数字通信的两种传输方式：数字数据通过模拟信号传输，也称调制解调；数字数据通过数字信号传输。

调制解调数据传输方式适用于远距离传输，但传输的比特率（每秒传输的比特数，记作 bps）较低；数字信号传输方式具有很高的传输比特率，但传输距离受到限制，一般来说，比特率越高，传输距离就越短。

1. 数字信号编码技术

数字信号编码是用数字信号来表示数字信息。在这种编码形式下，由计算机产生的0、1比特序列被转换成一串可以在导线上传输的脉冲电压。数据通信中最有用的数字-数字编码有三大类：单极性编码、极化编码和双极性编码。

1）单极性编码

单极性编码是最简单、最基本的一种数字信号的编码形式。数字传输系统通过在介质上发送脉冲电压进行运作。单极性编码的名称是指电压只有一极。因此，二进制的两个状态只有一个进行了编码，通常是1，用正电压表示；另一个状态是0，表示零电压或线路空闲。

单极性编码存在两个问题：直流分量；同步控制。

直流分量的问题：由于单极性编码信号的平均振幅不等于零，所以在信号中存在不可有的直流分量，使得信号发送器与接收器产生直流耦合，最终带来电压偏置。同时，由于线路两端设备的供电状况并不完全相同，所以信号发送器和接收器的参考电压存在微小差异。这两个因素叠加后，会在一定程度上降低信号采样时的错误容限，使误码率升高。

同步控制的问题：当一个信号不发生改变时，接收端无法知道每个比特的开始和结束。当数据流中有一长串连续的0或1的时候，信号就没有变化，接收端无法知道每个比特的开始和结束，如果收发两端的时钟频率有差异，接收端就会多读入一位或少读入一位。例如，将1000位0读为999位0，或者读为1001位0。

解决单极性编码的同步控制问题的一个方案是利用一条独立并行的线路来传输时钟脉冲。但是，这将增加传输线路，从而增加开销。

2）极化编码

极化编码采用两个电压：一个正电压，一个负电压。通过使用两个电压，可减轻单极性编码中的直流分量问题。

极化编码最常见的编码方式有三种：非归零编码（NRZ）；归零编码（RZ）；双相位码。

（1）非归零编码（NRZ）。

在非归零编码中，信号的电压值或正或负，零电压意味着没有任何信号正在传输。单极性编码中，零电压代表比特0。

优点：一个单位脉冲的亮度称为全亮码。根据通信理论，一个脉冲亮度越大，信号的能量就越大，抗干扰能力就越强，且脉冲亮度与信道带宽成反比，即全亮码占用信道较小的带宽，且编码效率高。

缺点：当出现连续0或1时，难以分辨复位的起停点，会产生直流分量的积累，使信号失真。因此，以往大多数数据传输系统都不采用这种编码方式。近年来，随着技术的完善，NRZ编码已成为高速网络的主流技术。

非归零码有以下两种：

①非归零电平编码（NRZ-L）。在NRZ-L编码方式中，信号的电平是根据它所代表

的比特位来决定的。一个正电压代表比特1，一个负电压代表比特0。

②非归零反相编码（NRZ－I）。在非归零反相编码（NRZ－I）方式中，信号电平的一次翻转代表1，没有电平的变化代表0。相对于非归零电平编码来说，信号电平的翻转能提供一种同步机制。但一长串连续的0仍会给同步造成问题。据统计，连续的比特1出现的概率比连续的比特0出现的概率大。

（2）归零编码（RZ）。

归零制编码使用了3种电平：正电平、负电平、零。在归零制编码中，信号变化不是发生在比特之间而是发生在比特内。在每个比特间隙的中间，信号将归零。正电压到零的跳变代表比特1，而负电压到零的跳变代表比特0。每个比特中间的跳变可用于同步。

（3）双相位编码。

双相位编码中，信号在每比特间隙的中间发生改变但并不归零，而是转为相反的一极。每个比特中间的跳变可用于同步。

双相位编码有以下两种方式：

①曼彻斯特编码。在曼彻斯特编码中，用电压跳变的相位不同来区分1和0，即用正的电压跳变表示0、用负的电压跳变表示1。与归零编码相比，曼彻斯特编码仅需要两种电平。因此，这种编码也称为相应编码。由于跳变都发生在每一个码元的中间，接收端可以方便地利用它作为位同步时钟，因此这种编码也称为自同步编码。

②差分曼彻斯特编码。差分曼彻斯特编码是曼彻斯特编码的一种修改格式。其不同之处在于：每位的中间跳变只用于同步时钟信号；而0或1的取值判断是用位的起始处有无跳变来表示的（若有跳变则为0，若无跳变则为1）。这种编码的特点是每位均用不同电平的两个半位来表示，因而能始终保持直流的平衡。这种编码也是一种自同步编码。

常用的数字信号编码有不归零编码、曼彻斯特编码和差分曼彻斯特编码，如图3－1所示。

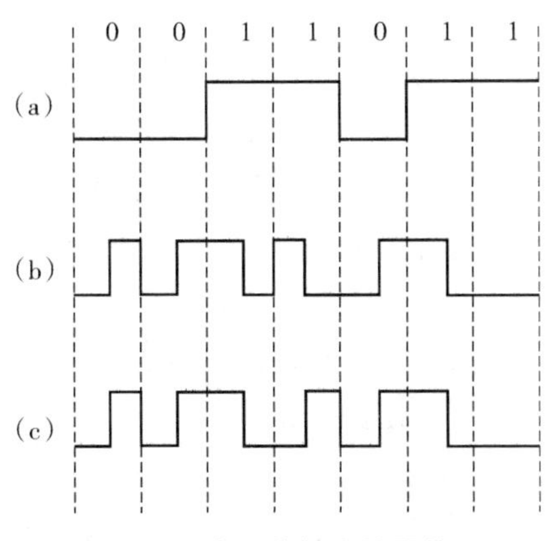

图3－1　常用的数字信号编码

（a）不归零编码；（b）曼彻斯特编码；（c）差分曼彻斯特编码

3）双极性编码

双极性编码与归零编码一样，也采用3种电平值——正电平、负电平、零。与归零编码不同的是，电平0在双极性编码中代表比特0；正、负电平交替代表比特1，即如果第1个比特1由正电平代表，则第2个比特1由负电平代表，第3个比特1由正电平代表……

2. 调制解调技术

目前在大多数情况下，远程通信还是利用现有的设备——电话线、电话网。一条电话信道的带宽是300～3400 Hz，远小于数字信号的传输带宽。因此，要想利用电话线进行数据通信，就必须把数字信号转换成音频范围内的模拟信号，通过电话线传递到接收端，再转换回数字信号，这两个转换的过程分别称为“调制”和“解调”。

调制的基本思想是把数字信号的“0”和“1”用某种载波（正弦波）的变化表示。常用的调制方式有幅移键控法（ASK）、频移键控法（FSK）、相移键控法（PSK），如图3－2所示。解调是将被调制的信号从载波上取出，并还原成数字信号。

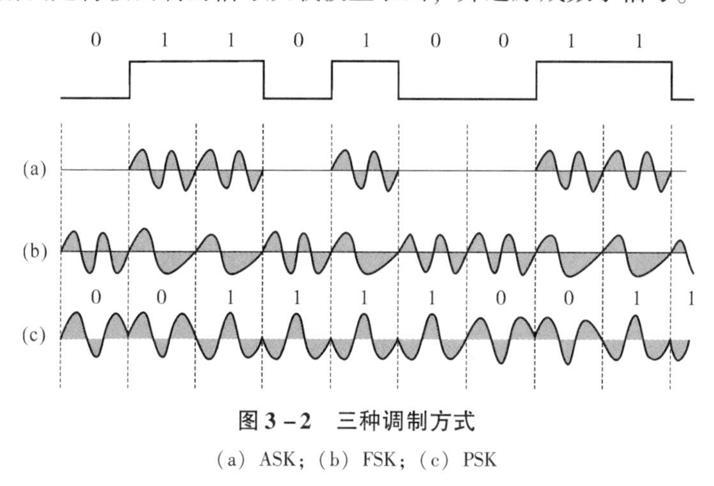

图3－2　三种调制方式

（a）ASK；（b）FSK；（c）PSK

1）幅移键控（ASK）

在幅移键控（ASK）技术中，通过改变载波信号的强度来表示数字信号0、1；在振幅改变的同时，频率和相位保持不变。哪个振幅代表0，哪个振幅代表1，则由系统设计者决定。比特时延是表示一个比特所需要的时间区段。在每个比特时延中，信号的最大振幅是一个常数值，其值与所代表的比特（0或1）有关。ASK传输技术受噪声影响很大。

2）频移键控（FSK）

在频移键控（FSK）技术中，通过改变载波信号的频率来表示数字信号0、1；在频率改变的同时，振幅和相位保持不变。在每个比特时延中信号的频率是一个常数值，其值与所代表的比特（0或1）有关。FSK避免了ASK中的噪声问题。FSK技术的限制因素是载波的物理容量。

3）相移键控（PSK）

在相移键控（PSK）技术中，通过改变载波信号的相位来表示数字信号0、1；在相位改变的同时，最大振幅和频率保持不变。例如，用0°相位代表0，用180°相位表示1。这种 PSK 技术称为二相位 PSK（或 2 - PSK），信号之间的相位差为 180°。同样，可以用 4 种不同相位的正弦信号分别表示 00、01、10 和 11。例如，用 0°相位代表 00，用 90°相位表示 01，用 180°相位代表 10，用 270°相位表示 11。这样每种相位的正弦信号可以表示两位二进制信息。这种 PSK 技术称为四相位 PSK（或 4 - PSK、Q - PSK）。信号之间的相位差为 90°。同样道理，也可以采用 8 - PSK 技术，这样每种相位的正弦信号可以表示 3 位二进制信息，但信号之间的相位差为 45°。由于采用了 4 - PSK、8 - PSK 等技术，数据传输波特率就有可能超过线路的带宽，如 TU - T 推荐的 V. 27 调制解调器标准允许在电话线路上传输 4800 波特（Baud）或 9600 波特（Baud）的数据。

3.2.2　数字通信工作方式

数字通信按不同的使用场合具有形式多样的工作方式。在总线底板级的高速应用中，经常采用并行通信方式，计算机内部的总线（如 ISA. PCI 和 VME 等）实质上也是数据通信方式。在工业控制数据通信中，一般采用中低速异步串行数据通信方式，在可接受的价格下，实现有效、实时的无差错数据传输。

1. 同步方式

如何协调发送端和接收端的工作，是实现数字通信的关键问题之一。串行数据以位数据的方式按照时间顺序逐位发送，接收端必须知道每个二进制数据位的时间长度和开始的消息，才能正确地恢复数据。发送端和接收端都必须使用时钟信号，通过时钟信号来确定何时发送和接收每位数据。同步方式主要有同步传输、异步传输、位同步、帧同步。

同步传输是指所有设备均使用一个共同的时钟，这个时钟源可以是发送端（或接收端）的任何一台设备或系统外的其他一台设备。所有传输的数据位均与这个时钟信号同步，即通过时钟信号的跳变（上跳沿或下跳沿）来确定数据何时有效（或何时失效），接收端依靠这个时钟信号来捕获锁存数据。同步传输至少应有两个信号，即一个同步时钟、一个数据信号。同步时钟既可以是一个独立的信号，也可以采用自同步编码（如曼彻斯特编码等）加载在数据信号上。同步传输可以实现较高的传输速度，且由于没有数据同步的开销，因此同步传输的通信效率很高。但是，对于较长距离的数据传输，同步传输需要一条额外的介质或更大的带宽来传输时钟信号。同时，由于线路的干扰和电信号的传播速度和距离的变化，在实现高速远距离传输时，实现同步传输比较困难，成本也较高。

大多数工业数据通信都采用异步传输方式，每个通信节点均具有自己的时钟信号，但是必须保证每个节点的时钟频率的偏差在允许的范围内。

异步传输一般用起始位来表示启动数据传输，用终止位表示数据传输结束，在起始位和终止位之间的数据就是需要传输的数据，起始位起到同步的作用。异步传输实际上依靠接收端检测发送端发出起始位引起的总线极性变化来启动定时机制，实现发送和接收的同步。

异步方式实现简单，没有频率漂移的积累效应，但是由于需要传输起始位和终止位，因此会增加网络的开销，导致通信效率较低。

无论是同步传输还是异步传输，都不但要解决如何区分每个字符的起始位和终止位，还要区分数据帧的起始位和终止位。接收方必须能够判定信号的到来和终止，还必须知道一个信号元素的宽度。因此，按照数据传输的基本组织单位，可以将同步分为位同步、字符同步、帧同步。

位同步是指收发两端的时钟同步，这是其他同步的基础，每个数据位在收发两端保持同步。字符同步采用特殊的字符表示每组字符的起始和结束。帧同步是指用一个特殊的字符段或数据位的组合来表示每个数据帧的起始和结束，使得接收端能了解数据帧的起始和结束。

2. 通信线路的工作方式

通信线路一般有三种工作方式。

（1）单工通信：传输的信息是单方向的，不能进行反方向的传输，可以实现点对多点的单向数据广播。在工业控制中，一般较少采用。

（2）全双工通信：信息可以双向同时传输，一般只能点对点连接，在一对多应用中，只能实现主节点在同一时刻与某一个从节点全双工通信，从节点之间无法通信。RS－232 和 RS－422 是典型的应用。

（3）半双工通信：信息可以双向传输，但在同一时刻只能单向传输，可以实现总线方的多点传输，常用的通信方式 RS－485 是典型的例子。

3.2.3 数字通信系统的性能指标

1. 传输速度

信息在信道上的传输速度是数据信息系统中的一个重要性能，传输速度是指信道在单位时间内可以传输的信息量，常用的有以下几种表示方式。

1）数据信号速度

数据信号速度 S 通常用每秒传输的位（bit）数来表示，即 bps（bit per second），一般定义为

$$S = \sum_{i=1}^{m} \frac{1}{T_i}\log_2 n_i \tag{3-1}$$

式中，m——并行传输的信道数；

T_i——第 i 条信道传输一个最小信息单位所需的时间；

n_i——第 i 条信道的有效状态信息数。

例如，对于串行传输而言，如果一个最小信息单位有“0”和“1”两种状态（即二进制位），则 $m=1$、$n_i=2$。

国际上常用的标准数据信号速度有 50 bps、100 bps、200 bps、300 bps、2400 bps、4800 bps、9600 bps、48000 bps、240000 bps 等。

2）数据传输速度

在有些数据通信系统中，数据传输速度除了用每秒传输的位数表示外，还常用单位时间内传送的字符数或数据组数表示。单位时间可以为秒（s）、分（min）、小时（h）等。

3）调制速度

调制速度的单位为波特（Baud），t 为被调制信号的单位码所占的时间。波特数为时

间之倒数，即表示信号调制过程中，调制状态每秒转换的次数。对于二进制传输信道（即二元信道），当采用串行传送（即信道数为1）时，调制速度 B 和数据信号速度是一致的，单位也为bps，即

$$B = S = \frac{1}{t} \tag{3-2}$$

2. 信道容量

信道容量是指在单位时间内最大可能传送的信息量。从信息论的基本知识可知，当采用位作为信息量的单位时，信息量可以定义如下：有 N 个等概率的事件，从其中选择一个事件，所得的信息量 I（单位为位，bit）为

$$I = \log_2 N \tag{3-3}$$

由 Nyquist 采样定理可知，若任一信号通过带宽为 F 的滤波器，则滤波后的信号只需每秒 $2F$ 个采样值即可完全恢复。高于每秒 $2F$ 个采样次数是无用的，因其对应的高频分量已被滤波器过滤。而对通频带为 F 的信道来说，它所对应的最大采样值为每秒 $2F$ 个，即信道能传送的最大符号率为每秒 $2F$ 个，也就是说，在1秒钟内最多传送 $2F$ 个信息符号。

根据上述采样定理以及信息量的基本定义，可以得出信道在无噪声情况下的信道容量单位为bps，即

$$C = 2F\log_2 N \tag{3-4}$$

式中，N——离散值的个数。当只有两个离散值（即0或1）时，$C = 2F$ bps。

在有噪声干扰的情况下，由于出现了传送差错，从而损失了信息并降低了信息容量。假设在对称二元信道中，差错概率为 P_e，由信息论的理论推导（此处从略）可以得出，信道接收到一个信息符号的信息容量的最大值是

$$1 + P_e\log_2 P_e + (1 - P_e)\log_2(1 - P_e)$$

由此可得出，在有噪声的情况下，二元信道的信道容量为

$$C = 2F[1 + P_e\log_2 P_e + (1 - P_e)\log_2(1 - P_e)] \tag{3-5}$$

例如，当 $P_e = 0.1$ 时，将其代入式（3-5），可得

$$C = 0.53 \times 2F$$

此时的信息容量大约降低了一半。实际上，当出现差错后，每一信息符号所携带的信息量将小于1位。

3.3 多路复用技术

所谓多路复用技术，是指将多个信号汇集到一个信道上进行传输的技术，其作用相当于把单个传输信道划分成多个子信道，以实现多个信号对通信信道的共享。常用的多路复用技术有频率多路复用、时间多路复用，此外还有波分多路复用、码分多路复用。

1. 频率多路复用

频率多路复用（FDM）技术是把信道的频谱分割成若干个互不重叠的小频段，每个小频段都可以看作一个子信道。如图3-3所示，将信道频谱分割成4个小频段，各小频段

互不重叠，而且相邻各频段之间留有空闲频段，以保证数据能在各频段上可靠地传输。

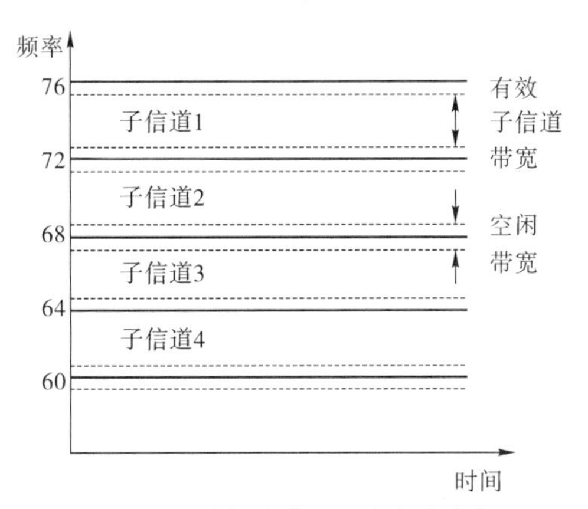

图 3－3　信道频谱被分割成多个小频段

采用多路复用技术时，数据在各子信道上以并行方式传输，也就是说，可以在各子信道上同时传输不同的信号。当然，也可以将一个符号的各个位在不同子信道上进行传输，这就相当于一个符号以并行方式进行传输。传输信号的带宽与分配给每个子信道的带宽之间的转换是通过调制技术进行的。由图 3－4 可以看出，一个频率多路复用系统是由若干个并行通路组成的，每个通路均有调制器和相应的滤波器。由于各个通道是独立的，因此一个通道发生故障不至于影响其他通道。终端的输出首先进入一个低通滤波器，此滤波器的作用在于压抑信号中的高谐波。然后，信号进入调制器，经过调制后进入带通滤波器，带通滤波器可防止各相邻子信道间发生干扰现象，各子信道的信号同时馈送至通信道，从而达到多路信号共享一个公用通信信道的目的。

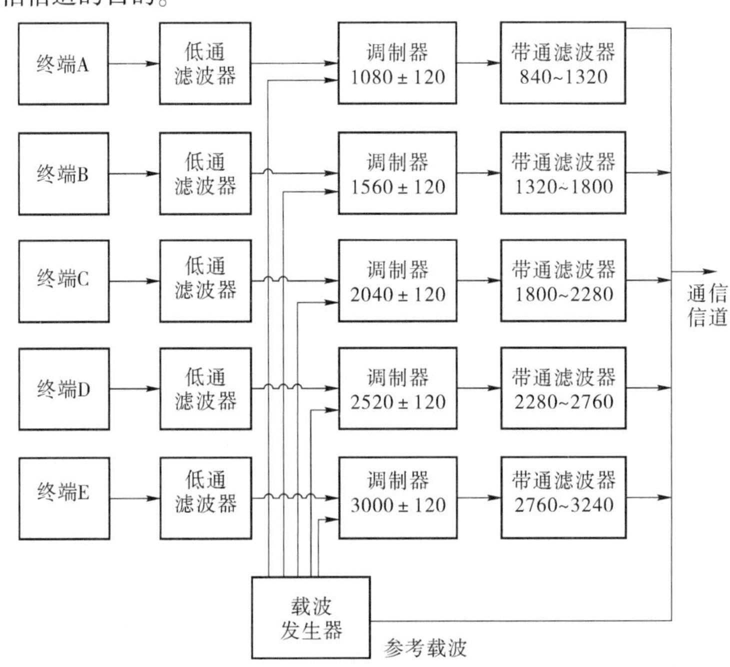

图 3－4　频率多路复用系统

（频率单位为 kHz）

2. 时间多路复用

时间多路复用（TDM）技术是把信道的传输时间分割成许多时间段，在指定的一个时间段内，该路信号占用整个信道的带宽进行传输，其工作原理如图3－5所示。信号的传输可以按位、按符号或以组的方式进行。为了在接收端能对复合信号进行正确分离，接收端与发送端的时序必须严格同步，否则将造成信号间的混淆。

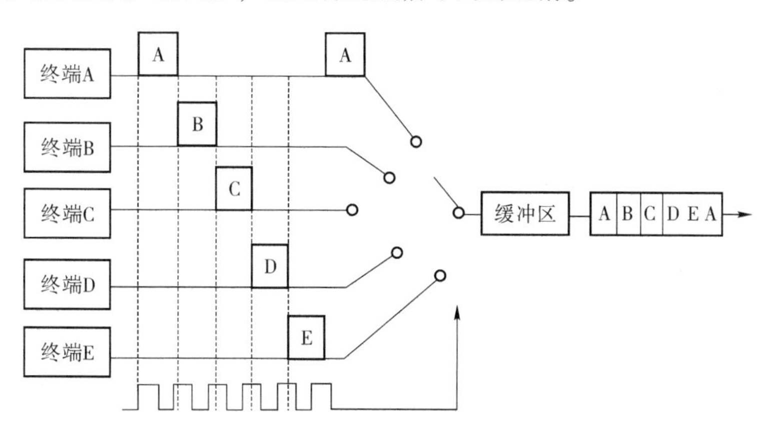

图3－5　时间多路复用原理示意

两种复用技术的比较：

（1）时间多路复用（TDM）设备比频率多路复用（FDM）设备易于实现，而且随着大规模集成电路的发展，TDM的价格也会有明显的下降。

（2）在TDM中，只需要一个调制解调器（Modem）就可以了；在FDM中，每个通道均需一个Modem。

（3）在FDM中，通常需要模/数转换设备；在TDM中，由于具有明显的数字形式，因此特别适用于与计算机直接相连。

（4）TDM能混合不同速率和各种同步方式的终端，能适应新型数据通信网。

（5）在进行数据传输的差错控制和校正操作时，TDM比FDM会产生更多的时间延迟。

3. 波分多路复用

波分多路复用技术是指将整个波长频带分成若干个波长范围，每路信号占用一个波长范围来进行传输。

4. 码分多路复用

码分多路复用（CDMA）技术基于扩频技术，即将一个具有一定信号带宽的信息数据用一个远远大于信号带宽的高速伪随机码进行调制，从而使原数据的带宽扩大，再经载波调制并发送出去；在接收端，用相同的伪随机码接收，将宽带信号进行解扩，以实现信息通信。

3.4 差错检测与控制

3.4.1 概述

计算机网络必须能将数据正确地从一台设备传输到另一台设备。但是，每次将数据从信源传输到信宿的过程中，都可能发生错误，包括噪声在内的多种因素都可能改变传输的数据。一个可靠的系统必须有检测和纠正错误的机制。

数据传输中的错误可分为三种类型：单比特错误；多比特错误；突发错误。单比特错误是指数据单元中只有一个比特发生了改变；多比特错误是指数据单元中两个或两个以上的不连续比特发生了改变；突发错误是指数据单元中两个或两个以上连续的比特发生了改变。

大多数错误检测的方法是按照一定的规则给数据码加上冗余码，然后将数据码和冗余码一起发送出去。在接收端，按相应的规则检查数据码和冗余码之间的关系，从而发现差错并进行相应的处理。只能检测出错误，而不知道哪些比特发生了错误的冗余码被称为检测码；既能检测出错误，又能知道哪些比特发生了改变，进而能纠正错误的冗余码被称为纠错码。

在实际传输的信息中，不仅包括数据信息，还包括冗余信息。编码效率（或称为传信率）是指数据信息在整个发送信息中的比例。

3.4.2 差错控制方法

常用的差错控制方法有自动检错重发（Automatic error ReQuest，ARQ）、前向纠错（Forward Error Correction，FEC）。

1. 自动检错重发

原理：发送端根据一定的编码规则对发送信息进行编码，将能够检测出差错的码组通过信道进行传输，接收端根据给定的编码规则来判断传输中是否有错误产生，然后通过反馈信道把判定结果用判定信号（承认或否认）通知发送端。承认信号表示正确接收，通常用 ACK 表示；否认信号表示接收有错，通常用 NAK 表示。如果发送端所接收到的判定信号是 NAK，则将信息重新发送，直到接收端正确接收为止。自动检错重发的原理示意如图 3-6 所示。

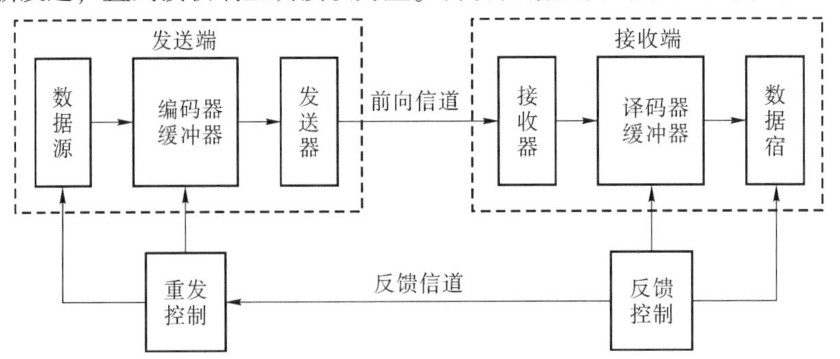

图 3-6 自动检错重发的原理示意

ARQ是目前常用的差错控制方法，它必须具有一个反馈信道，反馈重发的次数与信道受干扰的情况有关，如果干扰严重，则系统的重发次数会相应增加。

2. 前向纠错

原理：发送端根据一定的编码规则对信息进行编码，然后沿通信信道进行传输，接收端接收到信息后，通过差错检测和译码器不仅能够发现错误，而且还能够自动纠正传输中的错误，并把纠正后的信息送至数据宿存储，前向纠错的原理示意如图3-7所示。

FEC的优点是不需要反馈信道，但译码设备比较复杂，目前广泛应用的还是ARQ。

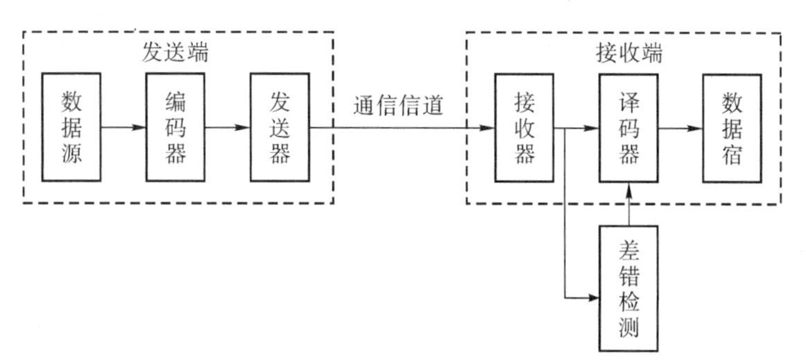

图3-7　前向纠错的原理示意

3.4.3　差错控制系统的参数

衡量差错控制系统性能的主要参数通常有可靠性、冗余性、吞吐率等。可靠性通常用误码率 P_e 来衡量。误码率是指二进制码元在数据传输系统中出现差错的概率，定义为

$$P_e = \frac{接受码元中的出错数}{接受的总码元数} \tag{3-6}$$

冗余性常用冗余率 D 表示。冗余率是编码时附加的校验码所占总信息代码的比例，定义为

$$D = \frac{r}{n} = \frac{n-k}{n} \tag{3-7}$$

式中，n——缩编信息码的总长度，即有效信息码与校验码之和，不包含其他辅助信息（如起始位，停止位等）；

k——有效信息码的长度；

r——校验码的长度。

冗余性还可以用编码效率 R（简称“码率”）来表示，编码效率是编码时有效信息代码占总信息代码的比例，定义为

$$R = \frac{k}{n} = 1 - D \tag{3-8}$$

例如，当采用奇偶校验方式时，若选 $k=8$、$r=1$，则 $n=k+r=9$，此时，冗余率 $D=\frac{r}{n}=\frac{1}{9}=11.1\%$，编码效率 $R=\frac{k}{n}=\frac{8}{9}=88.9\%$。

传送一组代码的吞吐率 T 可以用下式表示：

$$T=\frac{n[1-P(n)]}{n+CV} \tag{3-9}$$

式中，$P(n)$ ——传送该组代码出现错误的概率；

C——两组代码之间的时间间隔，即传送一组代码结束至下一组代码传输开始的时间间隔；

V——传输速率（bps）。

由式（3－9）可知，吞吐率表示一组代码中正确传送的数据位占全部数据位的百分比，此处的全部数据位包括正确传送的数据位、出现错误的数据位以及两组代码之间充填的“空”位。实际上，由于出错的数据位很少，可以认为吞吐率是在系统中存在等待和延时的情况下，及时传送有效数据位的能力。

3.4.4 差错校验码

为了检测通信过程中出错的代码或纠正出现的错码，通常采用某种方法（或规则）对准备发送的数据进行编码，在接收端对所编代码进行解码。用于检错的编码称为检错码，可以自动纠正出错的编码称为纠错码，这两类代码统称为抗干扰码。设抗干扰码的有效信息位为 k，发送时附加的检验位为 r，经过编码后整个码组的总长为 n 位。显然，有

$$\begin{cases}n=k+r\\ \text{或}\\ r=n-k\end{cases} \tag{3-10}$$

下面从最简单的情况开始，对抗干扰码的特性与上述参数间的关系进行分析。

（1）若发送一位二进制信息，且不附加检测码，即 $k=1$、$r=0$、$n=k=1$，此时整个码组只有“0”和“1”两种状态，接收端收到出错代码时既不能检错，更不能纠错。

（2）当 $k=1$ 时，若 $r=1$，则 $n=2$，即附加一位检验位。这时，整个码组有 00、01、10、11 四种状态。假定以 00 代表有效信息 0、11 代表 1，01 与 10 均为非法代码，代表通信过程中有一位出错，就会使合法代码变成非法代码，因此可检验出一位错，但不能纠错。

（3）当 $k=1$ 时，若 $r=2$，则 $n=3$。这时整个码组可能的状态有 8 个（000、011、010、…、111），若以 000 代表 0、111 代表 1，则不仅能检出一位错，还能纠正一位出错。因为对于非法代码 001、010、100，若肯定其中有一位出错，则可纠回到 000，而将 110、101、011 纠正为 111。这种编码方式也可检测出两位错，但不能纠正两位同时出错。

上述三种编码分别称为（1,1）码、（2,1）码和（3,1）码，通称为（n,k）线性分组码。（n,k）码中所有码组的集合称为码集。码集中两个码组间对应位上数字不同的个数称为这两个码组之间的汉明距离，简称“码距”，常用 d 表示。例如，码组 00 和 11 之间的码距 $d=2$，码组 010 与 011 之间的码距 $d=1$，码组 000 与 111 之间的码距 $d=3$。在(n,k)码的码集中，任意两个有效码组间的码距最小者称为（n,k）码的最小码距，通常用 d_0 表

示。d_0反映该码集的抗干扰能力，d_0越大就表示该码集的抗干扰能力越强，即其纠错（或检错）能力越强。其定量关系可由下述定理给出。

定理：对（n,k）线性分组码，有

$$\begin{cases}①检测\ e\ 个错的充要条件为\ d_0 \geqslant e+1 \\ ②纠正\ t\ 个错的充要条件为\ d_0 \geqslant 2t+1 \\ ③纠正\ t\ 个错、检测\ e\ 个错的充要条件为\ d_0 \geqslant t+e+1\ \ (e>t) \end{cases} \tag{3-11}$$

限于本书的篇幅，此处不从数学上严格证明，仅简要证明如下：

对命题①，设发送的码组为T，接收到的码组为R，R与T之间有e位不同（即有e个错），由于T与任一有效码组间的码距皆大于等于$e+1$（即至少有$e+1$位不同），故R肯定是无效的非法码组，据此即可检测出e个错。

对命题②，整个码集以每一有效码组为中心，在码距为t的范围内，形成若干子集，在各子集内的非法码组都可被纠回到该有效码组，但纠错条件要求各有效码组的子集不能互相重叠，故两个有效码组间的码距至少为$t+t+1=2t+1$；反之，若$d_0 \geqslant 2t+1$，则各子集内的错码皆可纠回到该有效码组。

对命题③，“纠正t个错、检测e个错”是指若接收码组与某一有效码组之间的码距在其纠错范围t内，则对其纠错；若接收码组与任何有效码组的码距皆超过t，则进行检错，检错范围为e。显然，因$e>t$，由命题②知，纠正t个错是没有问题的。若接收码组与发送的有效码组之间的码距为e，为了保证此接收码组不落入其他有效码组的纠错范围（子集）t内，它们之间的码距应至少为$t+1$，故该发送码组与其他有效码组之间的码距应至少为$t+e+1$。反过来若$d_0 \geqslant e+t+1$（$e>t$），则考虑到各有效码组的纠错范围为t之后，由命题①可知，此系统能检测出e个错。

上述定理由此得证。

根据此定理，可对（1,1）码、（2,1）码、（3,1）码分别进行分析。（1,1）码之$d_0=1$，故既不能检错，也不能纠错；（2,1）码之$d_0=2$，故可检出1位错（$e=1$），但不能纠错；（3,1）码之$d_0=3$，故可检出两位错（$e=2$），或者可纠正一位错（$t=1$），但不能同时纠正一位错、检测两位错。这与前面的结论是完全一致的。

在计算机及其通信系统中，常用的检错码（或纠错码）有奇偶校验码、汉明码、循环冗余校验码等。

下面分别对它们进行分析。

1. 奇偶校验码

奇偶校验（Parity Check）计算数据单元中为1的比特个数，再增加一个附加比特位，使得1的个数为偶数（偶校验）或奇数（奇校验），该附加的比特位就称为奇偶位（Parity Bit）。接收时，检查每个字符及附加的校验位，看其为“1”的个数是否符合规定，若不符合则置奇偶出错标志。国际电报电话咨询委员会（Consultative Committee International Telegraph and Telephone，CCITT）建议：异步操作中用偶校验；同步操作中用奇校验。

奇偶校验应满足以下关系式：

$$S=\begin{cases}a_{n-1}\oplus a_{n-2}\oplus\cdots\oplus a_0=0 & （偶校验）\\ a_{n-1}\oplus a_{n-2}\oplus\cdots\oplus a_0=1 & （奇校验）\end{cases}$$

式中，S——所编码组各位不进位加的和；

$\oplus$——不进位加；

a_0——奇偶校验位；

$a_i(i=1,2,\cdots,n-1)$——有效信息位。

通常，在传送 ASCII 码时，有效信息位为 7 位，附加一位奇偶校验位后共 8 位，故它为（8,7）码。7 位 ASCII 码的最小码距为 1 位，附加了奇偶校验位后，此 8 位码组的最小码距就增加为 $d_0=2$ 位。原因是：两个码距为 1 位的 7 位码组附加的奇偶位必须相反，才能满足奇偶校验的要求，但这样就会扩大码组的最小码距。例如，对偶校验而言，字符'A'=100001，应附加奇偶位“0”，变成 01000001；字符'C'=1000011，应附加奇偶位“1”，变成 11000011，二码组之码距变为 2 位。

根据定理可知，对 $d_0=2$ 的奇偶校验码组来说，它只能检错，不能纠错，并且只能检查 1 个错（即 1 位出错），但由于奇偶校验的特殊性质，因此它可检查码组中的奇数个出错，如 1 位、3 位、5 位、7 位出错（因为奇数个出错的奇偶关系与一位出错完全一样）。

上述讨论都是基于偶校验的。在实际数据传输中所用的奇偶校验码可分为三种：垂直（纵向）奇偶校验、水平（横向）奇偶校验和水平垂直（纵横）奇偶校验。

1）垂直（纵向）奇偶校验

在垂直（纵向）奇偶校验中，将整个要发送的信息块分成大小相等的若干信息单元，在每个信息单元上都增加一个校验位，从而使 1 的总数（包括校验位）是偶数（对于偶校验）或奇数（对于奇校验）。如图 3－8 所示，要发送的数据块为 28 位（4 个字符，每个字符为 7 位），每 7 位作为一个数据单元，对每个数据单元加一位偶校验位。图中无阴影的部分是字符，有阴影的部分是加上的校验位。

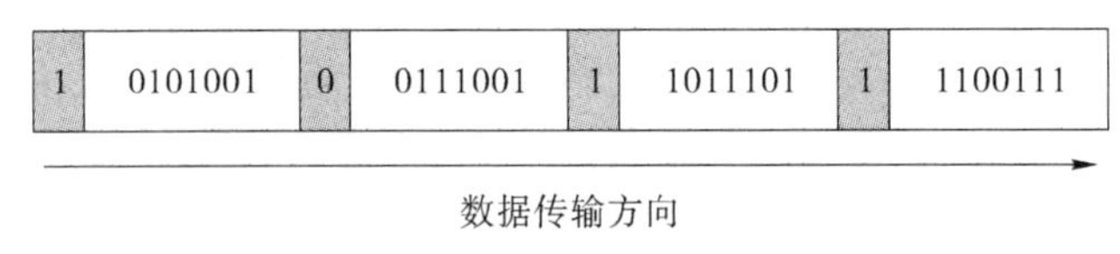

图 3－8　垂直奇偶校验

垂直奇偶校验可以检测数据单元中所有单比特错误，但只有当发生错误的位数是奇数时，它才能检测出多比特错误和突发错误。

2）水平（横向）奇偶校验

在水平（横向）奇偶校验中，将整个要发送的信息块分成大小相等的若干信息单元，信息单元具有相同信息位数。水平（横向）奇偶校验对所有信息单元的对应位（如所有第 1 位、所有第 2 位等）分别进行奇偶校验，所有校验位组成一个新的信息单元，并附加在信息块的最后。如图 3－9 所示，对所要发送的 4 个字符的对应位做偶校验，所有校验位组成一个的信息单元（图 3－9 中的阴影部分），并附加在 4 个字符之后。

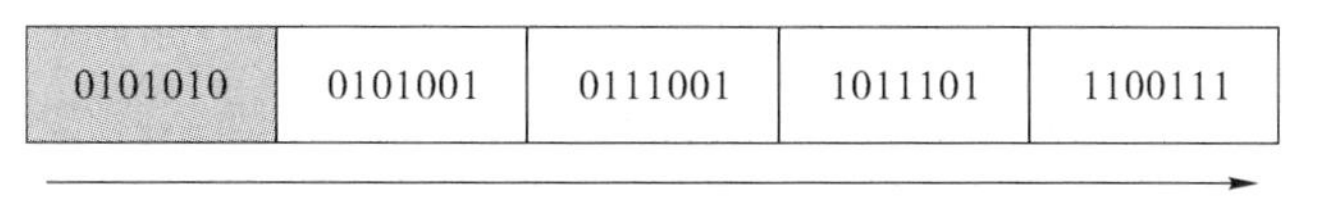

图 3－9　水平奇偶校验

水平奇偶校验不但可以检测到数据块内各数据单元同位上的奇数个错误，还可以检测到单个数据单元内的所有突发错误。

3）水平垂直（纵横）奇偶校验

同时进行水平奇偶校验和垂直奇偶校验，就构成了水平垂直奇偶校验。如图 3－10 所示，先对所传送的 4 个字符做垂直奇偶校验，再对 4 个单元的对应位做水平奇偶校验。

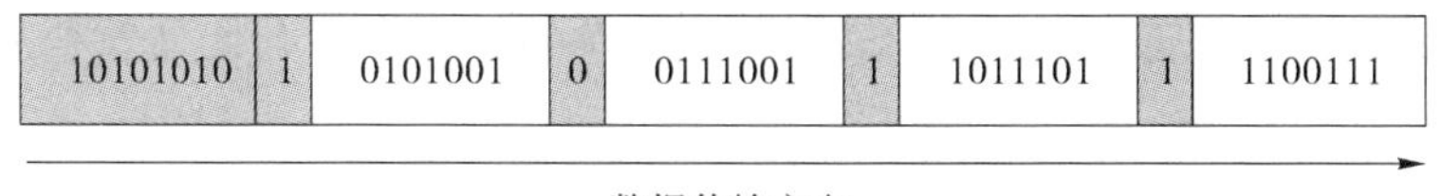

图 3－10　水平垂直奇偶校验

水平垂直奇偶校验不但能发现所有 1 位、2 位和 3 位的错误，而且能发现某数据单元的奇数个错误或该数据块内所有数据单元相同位上的奇数个错误；除了数据块中偶数个数据单元中偶数个相同位发生错误不能被检测外，其他错误都能被检测。

2. 汉明码

汉明码是 Hamming 最早提出的纠错码，它可以纠正一位出错。根据式（3－11），其最小码距 $d_0 \geqslant 3$。对于任一（n,k）码，要求纠正一位错，必须满足汉明关系式

$$\begin{cases} 2^r - 1 \geqslant n \\ \text{或} \\ 2^r \geqslant k + r + 1 \end{cases} \tag{3-12}$$

式中，n——总码长；

k——有效信息位数，$k = n - r$；

r——检验位（或监督位）数。

限于篇幅，在此不对式（3－12）作严格的数学证明，仅简要说明如下。为了纠正一位错，必须在 n 位码组中指明出错位的具体位置，而 r 个检验位共有 2^r 种不同的组合，其中 $2^r - 1$ 种组合用于判明错码在 n 位码组中的位置，一种组合表明无错，故要求 $2^r - 1 \geqslant n$。例如：

（3,1）码，$n = 3$，$r = 2$，$2^r - 1 = 3$；

（5,2）码，$n = 5$，$r = 3$，$2^r - 1 > 5$；

（6,3）码，$n = 6$，$r = 3$，$2^r - 1 > 6$；

（7,4）码，$n = 7$，$r = 3$，$2^r - 1 > 7$；

（11,7）码，$n = 11$，$r = 4$，$2^r - 1 > 11$；

（21,16）码，$n=21$，$r=5$，$2^r-1>16$。

由此可见，k 越大，占用的检验位相对来说就越少，系统的编码效率就越高。

3. 循环冗余码（CRC）

1）二进制码的多项式

若把一个二进制码字的各位看作一个多项式的系数，则一个 n 位码字 $U=U_{n-1}U_{n-2}\cdots U_1U_0$ 可以表示成一个多项式 $U(x)=U_{n-1}x_{n-1}+U_{n-2}x_{n-2}+\cdots+U_1x+U_0$，则将$U(x)$称为 U 的多项式。

2）产生循环冗余码的方法

产生一个循环冗余码需以下几个步骤：

（1）约定一个生成多项式 $G(x)$，设其最高阶次为 m。

（2）设要发送的信息单元为 n 位的 U，其对应的多项式为 $U(x)$，用 $U(x)\cdot x^m$除以生成多项式 $G(x)$（注意：除法按模 2 运算法则），得到一个余式 $R(x)$。

（3）设余式 $R(x)$对应的 $m-1$ 位二进制码为 R，将 R 放在 U 之后就构成了循环冗余检验码。

例如，约定的生成多项式为 $G(x)=x^4+x^3+1$，其最高阶次为 4；要发送的信息单元为 $U=1101011$，其对应的多项式 $U(x)=x^6+x^5+x^3+x+1$，$U(x)\cdot x^4=x^{10}+x^9+x^7+x^5+x^4$。计算如下：

$$
\begin{array}{r|l}
 & x^6 \quad +x^3 \quad +x \\
x^4+x^3+1 & x^{10}+x^9 \quad +x^7 \quad +x^5+x^4 \\
 & x^{10}+x^9 \quad +x^6 \\
\hline
 & x^7+x^6+x^5+x^4 \\
 & x^7+x^6 \quad +x^3 \\
\hline
 & x^5+x^4+x^3 \\
 & x^5+x^4 \quad +x \\
\hline
 & x^3 \quad +x \quad \text{余式}
\end{array}
$$

$U(x)\cdot x^4/G(x)$所得的余式为 $R(x)$，即 $R(x)=x^3+x$，$R(x)$所对应的 4 位二进制码 R 为 1010。将 R 放在 U 之后，就构成了循环冗余检验码 11010111010。

循环冗余校验码可用对应的二进制数除法获得，对应的步骤如下：

（1）得到生成多项式 $G(x)$对应的二进制码为 G，其位数为 $m+1$（因为 $G(x)$的最高阶次为 m）。

（2）在要发送的信息码 U 后面补 m 个 0，形成码字 U'，用 U'除以 G，得余数 R。这里的除法采用模 2 法则，即 $0-0=0$，$0-1=1$，$1-0=1$，$1-1=0$，无借位。

（3）将 R 放在 U 之后，就构成了循环冗余检验码。

3）接收方的检错方式

接收方将收到的数据块除以生成多项式所对应的二进制码 R，如果所得到的余数为 0，则是正确的；如果所得到的余数不为 0，则是错误的。注意：这里的除法也必须采用模 2 法则，收发两端采用相同的生成多项式。

4）常见的生成多项式

常见的生成多项式见表 3－1。

表 3－1　常见的生成多项式

名　称	生成多项式	应用举例
CRC－4	x^4+x+1	ITU G. 704
CRC－12	$x^{12}+x^{11}+x^3+x+1$	—
CRC－16	$x^{16}+x^{12}+x^2+1$	IBM SDLC
CRC－ITU	$x^{16}+x^{12}+x^5+1$	ISO HDLC，ITU X 25，V. 34/V. 41/V. 42，PPP－FCS
CRC－32	$x^{32}+x^{26}+x^{23}+x^{22}+x^{16}+x^{12}+x^{11}+x^{10}+x^8+x^7+x^5+x^4+x^2+x+1$	ZIP，RAR，IEEE 802 LAN/FDDI，IEEE 1394 PPP－FCS
CRC－32C	$x^{32}+x^{28}+x^{27}+\cdots+x^8+x^6+1$	SCTP

5）循环冗余检验码的检错能力

如果仔细选择生成多项式 $G(x)$，使得 x 是它的因子，而 $x+1$ 不是。如果生成多项式 $G(x)$ 的最高阶次为 r，循环冗余检验码可以检测以下错误：

（1）所有奇数位的突发性错误。

（2）所有长度小于 r 的突发性错误。

（3）以（$2^{r-1}-1$）$/2^{r-1}$ 的概率检测出所有长度为 $r+1$ 的突发性错误。

（4）以（$2^{r-1}-1$）$/2^{r-1}$ 的概率检测出所有长度大于 $r+1$ 的突发性错误。即除了信息单元的比特信息除数值变化的错误外，循环冗余检验码能检测出其他所有错误。例如，CRC－32 能以（$2^{32}-1$）$/2^{32}$ 的概率检测出所有长度大于 33 的突发性错误，这等效于 99. 99999998％的准确率。

4. 校验和

校验和技术常用在高层协议中。在发送方，将要发送的整个数据单元分成大小都为 n 位（一般为 16 位）的若干段。然后将这些分段采用反码加法算法加在一起，得到一个 n 位长的结果，该结果取反后得到一个 n 位长的校验和，将校验和当作冗余位加在原始数据单元的末尾，随原始数据单元一起发送到接收方。

接收方按照发送方的方法将整个数据块分成大小为 n 位的若干段，其中最后一段为校验和。然后将这些分段采用反码加法算法加在一起，得到一个 n 位长的结果。如果结果为 n 个 1 则传输正确，反之则是错误的。

3.5 串行数据通信

3.5.1 概述

随着多计算机系统的广泛应用和计算机网络技术的普及，计算机的通信功能显得越来越重要。计算机通信是指计算机与外部设备或计算机与计算机之间的信息交换。通信方式有并行通信和串行通信两种。在多计算机系统以及现代测控系统中，信息的交换多采用串行通信方式。

串行接口是一种可以将接收自 CPU 的并行数据字符转换为连续的串行数据流发送出去，同时可将接收的串行数据流转换为并行的数据字符供给 CPU 的器件。一般完成这种功能的电路，称为串行接口电路。

串口是计算机上一种通用设备通信的协议。大多数计算机包含两个基于 RS－232 的串口。串口也是仪器仪表设备通用的通信协议，很多 GPIB 兼容的设备也带有 RS－232 口。同时，串口可以用于获取远程采集设备的数据。

串口通信是 DCS 的重要组成部分，其优势在于接口简单、软件编制容易、有 Windows 操作系统支持、兼容性强等。从小型 DCS 到大型 DCS 的各种系统中，串口作为一种常用接口标准，扮演着重要的角色。串行通信是将数据字节分成一位一位的形式，在一条传输线上逐位传送。

串行通信的特点：传输线少，长距离传送时成本低，且可以利用电话网等现成的设备，但数据的传送控制比并行通信复杂。

串口通信的概念非常简单，串口按位发送和接收字节，尽管比按字节的并行通信慢，但是串口可以在使用一根线发送数据的同时用另一根线接收数据。它很简单并且能够实现远距离通信。例如，IEEE 488 定义并行通行状态时，设备线总长不得超过 20 m，并且任意两台设备间的长度不得超过 2 m；而对于串口而言，长度可达 1200 m。典型地，串口用于 ASCII 码字符的传输。

通信使用 3 根线完成：地线；发送线；接收线。由于串口通信是异步的，因此端口能够在一根线上发送数据同时在另一根线上接收数据。其他线用于握手，但不是必需的。

串口通信最重要的参数是波特率、数据位、停止位、奇偶校验。对于两个并行通信的端口，这些参数必须匹配。

并行通信通常是将数据字节的各位用多条数据线同时进行传送。并行通信控制简单、传输速度快；由于传输线较多，因此长距离传送时成本高且接收方同时接收多位存在困难。如果各信号线的特征不一样，其结果是：信号在发送端同时发出，但是到达接收端却有微小的时间差异，这种差异就是信号的时间偏移，如图 3－11 所示。

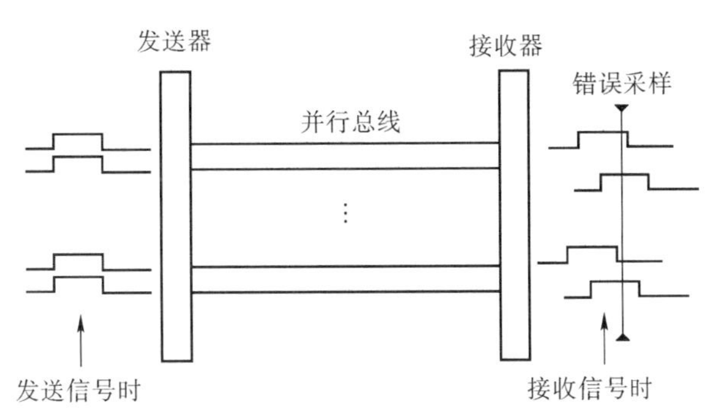

图 3-11　并行通信的信号偏移

串音干扰也是并行通信中固有的严重问题，各信号线之间通过电磁耦合进行干扰，并且信号频率越高，干扰就越严重，直至无法工作，从而大大限制了并口线路的长度，如图 3-12 所示。

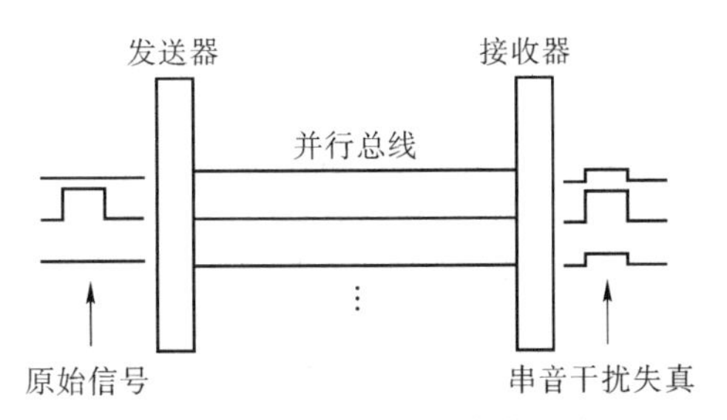

图 3-12　并行通信的串音干扰

3.5.2　串行通信标准

1. RS-232

RS-232 是由美国电子工业协会（Electronic Industry Association，EIA）于 1969 年颁布的一种串行物理接口标准。RS 是 Recommended Standard（推荐标准）的缩写，232 为标识号，在标识号后还有一个字母表示修改次数，目前的版本号为 C。该接口的全称为 EIA RS-232C。RS-232 最初是为远程通信连接数据终端设备（Data Terminal Equipment，DTE）与数据通信设备（Data Communication Equipment，DCE）制定的，其中的“发送”和“接收”都是立足于 DTE 立场，而不是立足于 DCE 的立场来定义的。由于在计算机系统中，往往是在 CPU 和 I/O 设备之间传送信息，两者都是 DTE，因此双方都能发送和接收。RS-232 是 PC 与通信业中应用最广泛的一种串行接口。RS-232 被定义为一种在低速率串行通信中增加通信距离的单端标准，RS-232 采用不平衡传输方式，即所谓的单端通信。目前常用的 RS-232 连接器有 DB25 和 DB9 两种，其引脚定义如图 3-13 所示。图中，RXD 为接收，TXD 为发送，GND 为信号地，RTS 为请求发送，CTS 为允许发送，DSR 为数据准备好，CD 为载波检测，DTR 为数据终端准备好，RI 为振铃信号。

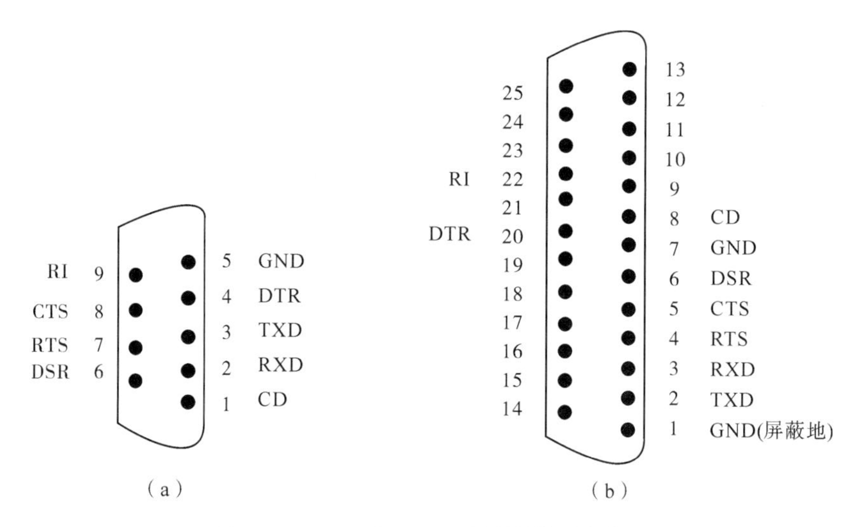

图 3－13　DB9 和 DB25 连接器的引脚定义

(a) DB9 连接器的引脚；(b) DB25 连接器的引脚

收、发端的数据信号是相对于信号地的电平，如从 DTE 设备发出的数据在使用 DB25 连接器时是 2 脚相对 7 脚（信号地）的电平。典型的 RS－232 信号在正、负电平间摆动，在发送数据时，发送端驱动器输出正电平在 5～15 V，负电平在－15～－5 V。当无数据传输时，线上为 TTL，从开始传送数据到结束，线上电平从 TTL 电平到 RS－232 电平再返回 TTL 电平。接收器典型的工作电平为 3～12 V 与－12～－3 V。由于发送电平与接收电平的差仅为 2～3 V，所以其共模抑制能力差，再加上双绞线上的分布电容，其传送距离最大为约 15 m，最高速率为 20 kbps。RS－232 是为点对点（即只用一对收、发设备）通信而设计的，其驱动器负载为 3～7 kΩ。因此，RS－232 只适合本地设备之间的通信。

2. RS－485/RS－422

RS－485、RS－422 与 RS－232 不一样，数据信号采用差分传输方式，也称为平衡传输，它使用一对双绞线，将其中一线定义为 A，另一线定义为 B，如图 3－14 所示。

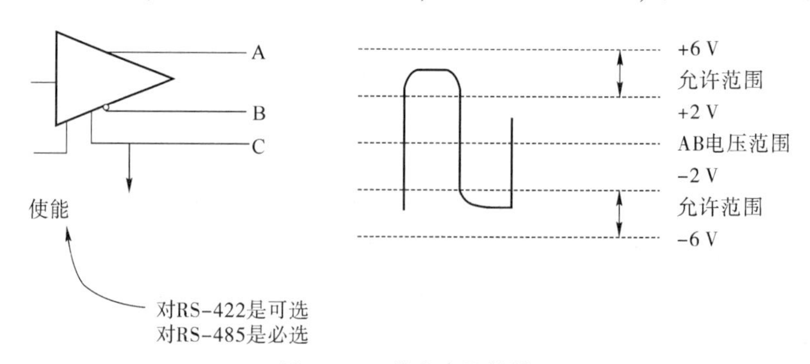

图 3－14　差分电平传输

通常情况下，发送驱动器 A、B 之间的正电平在 2 ~6 V，是一个逻辑状态；负电平在 -2 ~ -6 V，是另一个逻辑状态。另有一个信号地 C，在 RS -485 中还有一个“使能”端，而在 RS -422 中这是可用可不用的。“使能”端用于控制发送驱动器与传输线的切断与连接。当“使能”端起作用时，发送驱动器处于高阻状态，称为“第三态”，即它是有别于逻辑“1”与“0”的第三态。接收器也有与发送端相对的规定，收、发端通过平衡双绞线将 AA 与 BB 对应相连，当在收端 AB 之间有大于 +200 mV 的电平时，输出正逻辑电平，有小于 -200 mV 的电平时，输出负逻辑电平。接收器接收平衡线上的电平范围通常为 200 mV ~6 V，如图 3 -15 所示。

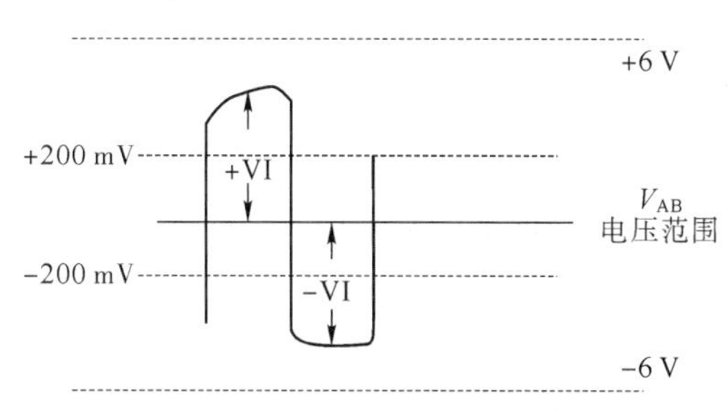

图 3 -15　RS -485 电平范围

RS -422 标准的全称是“平衡电压数字接口电路的电气特性”，它定义了接口电路的特性。由于该接收器采用高输入阻抗和发送驱动器比 RS -232 更强的驱动能力，故允许在相同传输线上连接多个接收节点，最多可接 10 个节点。其中，一个主（Master）设备，其余为从（Salve）设备，从设备之间不能通信，所以 RS -422 支持点对多的双向通信。RS -422 四线接口由于采用单独的发送通道和接收通道，因此不必控制数据方向，各装置之间任何必需的信号交换均可以按软件方式（XON/XOFF 握手）或硬件方式（一对单独的双绞线）实现。RS -422标准如图 3 -16 所示。

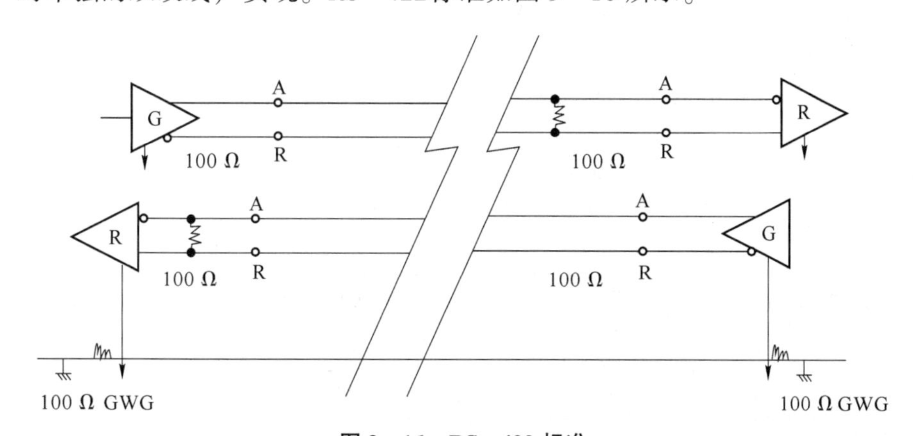

图 3 -16　RS -422 标准

G—发送驱动器；R—接收器；GWG—电源地

RS－422 的传输距离为 4000 ft[①]（约 1219 m），最大传输速率为 10 Mbps，其平衡双绞线的长度与传输速率成反比，在 100 kbps 速率下，才能达到最大传输距离。只有在很短的距离下，才能获得最高速率传输。一般 100 m 的双绞线，所能获得的最大传输速率仅为 1 Mbps。

RS－422 需要终接电阻，要求其阻值约等于传输电缆的特性阻抗。在短距离传输时，需终接电阻，即一般在 300 m 以下无须终接电阻。终接电阻接在传输电缆的最远端。

由于 RS－485 是从 RS－422 发展而来的，所以 RS－485 的许多电气规定与 RS－422 相仿。例如，都采用平衡传输方式；都需要在传输线上接终接电阻；等等。RS－485 可以采用二线或四线方式，二线制可实现真正的多点双向通信；采用四线连接时，与 RS－422 一样只能实现点对多通信，即只能有一台主设备，其余为从设备，但它比 RS－422 有改进，无论四线还是二线连接方式，总线上都可多接到 32 个设备。RS－485 与 RS－422 的不同，还在于其共模输出电压是不同的，RS－485 在 －7～12 V，而 RS－422 在 －7～7 V，RS－485 接收器的最小输入阻抗为 12 kΩ，RS－422 接收器的最小输入阻抗为 4 kΩ；RS－485 满足所有RS－422 的规范，所以 RS－485 的驱动器可以在 RS－422 网络中应用。

RS－485 与 RS－422 一样，其最大传输距离约为 1219 m，最大传输速率为 10 Mbps。RS－485 需要两个终接电阻，其阻值要求等于传输电缆的特性阻抗。在短距离传输时可不需终接电阻，即一般在 300 m 以内不需要终接电阻。终接电阻接在传输总线的两端。

3. 电流环

由于 RS－232 在发送器和接收器之间有公共的信号地线，因此其共模干扰噪声不可避免地串入系统，即使接口电路采用 +15 V 传送，也很难克服由此而产生的干扰，其结果是传输信号速率和距离受到限制，以上是不平衡电路的缺点。

电流环接口电路能解决这个问题，使用 20 mA 电流作为逻辑“1”，用 0 mA 电流作为逻辑“0”。发送数据通过控制数据开关的通断在回路中产生脉冲电流，在接收端通过电流检测器来检测通断状态。由于电流信号不存在线路传输的压降，且能抑制共模干扰，因此传输距离明显增长。

几种数字通信链路的电气特性如表 3－2。

表 3－2　数字通信链路的电气特性

规　定	RS－232	RS－422	RS－485
工作方式	单端	差分	差分
节点数	1 发 1 收	1 发 10 收	1 发 32 收
最大传输电缆长度/ft	50	4000	4000
最大传输速率	115 kbps	10 Mbps	10 Mbps
最大功率输出电压/V	±25	－0.25～6	－7～12

① 1 ft＝0.3048 m。

续表

规　定	RS－232	RS－422	RS－485
驱动器输出信号电平/V（负载最小值）	±5～±15	±2.0	±1.5
驱动器输出信号电平/V（空载最大值）	±25	±6	±6
驱动器负载阻抗/Ω	3000～7000	100	54
摆率（最大值）	30 V/μs	—	—
接收器输入电压范围/V	±15	－7～7	－7～12
接收器输入门限	±3 V	±200 mV	±200 mV
接收器输入电阻/kΩ	3～7	4	12
驱动器共模电压/V	—	－3～3	－1～3
接收器共模电压/V	—	－7～7	－7～12

思　考　题

1. 曼彻斯特编码为什么可以简化同步处理？如何从它的数据信号中，得到时钟信号？

2. 在异步通信时，波特率是 4800 bps，采用奇校验，发送 120 个 ASCII 码至少需要多少时间？发送“100”时，各帧的奇偶校验位是什么？

3. 若用冗余码纠正某位错码，当校验位是 16 位时，每帧的有效信息位最多为多少？这时的码率为多少？

第 4 章
分布式控制系统中的网络技术

4.1 概　　述

所谓的数据通信网络，就是一些相互连接的、自治的通信结点的集合，设备、结点就是网络上的通信设备，每个结点被分配不同的通信地址以示区别，通过特定的地址，一个结点可以与另一个（或一组）结点发生数据交换。一个网络至少应该包括以下三部分：

（1）若干通信设备。

（2）通信子网，由连接这些结点的通信链路组成。

（3）协议，为在通信结点之间的通信使用。

工业数据通信网络一般包括控制子网和信息子网两部分。控制子网主要由 DCS 网络和设备现场总线组成，主要用于传输控制数据，目的是对被控对象实现有效控制，保证控制质量和设备安全，对于实时性和数据可靠性的要求很高；信息子网主要用于传输企业内部信息和共享资源，主要用于非实时数据的监视和生产销售管理（如 ERP、CRM 等），网络体系较复杂，实时性要求低。

在控制子网中，所谓的实时，是指在一个可预测的时间内，一个数据能够完成数据发送、传输、接收，最终到达目的地的能力。

4.2　网络控制方式

4.2.1　总线仲裁模式

在控制子网中，大部分网络资源被所有结点按照某种分配方式共享，每个结点要想发送数据，就必须获得一定时间的通信资源独占时间。如何分配通信资源并保证在同一时刻只有一个发送结点，还要同时保证每个结点都能够得到公平的待遇，有均等的机会获得通信资源控制权，是网络通信的核心问题，这就是所说的总线仲裁（由于多数网络的通信资源为总线形式，因此统称通信资源分配为总线仲裁）。经常采用的总线仲裁模式有三种：主从模式、对等模式、混合模式。

1. 主从模式

主从模式是指所有通信由主站发起，由从站判断主站发出的通信数据包的目的地址，只有目的地址与本设备地址一致，才能按照规定的处理响应时序向网络发出应答数据包。在主从模式中，从站之间不能直接通信或交换数据。一般在同一个网络只能有一个工作主站，典型的例子是 Modbus。

2. 对等模式

对等模式可分为两种：一种是结点设备依靠令牌或某种仲裁机制获得定时限的总线控制权，在此规定的时间内，结点可以向其他结点传送数据或命令，其典型的例子是 ARCNET；另一种对等模式是著名的以太网所采用的竞争模式，即载波侦听多路访问/冲突检测模式（CSMA/CD）。在该模式中，每个要发送信息的结点首先侦听总线是否被其他结点占用，如果被占用就等待其发送完毕，然后开始发送，如果总线空闲则立即发送，这就是总线竞争的过程。如果总线上有两个或多个结点同时侦听到总线空闲，并同时发送信息，则会产生冲突，此时，每个发送信息的结点将延迟等待一段时间，一般是一个随机的时间长度，然后开始一个新的竞争过程。CSMA/CD 模式无法保证网络的实时性，因此一般不用于控制网络。近年来有一些改进的竞争模式，如 CAN 总线采用将各结点分别设置不同优先级的办法，在产生冲突时，低优先级结点自动避让高优先级结点，以此保证网络的实时性能。在同一个网络中，多个控制器主站之间采用令牌方式实现竞争。

3. 混合模式

在同一个总线或控制网络中，具有主从模式和对等模式，如 PROFIBUS。在同一个网络中，多个控制器主站之间采用令牌方式实现对等通信，而控制器主站对于接收其控制的从设备采用严格的主从通信方式。

控制网络经常采用的信息交互模式有以下 4 种。

（1）轮询模式：多在主从模式的网络中使用。主站周期性地或非周期性地查询从设备的工作状态和数据，或者向从站下发命令和数据。

（2）例外报告模式：一个结点作为源结点将一个报文向一个或多个接收结点发送，无须接收结点请求此数据。在状态没有变化时，不发生通信；在状态发生变化时，发生通信。这种模式一般用于报警信号处理，例外报告模式经常和轮询方式合并使用，以减少数据通信量，同时能够保证数据完整性。

（3）客户/服务器模式：一台设备作为客户端发出请求；另一台设备作为服务端响应这个请求，并做出动作或返回数据和结果。

（4）生产者/消费者模式：产生数据的结点向总线广播数据，所有需要此数据的结点主动接收此数据，发出数据的结点无须知道哪些结点需要此数据。这种通信模式的效率很高，适合于小型的实时性要求强的控制网络，典型的例子是 ControlNet。

4.2.2　网络控制方式

在网络传输的过程中，各结点通过公共通道传输信息，因此存在如何合理分配信道的问题（既充分利用信道的空间和时间，又防止发生各信息间的互相冲突）。因此需要采用一定的控制方式来合理解决信道的分配。常用的控制方式有 3 种：载波监听多路访问（Carrier Sense Multiple Access/Collision Detect，CSMA/CD）；令牌环（Token Ring）；令牌总线（Token Bus）。这三种方式都得到了 IEEE 802 委员会的认可，成为国际标准。

1. CSMA/CD

在 CSMA/CD 方式中，各结点“先听后讲”：先侦听通道情况，以决定是否可以发报文，再“边讲边听”发现冲突，退避重发。退避算法主要有：

①非坚持：介质空闲则发送。假如忙，则等待一段随机时间。

②1 - 坚持：介质空闲则发送。假如忙，则继续侦听，直到空闲。

③P - 坚持：介质空闲则以概率 P 发送，或以 $1-P$ 的概率延迟一个时间单位重复处理。

2. 令牌环

令牌是一种特殊的帧，用于控制网络结点的发送权，只有持有令牌的结点才能发送数据。

源结点发出一帧非空信息，绕环传递（使令牌非空），达到目的结点后将有效信息复制，使 ACK = 1，此帧信息返回源结点。根据 ACK = 1 移走全部信息，并将令牌置空，下一结点即可用此令牌。按一定顺序在各站点之间传递令牌，谁得到令牌谁就有权发送数据。

当令牌在环路上绕行时，可能丢失令牌，此时应在环路中插入一个空令牌。令牌的丢失将降低环路的利用率，而令牌的重复也会破坏网络的正常运行，因此必须设置一个监控结点，以保证环路中只有一个令牌绕行。一旦令牌丢失，就插入一个空闲令牌；一旦令牌重复，就删除多余的令牌。

3. 令牌总线

CSMA/CD 在访问过程中存在竞争，有结构简单、轻负载时延时小等特点，网络通信负荷增大时，冲突会增多，网络吞吐率下降、传输延时增加，性能明显下降。

令牌环在重负荷下利用率高，网络性能对传输距离不敏感。但令牌环网控制复杂，并存在可靠性保证等问题。

在综合 CSMA/CD 与令牌环两种方式的优点的基础上，形成一种新的控制方式——令牌总线。

采用这种方式时，各结点共享的传输介质是总线型的，每一结点都有一个本站地址，并知道上一个结点地址和下一个结点地址。令牌传递规定由高地址向低地址，最后由最低地址向最高地址，依次循环传递，从而在一个物理总线上形成逻辑环。环中令牌传递顺序与结点在总线上的物理位置无关。与令牌环一致，只有获得令牌的结点才能发送数据。在正常工作时，当结点完成数据帧的发送后，将令牌传送给下一个结点。逻辑上，令牌按地址的递减顺序传给下一个结点；物理上，带有地址字段的令牌帧广播到总线上的所有结点，只有结点地址和令牌帧的目的地址相符的结点才有权获得令牌。

三种网络控制方法的比较如表 4-1 所示。

表 4-1　三种网络控制方法的比较

控制方式	特点	实时性要求	网络环境
CSMA/CD	方法简单，易于实现	不严格	负荷较低
令牌环	维护复杂，实现困难	较高	负荷较高
令牌总线	综合了上述两种控制方式的优点		

4.3　网络通信协议

4.3.1　网络层次模型

OSI 模型是国际标准化组织创建的一种标准，它为开放式系统环境定义了一种分层模型。其中，如果两个系统采用了相同的 OSI 层通信协议，那么在一台计算机上运行的一个进程就可以和另一台计算机上的类似进程通信。在一次通信会话期间，各计算机的每层运行的进程可相互通信。在最底层定义实际的物理部件，如连接器、电缆，以及系统间的数据位的电子传输；在此之上的一些层定义数据包装和寻址方式；再向上的层定义保持通信会话生存的方式；最高层描述应如何利用下面的通信系统来与其他系统上的应用进行交互。

OSI 模型的设计是为了帮助开发人员创造可以与多厂商产品系列兼容的应用程序，以及增进开放和相互操作的联网系统。虽然 OSI 还没有摆脱只是一种计划的局面，但是它的模型已被用于描述和定义不同厂商的产品如何通信。

协议是以软件驱动程序的形式被装载到计算机中的。协议栈的每层都定义一些特定的功能。当最高层的应用程序需要发送消息到网络上的其他系统时，这个应用程序就和下面的层进行交互。这个请求在某一层进行包装，并向下传送到下一层，它将增加一些与这个层处理功能相应的信息，当一个分组内产生一个新的分组的应用程序需要发送消息到网络上的其他系统时，这个应用程序就与下面的层进行交互。这个请求是在一个层进行包装，并向下传送到下一层的，它将增加一些与这个层处理功能相应的信息，并在一个分组内产生一个新的分组。然后，这个分组被向下传递到下一层，并且这个过程将继续。每层都向这个消息分组增加信息，这个信息将被接收系统的协议栈的相应层进行读取。按照这个方式，每个协议层与它对应的协议层进行通信，以完成通信。

每层定义通信子系统必须遵守的规则和规程，以达到与其他系统对等进程进行通信的目的。OSI 模型定义的原则如下：

（1）每层都必须有一个定义完整的功能。

（2）每层的通信协议都应以国际标准化的眼光来看。

（3）所选定的层边界应尽量将通过接口的信息流量减至最低。

(4) 层次的数目不要多得使结构大而不当，也不要少得让不同功能合并在同一层。

OSI 模型定义了 7 个层次，如图 4－1 所示。

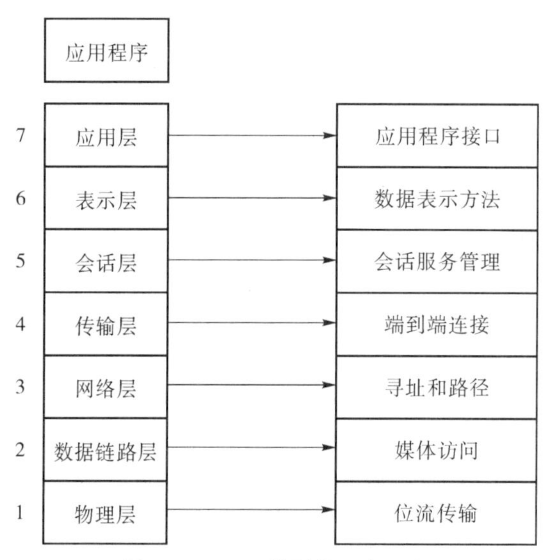

图 4－1　OSI 模型的 7 个层次

1. *物理层*

物理层是 OSI 的第一层，它虽然处于最底层，却是整个开放系统的基础。物理层为设备之间的数据通信提供传输媒体及互联设备，为数据传输提供可靠的环境。

物理层的媒体包括架空明线、平衡电缆、光纤、无线信道等。通信用的互联设备指 DTE 和 DCE 间的互联设备。DTE 即数据终端设备，又称物理设备，如计算机终端等都包括在内。DCE 则是数据通信设备或电路连接设备，如调制解调器等。数据传输通常是先经过 DTE－DCE，再经过 DCE－DTE 的路径。互联设备是指将 DTE、DCE 连接起来的装置，如各种插头、插座。LAN 中的各种粗细同轴电缆、T 型接头、插头、接收器、发送器、中继器等都属于物理层的媒体和连接器。物理层的主要功能包括：

(1) 为数据端设备提供传输数据的通路。数据通路既可以是一个物理媒介，也可以由多个物理媒介连接而成。一次完整的数据传输包括激活物理连接传送数据、终止物理连接等过程。所谓激活，就是不管有多少物理媒介参与，都要在通信的两个数据终端设备间建立一条数据通信的通路。

(2) 传输数据。物理层要形成适合数据传输需要的实体，为数据传送服务。一是要保证数据能在其上正确通过；二是要提供足够的带宽（带宽是指每秒内能通过的位（bit）数），以减少信道上的拥塞。传输数据的方式能满足点到点、点到多点串行（或并行）半双工（或全双工）、同步（或异步）传输的需要。

(3) 物理层的一些标准和协议早在 OSI/TC97/C16 分技术委员会成立之前就已制定并应用。一些常用的标准如下：

①RS－232、ISO－2110：数据通信——25 芯 DTE/DCE 接口连接器和插针分配。

②RS－449、ISO－4092：数据通信——37 芯 DTE/DEC 接口连接器和插针分配。

③RS－422。

④RS－485。

⑤FDDI。

2. 数据链路层

数据链路可以粗略地理解为数据通道。物理层要为终端设备间的数据通信提供传输媒介及其连接。媒介是长期的，连接是有生存期的。在连接生存期内，收、发两端可以进行不等的一次（或多次）数据通信，每次通信都要经过建立通信联络、拆除通信联络两个过程，这个建立起来的数据收发关系就称为数据链路。在物理媒介上传输的数据难免受到各种不可靠因素的影响而产生差错，为了弥补物理层上的不足，为上层提供无差错的数据传输，就要能对数据进行检错和纠错。

数据链路层为网络层提供数据传送服务，这种服务要依靠本层具备的功能来实现，因此数据链路层应具备以下功能：

（1）链路连接的建立、拆除及分离。

（2）帧定界和帧同步。链路层的数据传输单元是帧，协议不同，帧的长短和界面也有别，但无论如何必须对帧进行定界。

（3）顺序控制。这是指对帧的收发顺序的控制。

（4）差错检测和恢复。

此外，还应有链路标识、流量控制等功能。差错检测多用方阵码校验和循环码校验来检测信道上数据的误码；帧丢失则用序号检测；各种错误的恢复常依靠反馈重发技术来完成。

数据链路层的协议是为对等实体之间保持一致而制定的，也为顺利完成对网络层的服务。主要协议如下：

（1）ISO－1745－1975（数据通信系统的基本型控制规程）。这是一种面向字符的标准，利用 10 个控制字符来完成链路的建立、拆除及数据交换，对帧的收发情况及差错恢复也是靠这些字符来完成的。其与 ISO－1155、ISO－1177、ISO－2626、ISO－2629 等标准配合使用，可形成多种链路控制和数据传输方式。

（2）ISO－3309－1984（HDLC 帧结构）、ISO－4335－1984（HDLC 规程要素）和 ISO－7809－1984（HDLC 规程类型汇编）。这 3 个标准都是为面向比特的数据传输控制而制定的，习惯上把这 3 个标准组合称为高级链路控制规程 HDLC。

（3）ISO－7776，称为“DTE 数据链路层规程”。它与 CCITT X. 25LAB“平衡型链路访问规程”相兼容。

（4）LAN 驱动程序和访问方式，如以太网和令牌环。

（5）快速分组广域网，如帧中继和异步传输模式（ATM）。

（6）Microsoft 的网络驱动程序接口规范（NDIS）。

（7）Novell 的开放数据链路接口（ODI）。

独立的链路产品中最常见的有网卡、网桥、交换机。数据链路层将本质上不可靠的传输媒介变成可靠的传输通路后提供给网络层。

3. 网络层

网络层的产生也是网络发展的结果。在联机系统和线路交换的环境中，网络层的功能没有太大意义。当数据终端增多时，它们之间有中继设备相连。此时会出现一台终端要求不只是与唯一终端而是能与多台终端通信的情况，这就产生了把任意两台数据终端设备的数据连接的问题，也就是路由（或称为寻径）。另外，当一条物理信道建立后，被一对用户使用，往往有许多空闲时间被浪费。人们自然会希望让多对用户共用一条链路，为解决这一问题，就出现了逻辑信道技术、虚拟电路技术。网络层为建立网络连接和为上层提供服务，应具备以下主要功能：

（1）路由选择和中继。

（2）激活、终止网络连接。

（3）在一条数据链路上复用多条网络连接，多采取分时复用技术。

（4）差错检测与恢复。

（5）排序，流量控制。

（6）服务选择。

（7）网络管理。

网络层的一些主要标准如下：

（1）ISO. DIS8208，DTE 用的 X. 25 分组级协议。

（2）ISO. DIS8348，CO 网络服务定义（面向连接）。

（3）ISO. DIS8349，CL 网络服务定义（面向无连接）。

（4）ISO. DIS8473，CL 网络协议。

（5）ISO. DIS8348，网络层寻址。

（6）因特网协议（IP）。

（7）Novell 的网间分组交换（IPX）。

（8）Banyan 的 VINES 网间互联协议（VIP）。

除上述标准外，还有许多标准。这些标准都只能解决网络层的部分功能，所以往往需要在网络层中同时使用几个标准才能完成整个网络层的功能。由于面对的网络不同，因此网络层会采用不同的标准组合。

在具有开放特性的网络中的数据终端设备都应配置网络层的功能，基于网络层的网络硬设备主要有网关、路由器。

4. 传输层

传输层是两台计算机经网络进行数据通信时，第一个端到端的层次，具有缓冲作用。当网络层服务质量不能满足要求时，它将服务加以提高，以满足高层的要求；当网络层服务质量较好时，它的工作就很少。传输层只存在于端开放系统中，是介于低 3 层通信子网系统和高 3 层之间的一层。这是很重要的一层，因为它是从源端到目的端对数据传送进行控制，为从低到高的最后一层。

对于会话层来说，要求有性能恒定的界面。传输层就承担了这一功能，它采用分流/合流、复用/介复用技术来调节上述通信子网的差异，使会话层感受不到差异。

此外，传输层还要具备差错恢复、流量控制等功能，以此对会话层屏蔽通信子网在这些方面的细节与差异。传输层面对的数据对象已不是网络地址和主机地址，而是与会话层的界面端口。上述功能的最终目的是为会话提供可靠的、无误的数据传输。传输层的服务一般要经历传输连接建立阶段、数据传输阶段、传输连接释放阶段，才算完成一个完整的服务过程。在数据传输阶段，一般分为数据传输、加速数据传送。TCP 协议是一种典型的传输层协议。

5. 会话层

会话层提供的服务可使应用建立和维持会话，并能使会话获得同步。会话层使用校验点，可使会话在通信失效时从校验点继续恢复通信。这种能力对于传送大的文件极为重要。会话层、表示层、应用层构成开放系统的高三层，面对应用进程提供分布处理、对话管理信息表示及恢复最后的差错等。会话层同样要担负应用进程服务功能，对运输层不能完成的那部分工作，给运输层功能差距以弥补。会话层的主要功能是对话管理、数据流同步和重新同步。要完成这些功能，就需要大量的服务单元功能组合，目前已经制定的功能单元有几十种。

6. 表示层

表示层的作用之一是为异种机通信提供一种公共语言，以便能进行相互操作。这种类型的服务之所以需要，是因为不同的计算机体系结构使用的数据表示法不同。例如，IBM 主机使用 BCDIC 编码，而大部分 PC 使用的是 ASCII 码。在这种情况下，便需要表示层来完成这种转换。由前面的介绍可知，会话层以下 5 层完成了端到端的数据传送，并且是可靠、无差错的数据传送。但是数据传送只是手段而不是目的，最终目的是要实现对数据的使用。各种系统对数据的定义并不完全相同（最常见的例子是键盘，某些键的含义在许多系统中都有差异），这对利用其他系统的数据造成了障碍。表示层和应用层就担负着消除这种障碍的任务。

对于用户数据来说，可以从两个侧面来分析：一个是数据含义，称为语义；另一个是数据的表示形式，称为语法，如文字、图形、声音、文种、压缩及加密等都属于语法范畴。表示层设计了 3 类共 15 种功能单位，其中上下文管理功能单位就是沟通用户间的数据编码规则，以便双方有一致的数据形式，能够互相认识。

7. 应用层

应用层向应用程序提供服务，这些服务按其向应用程序提供的特性分成组，称为服务元素。有些可为多种应用程序共同使用，有些则为较少的一类应用程序使用。应用层是开放系统的最高层，直接为应用进程提供服务。其作用是在实现多个系统应用进程相互通信的同时，完成一系列业务处理所需的服务。

在应用层之上是应用程序。不是所有协议都需要包含完整的 7 层，可以根据实际的需要对层进行删减。应用程序既可以建立在应用层之上，也可以建立在应用层以下的任何一层之上。例如，采用 RS－232 的物理层和 Modbus/RTU 的数据链路层，应用程序就可以在两台计算机之间进行数据通信。

当应用程序需要发送消息到网络上的其他系统时，这个应用程序就和下面的层进行交互，将需要发送的消息发送到下一层。这一层将在原信息的基础上增加一些和这个层处理功能相关的信息，并传送到下一层，且这个过程将继续。每层都向这个消息分组增加信息。在接收端，也按照这个顺序逐层将应用信息与协议附加信息剥离，最终向接收端应用程序提供完整的应用信息。

4.3.2 通信协议

4.3.1 节介绍的是网络的层次模型，但不是具体的通信协议。要完成计算机之间的通信，就必须有可以真正执行的通信协议，层次模型实际上是个建立通信协议的指导性文件。

所谓通信协议，广义上就是规定两个（或多个）通信结点之间数据交换的一组标准和规则。OSI 模型提供了一种通信协议的组成方式。通信协议可以只规定 7 层中的某几层。例如：TCP/IP 协议只定义了网络层和传输层，但对于物理层和数据链路层未做定义；以太网协议定义了物理层和数据链路层，而对高层协议没有规定。因此，通信结点之间的数据交换，可能需要几种不同的通信协议来共同协作完成，但是这几种通信协议分属不同的层次。为了保证通信协议的通用性和可移植性，就希望通信协议按照 OSI 模型来划分层与层之间的服务接口。

1. TCP/IP 协议族

TCP/IP 是一组通信协议的代名词，它本身指两个协议：TCP（网络传输协议）、IP（网间协议）。一般来说，TCP/IP 包括的一组协议族如图 4-2 所示。

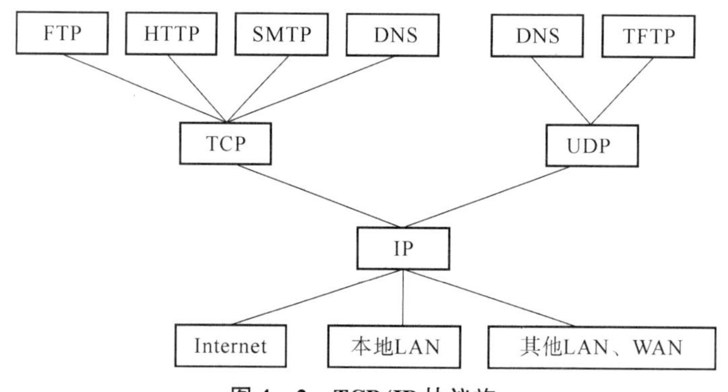

图 4-2 TCP/IP 协议族

TCP（传输控制协议）：消息在传送时被分成小包，传输控制协议（TCP）负责收包，并将其按适当的次序放好后发送，在接收端收到后再将其正确地还原。传输控制协议处理了 IP 协议中没有处理的通信问题，向应用程序提供可靠的通信连接，能够自动适应网络的变化。它保证数据包在传送中正确无误。

IP（网间协议）：Internet 将消息从一台主机传送到另一台主机使用的协议称为网间协议，这是 Internet 网络协议。网间协议负责将消息发送到指定接收主机，可以使用广域网（或局域网）、高速网（或低速网）、无线网（或有线网）的网络通信技术。

TCP/IP 规范了网络上的所有通信设备，尤其是主机与另一主机之间的数据往来格式及传送方式。TCP/IP 是 Internet 的基础协议，也是一种计算机数据打包和寻址的标准方法。在数据传送中，可以将其形象地理解为两个信封。TCP 和 IP 就像信封，要传递的信息被划分成若干段，每段塞入一个 TCP 信封，并在该信封上记录分信息，再将 TCP 信封塞入 IP 大信封并发送上网。在接收端，一个 TCP 软件包收集信封，抽出数据，按发送前的顺序还原，并加以校验，若发现差错，TCP 将要求重发。因此，TCP/IP 在 Internet 中几乎可以无差错地传送数据。

在 TCP/IP 协议族中，作为 IP 之上的传输控制协议实际上有两个，一个就是常说的 TCP，另一个是 UDP（用户数据协议）。二者的区别是：TCP 是一种面向连接的协议，即在实际传输前，需要在要进行数据传输的结点之间建立连接，以此保证数据传输的完整性和可能性；UDP 不需要事先建立连接。相比之下，TCP 的传输比较可靠，但开销比较大，传输效率比较低，比较适合于在两个结点间一次传输大量数据时的应用；UDP 比较灵活，开销小，适合随时传输少量数据的应用，但有时会产生错误，造成数据传输失败。

2. IEEE 802 网络协议的特点

局域网参考模型只定义了 OSI 的低两层，高层统称为网际层，未进行明确定义。低两层功能由网卡硬件和驱动程序实现，高层由网络操作系统负责完成对数据链路层进一步划分。逻辑链路控制子层（LLC）介质访问控制子层（MAC）的主要标准有：802.1A，体系结构综述；802.1B，网络管理；802.2，逻辑链路控制 ；802.3，CSMA/CD 控制；802.4，令牌总线控制；802.5，令牌环控制；802.6，城市地区控制；802.7，宽带；802.8，光纤；802.11，无线局域网协议。

4.4　网络传输介质和设备

4.4.1　传输介质

传输介质在网络通信的角色上不如通信协议和网络设备受人瞩目，但它的影响却举足轻重，通信品质的好坏（甚至系统性能的优劣）往往与传输介质有密切关系。传输介质可以分为双绞线、同轴电缆、光纤、无线连接。其中，双绞线是应用最广的通信介质，因其成本低廉、施工方便而广泛应用于各种场合，尤以各类信息系统为主要应用领域。在早期，同轴电缆是主要的通信介质，但其成本较高，且由于同轴电缆采用总线拓扑结构，网上各个结点要共享网络带宽，因此通信速率受到限制。随着双绞线在可靠性方面的不断提升，同时交换技术日益成熟，双绞线的通信速率大大提升，因此在工业领域也得到广泛应用。在控制领域，双绞线和同轴电缆都是以局域网（LAN）为网络基础的控制系统的通信介质。光纤能够有效抵御电磁干扰，且有相当高的网络带宽，是一种性能相当好的通信介质，但其成本高，而且对施工的要求也相当高，因此限制了光纤的大量应用。光纤网络主要作为高速、远程的骨干网使用，这在以城域网（MAN）为网络基础的控制系统（如城市轨道交通的综合控制系统）中成为首选通信介质。无线传输通信介质主要用于远程通信，可用于组建广域网（WAN），在覆盖广阔地域的SCADA系统（如电网调度系统）中，就经常需要使用无线传输介质。

1. 双绞线

双绞线由两根具有绝缘保护层的铜导线组成，对绞的目的就是要减少杂音、串音等干扰，因为导体中有电流流动时会产生电磁场而干扰其他导线。若把正信号和负信号对绞，则二者产生的磁场互相抵消，就能减少干扰。双绞线电缆（也称双扭线电缆）内，不同线对具有不同的扭绞长度。与其他传输介质相比，双绞线在传输距离、信道宽度、数据传输速度等方面均受到一定限制，但价格较为低廉。

双绞线依其组成方式又可分为非屏蔽双绞线（Unshielded Twisted Pair，UTP）、屏蔽双绞线（Shielded Twisted Pair，STP）。屏蔽双绞线，顾名思义就是对绞线多了一层金属屏蔽层，外带多加了一条接地铜线，因此屏蔽双绞线有较好的抗噪声电磁波干扰能力。但是，屏蔽双绞线的价格较为昂贵，安装也比较困难。非屏蔽双绞线由于少了金属屏蔽层，因此抗干扰能力较弱，但由于在价格与安装方面的优势，因此被广泛采用，现在一般提到双绞线就泛指非屏蔽双绞线。

在低速通信，如RS－485/RS－422等异步串行通信中，一般采用屏蔽双绞线，通信距离可以达到200～1000 m。此类电缆一般采用双芯（或四芯）双绞线，屏蔽结构可以采用总屏蔽加分屏蔽的方式。

在以太网络中，有超70%的网络是使用UTP架设成的，10Base－T或100Base－TX的网络都采用双绞线。但是以太网络的双绞线与低速通信的双绞线有所不同，以太网双绞线由4对线组成，中心导线一般较常见的是24AWG单芯线。

把UTP线切开，我们可以看到4对不同颜色的线，而且是成对绞在一起的，这4对线的颜色分别为蓝/白蓝、橙/白橙、绿/白绿、棕/白棕，通常橙/白橙、绿/白绿的绞线次数为每英寸①约4次，蓝/白蓝、棕/白棕绞线次数为每英寸约3次，因此橙/白橙、绿/白绿有比较好的抗噪声能力，因此网络压线时，建议使用这两对线。

双绞线以太网使用的接头是RJ－45，这种接头属于8P8C类型（8P就是指8个槽；8C是指有8个镀金接点）。虽然RJ－45接头有8个镀金接点，但是10Base－T与100Base－TX在实际应用上只用到两对线，另外两对线可以作为电话线、传真机等使用。在新的以太网标准中，利用未被信号传输使用的另两对线对以太网的终端设备（如以太网摄像头、无线路由器等）进行供电，这种利用以太网线缆供电的技术被称为PoE（Power on Ethernet），相关的标准为IEEE 802. 3－2005，通常称为IEEE 802. 3af。

2. 同轴电缆

广泛使用的同轴电缆有两种：一种为50 Ω（指沿电缆导体各点的电磁电压对电流之比）同轴电缆，用于数字信号的传输，即基带同轴电缆；另一种为75 Ω同轴电缆，用于宽带模拟信号的传输，即宽带同轴电缆。同轴电缆以单根铜导线为内芯，外裹一层绝缘材料，外覆密集网状导体，最外面是一层保护性塑料。金属屏蔽层能将磁场反射回中心导

① 英寸（in），1 in＝2. 54 cm。

体，同时使中心导体免受外界干扰，故同轴电缆比双绞线具有更高的带宽和更好的噪声抑制特性。

与双绞线只能实现点对点连接不同，同轴电缆可以实现多结点的总线式连接。在一条同轴电缆上，可以接出多个分支，每个分支可以连接一台网络设备，这种分支被称为T接。以太网所使用的同轴电缆有两种：一种的外径为10.2 mm，称为粗缆；另一种的外径为6.1 mm，称为细缆。

3. 光纤

光纤是软而细的、利用内部全反射原理来传导光束的传输介质。光纤的结构与同轴电缆相似，但没有网状屏蔽层，其中心是光传播的玻璃芯。在多模光纤中，芯的直径为15～80 μm，大致与人的头发的粗细相当；单模光纤芯的直径为8～10 μm。芯外面包裹着一层折射率比芯低的玻璃封套，以使光纤保持在芯内；再外面的是一层薄的塑料外套，用于保护玻璃封套。光纤通常被扎成束，外面有外壳保护。纤芯通常是由石英玻璃制成的横截面积很小的双层同心圆柱体，它质地脆、易断裂，因此需要外加保护层。

4. 微波传输和卫星传输

这两种传输方式均以空气为传输介质，以电磁波为传输载体，联网方式较灵活。

4.4.2　网络设备

计算机与计算机（或工作站、服务器）进行连接时，除了使用连接介质外，还需要网络设备。常用的连接设备主要有以下几种类型。

1. 网络传输介质连接器

（1）T型连接器和BNC接插件：用于连接和分支同轴电缆，对网络的可靠性有重要影响，不同同轴电缆的连接器有所不同。

（2）RJ-45连接器：用于连接屏蔽双绞线和非屏蔽双绞线，连接器共8芯，一般以太网只用其中的4芯。

（3）RS-232接口（DB25/DB9）：目前微机与线路接口的常用方式。

（4）V.35同步接口：用于连接远程的高速同步接口。

2. 网络物理层互连设备

1）中继器

由于存在损耗，在线路上传输的信号功率会逐渐衰减，当衰减到一定程度时，将造成信号失真，因此会导致接收错误。中继器（Repeater）就是为解决这一问题而设计的。它完成物理线路的连接，对衰减的信号进行放大，保持与原数据相同。

中继器常用于两个网络结点之间物理信号的双向转发工作。中继器是最简单的网络万能设备，主要完成物理层的功能，负责在两个结点的物理层上按位传递信息，完成信号的复制调整和放大，以此来延长网络的长度。

一般情况下，中继器的两端连接的是相同媒介，但有的中继器也可以完成不同媒介的转接工作。理论上，中继器的使用是无限的，网络也因此可以无限延长，但事实上这是不可能的，因为网络标准中对信号的延迟范围都做了具体的规定，中继器只能在此规定范围内进行有效工作，否则会引起网络故障。在以太网络标准中有约定：一个以太网上只允许出现5个网段，最多使用4个中继器，且其中只有3个网段可以挂接计算机。

2）集线器

集线器（Hub）可以说是一种特殊的中继器，两者的区别在于集线器能够提供多端口服务，也称为多端口中继器。作为网络传输介质间的中央结点，集线器克服了介质单一通道的缺陷。以集线器为中心的优点是，当网络系统中某条线路（或某结点）出现问题时，不会影响其他结点的正常工作。集线器产品发展较快，局域网集线器通常分为5种不同的类型。集线器的发展会对LAN交换机技术的发展产生直接影响。

3. 数据链路层互连设备

1）网桥

网桥（Bridge）是一个局域网与另一个局域网之间建立连接的桥梁。网桥是属于网络层的一种设备，它的作用是扩展网络和通信手段，在各种传输介质中转发数据信号，扩展网络的范围，同时有选择地将有地址的信号从一个传输介质发送到另一个传输介质，并有效地限制两个介质系统中无关紧要的通信。网桥可以完成具有相同（或相似）体系结构网络系统的连接。一般情况下，被连接的网络系统都具有相同的逻辑链路控制（LLC）规程，但媒体访问控制（MAC）协议可以不同。网桥可以将相同（或不相同）的局域网连在一起，组成一个扩展的局域网。

2）交换机

以太网交换机是一种第二层网络设备，它在运行过程中不断收集和建立自己的MAC地址表，并且定时刷新。它的引入使网络各站点之间可独享带宽，能消除无谓的冲突检测和出错重发，从而提高传输效率。

第二层交换也有其弱点，包括不能有效解决广播风暴、异种网络互连、安全性控制等问题。因此，产生了交换机上的VLAN（虚拟局域网）技术。

一般在控制系统中，如果采用工业级的以太网作为控制层网络，就应该采用交换机技术来提高网络性能，而在需要进行虚拟网络划分时，最好采用静态分配。因为控制网络上的结点是在系统设计时就确定的，很少在线改变，采用静态分配就可以确保网络系统的工作稳定、可靠。

4. 网络层互连设备

常见的网络层互连设备主要是三层交换机和路由器。第二层交换机工作在OSI参考模型的第二层（即数据链路层）上，主要功能包括物理编址、网络拓扑结构、错误校验、帧序列、流量控制等。为了改进交换机的性能，又推出了第三层交换机，它在保留第二层计算机所有功能的前提下增加了许多新的功能，如支持VLAN和链路汇聚、具有防火墙的功能等。简而言之，所谓的第三层交换机，就是在基于协议的VLAN划分时，增加了路由功能。

第三层交换机将第二层交换机和第三层路由器两者的优势有机而智能化地结合成一个灵活的解决方案，可在各层次提供线速性能。这种集成化的结构还引进了策略管理属性，不仅使第二层与第三层相互关联，还提供流量优先化处理、安全访问机制及其他功能。

路由器的主要功能是实现路由选择与网络互连，即通过一定途径获得子网的拓扑信息与各物理线路的网络特性，并通过一定的路由算法来获得达到各子网的最佳路径，并建立相应的路由表，从而将每个 IP 包跳传到目的地；其次，它必须处理不同的链路协议。IP 包途经每个路由器时，需经过排队协议处理和寻址来选择路由等软件处理环节，造成延时加大。

此外，路由器采用共享总线方式，总的吞吐量受到限制。当用户数量增加时，每个用户的接入速率就降低。路由器更注重对多种介质类型和多种传输速度的支持，但目前数据缓冲和转换能力比线速吞吐能力和低时延更重要。

5. 应用层互连设备

在一个计算机网络中，当连接不同类型且协议差别较大的网络时，需要选用网关设备。网关的功能体现在 OSI 模型的最高层，它将协议进行转换，使数据重新分组，以便在两个不同类型的网络系统之间进行通信。由于协议转换较复杂，一般来说，网关只进行一对一转换，或少数几种特定应用协议之间的转换。网关很难实现通用的协议转换。用于网关转换的应用协议有电子邮件协议、文件传输协议、远程登录协议等。

4.5　工业控制用网络

4.5.1　控制网络的特点

（1）控制网络传输信息必须能满足实时性要求，而信息网络对实时性要求不高。一般运动控制响应时间要求为 0.01 ~ 0.5 s，制造自动化系统响应时间要求为 0.5 ~ 2.0 s，信息网络响应时间要求为 2.0 ~ 6.0 s。

（2）控制网络强调在恶劣环境下数据传输的完整性和可靠性。控制网络应具有在高温、潮湿、振动、腐蚀，特别是电磁干扰等工业环境中长时间、连续、可靠、完整传输数据的能力。

（3）控制网络必须能解决多家公司产品和系统在同一网络中相互兼容的问题。

（4）工业现场数据通信要求实时性强，数据量较小、数据结构简单，因此采用的协议是比较简单的。很多通信协议只定义了数据链路层，包括数据格式、同步方式、传输步骤、检错纠错方式、控制字符定义等内容，所以在工业数字通信中提到的“通信协议”经常指的是数据链路层协议。在制定一个工业数据通信协议前，要知道通信的需求，包括以下几点：

①通信的环境要求：电磁环境、通信距离等。

②结点数量：同一网段的最大结点数量、网络的最大结点数量。

③网络拓扑：星形、总线型、环形等。

④数据结点交换关系：点对点、点对多点（组播和广播）等。

⑤传输媒介冲突仲裁方式：CSMA/CD、令牌等。

⑥数据量大小。

⑦数据传输的频度。

⑧数据传输的实时要求：最坏情况下的延迟时间等。

⑨CPU 处理能力的限制。

通常，按照以上的要求来选择适合的通用通信协议。如果没有一种协议能够完全满足要求，也可以自定义通信协议。由于需求中的不少内容在实现中是互相影响的，甚至是相互矛盾的，因此需要全面考虑需求来获得一个折中结果，完美的协议是不太现实的。

下面以一个通信协议的例子来说明制定一个简单工业数字通信协议需要的内容和过程。通信需求：

①通信结点包括智能变送器、智能执行器、控制器。

②电磁干扰较大，主要是空间辐射电磁场，电源较稳定。

③采用菊花链连接的总线结构。

④只有一段总线，最多 32 个结点。

⑤最大通信距离为 100 m。

⑥采用主从通信方式，仅有一个主结点，全部为点对点通信，无广播。

⑦每个结点的传输速率小于 16 bps。

⑧有 32 个结点时，最大扫描周期不大于 2 s。

⑨采用 8 位单片机软件解释协议。

⑩需要有多种命令格式，包括数据上行、数据下行等。

按照以上需求分析，每秒的数据传输量为 16 b × 8 × 16 = 2048 b，加上其他开销（包括主从应答和校验），即所需的传输速率不超过 4 kbps，因此采用 9600 bps 就可以满足通信要求。由于要求采用普通的 UART（串行异步接口），未采用专用的芯片处理，为了减轻 CPU 的负担，协议采用字节间隔超时每个数据帧的起始和结束，将线路空闲大于 10 字节的传输时间认为一帧结束。

由于采用多结点通信，因此每个数据帧需要携带源地址和目的地址，表示帧的来源和去向。

由于各种通信结点的数据长度不一样，数据帧采用非定长结构，在数据帧中用 1 字节来表示数据的长度。

由于处于强电磁干扰场合，每个字节采用偶校验，因此每个数据帧结尾采用 CRC－16 校验。CRC－16 校验不包括起始字符和结束字符。

在数据帧的用户数据部分中，应具有数据区和命令区，其中命令区占用 1 字节，数据区最大 16 字节。

按照以上的规定，可以将数据帧的格式描述如下：

1 字节	1 字节	1 字节	1 字节	1 字节	1～16 字节	2 字节
起始字节	源地址	目的地址	数据长度	命令代码	数据	CRC－16

每次通信的要求由主站发起，主站发出命令，在目的地中指定的从站应在 20 字节传输时间内回答，否则主站认为此次发送失败，主站将进行下一个命令帧的发送。从站如果能响应主站的命令，就回复执行的结果或返回主站要求的数据，完成一次传送。

4.5.2　常用的工业通信协议标准

1. 简化ISO的OSI

将表达层与会话层并入应用层，形成五层协议。

2. 采用IEEE 802标准

3. PROWAY

PROWAY（Process Data Highway）由美国仪表学会与国际电工学会制定，用于工业过程控制，按位串行传送系统的物理层与链路层规范。PROWAY具有以下特点：

（1）双总线长2 km，传输速率为1 Mbps，可有100个结点。

（2）令牌总线802.4。

（3）层次结构分为5层。

（4）各结点状态分为6类。

（5）帧结构类似HDLC。

4. MAP（Manufacture Automation Protocol）生产自动化协议

该协议具有以下特点：

（1）同ISO七层模型，1～4层已有规范。minMAP没有中间4层。

（2）物理层用宽带调频传输，令牌总线802.4协议，传输速率10 Mbps。

（3）服务层（应用层）已做出较详细的规定。

（4）MAP和非MAP结点连到MAP主干网，主干网之间通过MAP桥来连接。

5. Field Bus

Field Bus（现场总线）用于工业现场传感器、执行器、控制器的数据通信，以全面实现数字化。

4.5.3　工业以太网

随着以太网技术的广泛应用和单结点价格的急剧下降，以太网逐渐从工厂管理层网络向车间网络渗透，并有进一步向控制器网络发展的趋势，在网络产品方面出现了有别于标准以太网的工业以太网。这里所说的工业以太网实际上是指工业级的以太网，是为适合工业现场应用而专门设计的网络硬件产品。近年来，随着以太网在工业方面的应用不断深入，工业以太网逐步成为一个专有名词，它是指一种专门的网络系统，不但包括专门的硬件，还包括为控制应用而设计的网络协议。在此的介绍以工业级的以太网为主。

工业现场对于数据网络有以下两个主要要求：

（1）由于工业自动化系统强调系统的实时性、可靠性、安全性，因此对信息传递通道要求与普通局域网不同。

（2）工业现场的条件比较恶劣，主要包括两方面：一方面，电磁干扰严重，包括电源的波动、空间电磁辐射浪涌冲击、静电干扰等；另一方面，环境恶劣，如高温、高湿、振动、粉尘、水等。

工业以太网与普通以太网同样符合 IEEE 802.3 标准，即工业以太网和普通以太网在电气特性和链路通信协议上没有区别。但是为了满足上述两个要求，工业以太网就应在设备的制造和具体应用协议上与普通以太网有一定区别，这些区别包括下述内容。

（1）元器件的选择。工业以太网设备选择工业级（或军用级）的元器件，可以保证设备在高温或低温条件下使用，一般工业级设备可以在 -25 ~ 60 ℃的环境温度下正常长期工作。内部电路板也针对恶劣环境做了涂覆处理。

（2）电源。工业以太网设备一般可以接入 2 路独立的 24 V DC 电源，单电源故障不会导致设备停止工作。

（3）低功耗。受粉尘和水的影响，工业以太网设备通常防护等级较高，不能安装强制散热设备（如风扇等），散热条件差，如果本身发热较大，就会影响设备整体寿命。

（4）电磁兼容性。工业以太网设备对于电磁兼容性要求高，在电路和结构设计上采用了特殊的处理。

（5）安装方式。小型工业以太网设备一般采用 35 mm 导轨安装，大型设备采用 19 in 标准机架安装。

（6）拓扑结构。在工业以太网中，经常采用环形网络结构来实现介质的冗余。在发生介质的单故障时，不会影响系统通信。

（7）传输介质。普通以太网一般采用非屏蔽双绞线就可以满足要求；在工业环境中，为了克服电磁干扰对数据信号的影响，光纤和屏蔽双绞线是主要的传输介质，非屏蔽双绞线的使用受到限制。

（8）连接器。RJ -45 接头在抗震动和密封方面不适合用于工业现场，在工业以太网中通常使用各种气密的特殊连接器。

工业以太网设备环境适应性和可靠性要求如表 4 -2 所示。

表 4 -2　工业以太网设备环境适应性和可靠性要求

比较项	工业以太网设备	普通以太网设备
元器件	工业级	商业级
接插件	耐腐性、防尘、防水，如加固型 RJ -45、DB9、航空接头等	一般 RJ -45
电源冗余	双电源	一般没有
工作电压	24 V DC	220 V AC
安装方式	DIN 导轨或其他固定安装	桌面、机架等
工作温度	-40 ~ 85 ℃或 -20 ~ 70 ℃	5 ~ 40 ℃
电磁兼容标准	EN 50081 -2（工业级 EMC） EN 50082 -2（工业级 EMC）	EN 50081 -2（办公室用 EMC） EN 50082 -2（办公室用 EMC）
平均故障间隔时间（MTBF）	至少 10 年	3 ~ 5 年

目前以太网在工业现场的使用中还存在一些问题。例如：

(1) 网络供电问题。目前以太网还不能像 PROFIBUS-PA 和 FF H1 等现场总线那样实现总线供电，即通过网络向现场的仪表设备供电。

(2) 成本问题。尽管以太网芯片的价格已经很低，但是实现现场仪表以太网化，还需要进一步降低成本。

(3) 实时性疑问。单纯的共享式以太网已经少见，交换式以太网基本消除了碰撞问题，但由于控制网络经常采用主从式的通信机制，造成在主设备端口通信量较大，因此需要采用特殊的协议（或设定）来区分紧急信息和常规信息，以保证系统的响应性。

工业以太网目前的状态比较适合于车间一级的控制器网络使用，但不适合于替代现场总线作为 I/O 设备网络使用。

工业以太网实质上只定义了网络的物理层和数据链路层，这就意味着工业以太网目前不存在所谓的应用标准或行规。也就是说，具有工业以太网接口的现场设备不能像 FF 或 PROFIBUS 设备那样实现即插即用，或通过简单的设置就可以实现数据通信，一般不同公司采用不同的通信协议。目前主要的应用协议有以下几种。

(1) Modbus/TCP。Modbus 是 MODICON 公司在 20 世纪 70 年代提出的一种用于 PLC 之间通信的协议。由于 Modbus 是一种面向寄存器的主从式通信协议，该协议简单实用，且文本公开，因此在工业控制领域被作为通用的通信协议使用。最早的 Modbus 协议基于 RS-232/485/422 等低速异步串行通信接口，随着以太网的发展，将 Modbus 数据报文也封装在 TCP 数据帧中，通过以太网来实现数据通信，这就是 Modbus/TCP。

(2) Ethernet/IP。Ethernet/IP 是由美国 Rockwell 公司提出的以太网应用协议，其原理与 Modbus/TCP 相似，只是将 ControlNet 和 DeviceNet 使用的 CIP（Control and Information Protocol，控制和信息协议）报文封装在 TCP 数据帧中，通过以太网来实现数据通信。满足 CIP 的 3 种协议（Ethernet/IP、ControlNet、DeviceNet）共享相同的对象库、行规、对象，相同的报文可以在这 3 种网络中任意传递，实现即插即用和数据对象的共享。

(3) FF HSE。HSE 是 IEC 61158 现场总线标准中的一种，HSE 的 1～4 层对应于以太网和 TCP/IP，用户层与 FF H1 相同，现场总线信息规范 FMS 在 H1 中定义了服务接口，在 HSE 中采用相同的接口。

(4) ProfiNet。ProfiNet 是在 PROFIBUS 的基础上进行纵向发展形成的一种综合解决方案。ProfiNet 主要基于 Microsoft 的 DCOM 中间件，实现对象的实时通信、自动化，对对象以 DCOM 对象的形式在以太网上交换数据。

4.6 网络安全

4.6.1 网络安全的含义

国际标准化组织（ISO）对计算机系统安全的定义是：为数据处理系统建立和采用的技术和管理的安全保护，保护计算机硬件、软件和数据不因偶然或恶意的原因遭到破坏、更改和泄露。由此可以将计算机网络的安全理解为：通过采用各种技术和管理措施，使网络系统正常运行，从而确保网络数据的可用性、完整性和保密性。所以，建立网络安全保护措施的目的是确保经过网络传输和交换的数据不会发生增加、修改、丢失和泄露等。

一个安全的计算机网络应该具有可靠性、可用性、完整性、保密性和真实性等特点。计算机网络不仅要保护计算机网络设备安全，还要保护计算机网络系统安全、数据安全等。因此，针对计算机网络本身可能存在的安全问题，实施网络安全保护方案，以确保计算机网络自身的安全性，是每个计算机网络都要认真对待的一个重要问题。网络安全防范的重点主要有两方面：计算机病毒；黑客犯罪。

通信过程中的4种威胁方式如图4-3所示。截获是指从网络上窃听他人的通信内容；中断是指有意中断他人在网络上的通信；窜改是指故意窜改网络上传送的报文；伪造是指伪造信息在网络上传送。

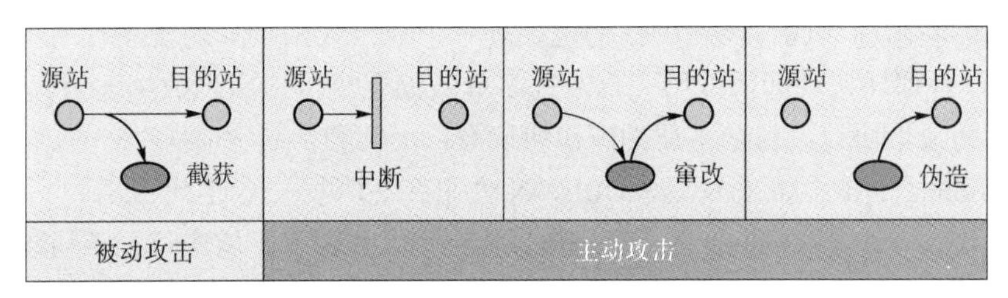

图4-3　通信过程中的4种威胁方式

分布式网络能提供资源共享，通过分散工作负荷来提高工作效率，并且具有可扩充性；然而，正是这些特点增加了网络安全的脆弱性和复杂性，资源的共享和分布增加了威胁和攻击的可能性。面对网络受到的种种威胁和攻击，就必须采用相应的安全对策和防护措施。对于分布式网络，需考虑来自内部和外部两方面的安全问题。

1）对内网络安全

工业以太网可实现管理层和控制层的无缝连接，上下网段使用相同的网络协议(Ethernet-TCP/IP)，具有互连性和互操作性，但不同层次网段、不同功能单元具有不同的功能和安全需求，因而必须制定安全策略，防止本地用户对设备控制域系统的非法访问。

2）对外网络安全

由于工业以太网提供了连接外部网络的通道，因此必须制定安全策略来防止外部非法用户访问内部网络上的资源以及非法向外传递内部信息，以保证企业内外通信的保密性、完整性和有效性。

4.6.2　网络安全对策

1. 加密与认证

1）加密技术

信息交换加密技术分为两类：对称加密技术；非对称加密技术。

(1) 对称加密技术。

在对称加密技术中，对信息的加密和解密都使用相同的私有密钥。这种加密方法可简化加密处理过程，信息交换双方都不必彼此研究和交换专用的加密算法。如果在交换阶段私有密钥未泄露，那么机密性和报文完整性就能得以保证。对称加密技术也存在一些不足，如果交换一方有 N 个交换对象，则其要维护 N 个私有密钥。对称加密技术存在的另一个问题是双方共享一把私有密钥，交换双方的任何信息都要通过这把密钥加密后才能传送给对方。

(2) 非对称加密技术。

在非对称加密体系中，密钥被分解为一对，即公开密钥和私有密钥。在这对密钥中，任何一把都可以作为公开密钥（加密密钥）通过非保密方式向他人公开，而另一把作为私有密钥（解密钥）加以保存。公开密钥用于加密；私有密钥用于解密。私有密钥只能由生成密钥的交换方掌握；公开密钥可广泛公布，但它只对应于生成密钥的交换方。非对称加密技术可以使通信双方无须事先交换密钥就能建立安全通信，因此广泛应用于身份认证、数字签名等信息交换领域。非对称加密体系一般建立在某些已知的数学难题上，是计算机复杂性理论发展的必然结果。

2) PKI 技术

PKI（Public Key Infrastructure）技术是利用公钥理论和技术建立的提供安全服务的基础，PKI 技术是信息安全技术的核心，也是电子商务的关键和基础技术。它能够有效地解决电子商务应用中的机密性、真实性、完整性、不可否认性和存取控制等安全问题。它是认证机构（Certification Authority，CA）、注册机构（Registration Authority，RA）、策略管理、密钥（Key）备份与恢复、证书（Certificate）管理与撤销系统等功能模块的有机结合。

(1) 认证机构。

认证机构（CA）是一个确保信任度的权威实体，它的主要职责是颁发证书、验证用户身份的真实性。CA 签发网络用户的电子身份证明——证书。任何相信该 CA 的用户，按照第三方信任原则，也都应当相信持有该证明的用户。CA 也采取一系列相应的措施来防止证书被伪造或窜改。

(2) 注册机构。

注册机构（RA）是用户和 CA 的接口，它所获得的用户标识的准确性是 CA 颁发证书的基础。RA 不仅要支持面对面的登记，还必须支持远程登记。要确保整个 PKI 系统的安全灵活，就必须设计和实现网络化安全且易于操作的 RA 系统。

(3) 策略管理。

在 PKI 系统中，制定并实现科学的安全策略管理是非常重要的。这些安全策略必须能适应不同的需求，并且能通过 CA 和 RA 技术融入 CA 和 RA 的系统实现。同时，这些策略应符合密码学和系统安全的要求，科学地应用密码学与网络安全的理论，并且具有良好的扩展性和互用性。

(4) 密钥备份与恢复。

为了保证数据的安全性，定期更新密钥和恢复意外损坏的密钥是非常重要的。设计和实现健全的密钥管理方案，保证安全的密钥备份、更新及恢复，也是关系到整个PKI系统强健性、安全性、可用性的重要因素。

（5）证书管理与撤销系统。

证书是用于证明证书持有者身份的电子介质，它用于绑定证书持有者身份和其相应公钥。通常，这种绑定在已颁发证书的整个生命周期里是有效的。但是，有时也会出现一个已颁发证书不再有效的情况，这就需要进行证书撤销。证书撤销的理由各种各样，可能包括工作变动、对密钥怀疑等原因。证书撤销系统的实现可利用周期性地发布机制来撤销证书，或采用在线查询机制来随时查询被撤销的证书。

2. 防火墙

防火墙技术是访问控制技术的一种具体体现。在网络中，防火墙是指一种将内部网络和公众访问网（如Internet）分开的方法，它实际上是一种隔离技术。防火墙是在两个网络通信时执行的一种访问控制尺度，它能允许“同意”的人和数据进入网络，同时将“不同意”的人和数据拒之门外，最大限度地阻止网络中的攻击者访问网络。

1）防火墙的功能

（1）防火墙是网络安全的屏障。一个防火墙（作为阻塞点、控制点）能极大地提高一个内部网络的安全性，并通过过滤不安全的服务来降低风险。由于只有经过精心选择的应用协议才能通过防火墙，所以网络环境变得更安全。

（2）防火墙可以强化网络安全策略。通过以防火墙为中心的安全方案配置，能将所有安全软件（如口令、加密、身份认证及审计等）配置在防火墙上。与将网络安全问题分散到各个主机上相比，防火墙的集中安全管理更经济。

（3）对网络存取和访问进行监控审计。如果所有访问都经过防火墙，那么防火墙就能记录下这些访问并进行日志记录，同时能提供网络使用情况的统计数据。一旦发生可疑动作，防火墙就能进行适当报警，并提供网络是否受到监测和攻击的详细信息。另外，收集网络的使用和误用情况也是非常重要的。

（4）防止内部信息的外泄。利用防火墙来对内部网络划分，可实现内部网络重点网段的隔离，从而限制局部重点（或敏感）网络安全问题对全局网络造成的影响。再者，隐私是内部网络非常关心的问题，一个内部网络中不引人注意的细节可能包含有关安全的线索而引起外部攻击者的兴趣，甚至因此暴露内部网络的某些安全漏洞，使用防火墙就可以隐蔽那些透露内部细节的服务（如Finger、DNS等）。除了起到安全作用，防火墙还支持具有Internet服务特性的企业内部网络技术体系VPN（虚拟专用网）。

2）防火墙的分类

根据防火墙的分类标准不同，可将防火墙分为多种类型。根据网络体系结构来进行分类，防火墙可分为以下几种类型。

（1）网络级防火墙。

网络级防火墙一般基于源地址和目的地址应用（或协议）及每个IP数据包的端口来做出通过与否的判断。一个路由器便是一个“传统”的网络级防火墙，大多数路由器都能通过检查这些信息来决定是否将所收到的数据包转发，但它不能判断出一个IP数据包来自何方、去向何处。先进的网络级防火墙可以提供内部信息，以说明所通过的连接状态和一些数据流的内容，把判断的信息与规则表进行比较。在规则表中，定义了各种规则来表明是否同意（或拒绝）数据包的通过。

（2）应用级网关。

应用级网关就是“代理服务器”，它能够检查进出的数据包，通过网关复制传递数据来防止在受信任服务器和客户机与不受信任的主机之间直接建立联系。应用级网关能够理解应用层上的协议，能够做较复杂的访问控制，并做精细的注册和审核。但是每种协议需要相应的代理软件，使用时工作量大，其效率不如网络级防火墙。

应用级网关有较好的访问控制，是目前最安全的防火墙技术，但实现困难，而且有的应用级网关缺乏“透明度”。在实际使用中，用户在受信任的网络上通过防火墙来访问Internet时，经常发现存在延迟且必须进行多次登录（login）才能访问。

（3）电路级网关。

电路级网关用于监控受信任的客户端（或服务器）与不受信任的主机间的TCP握手信息，以决定该会话是否合法。电路级网关是在OSI模型中的会话层上过滤数据包，这比包过滤防火墙要高两层。

（4）规则检查防火墙。

规则检查防火墙结合了包过滤防火墙、电路级网关、应用级网关的特点。它与包过滤防火墙一样，能够在OSI网络层上通过IP地址和端口号来过滤进出的数据包。它也像电路级网关一样能够检查SYN、ACK标记和序列数字是否逻辑有序。它还能像应用级网关那样在OSI应用层上检查数据包的内容，查看这些内容是否符合公司网络的安全规则。

在趋势上，未来的防火墙将位于网络级防火墙和应用级防火墙之间，也就是说，网络级防火墙将变得更加能识别通过的信息，而应用级防火墙在目前的功能上则向“透明”“低级”方面发展。最终防火墙将成为一个快速注册稽查系统，可保护数据以加密方式通过，使所有组织可以放心地在结点间传送数据。

3. 网闸

面对新型网络攻击手段的不断出现和高安全网络的特殊需求，全新安全防护理念——安全隔离技术应运而生。它的目标是：在确保把有害攻击隔离在可信网络之外，并在保证可信网络内部信息不外泄的前提下，完成网间信息的安全交换。

隔离概念的出现，是为了保护高安全度的网络环境。网闸的全称是安全隔离网闸。安全隔离网闸是一种由带有多种控制功能的专用硬件在电路上切断网络之间的链路层连接，并能在网络间进行安全适度的应用数据交换的网络安全设备。

安全隔离网闸的硬件设备由三部分组成，即外部处理单元、内部处理单元、隔离硬件。

安全隔离网闸在网络间进行的安全、适度的信息交换，是在网络之间不存在链路层连接的情况下进行的。安全隔离网闸直接处理网络间的应用层数据，利用存储转发的方法进行应用数据的交换，在交换的同时，对应用数据进行各种安全检查。路由器、交换机则保持链路各层道在链路层之上进行IP数据包等网络层数据的直接转发，没有考虑网络安全和数据安全的问题，防火墙一般在进行 IP 数据包转发的同时，通过对 IP 数据包的处理来实现对 TCP 会话的控制，但是对应用数据的内容不进行检查。这种工作方式既无法防止泄密，也无法防止病毒和黑客程序的攻击。

无论从功能还是实现原理上讲，安全隔离网闸和防火墙是完全不同的两种产品，防火墙是保证网络层安全的边界安全工具（如通常的非军事化区），而安全隔离网闸的目标重点是保护内部网络的安全。由于这两种产品的定位不同，因此不能相互取代。

网络的安全威胁和风险主要存在于三方面：物理层；协议层；应用层。网络线路被恶意切断或过高电压导致通信中断，属于物理层的威胁；网络地址伪装、Teardrop、SYN Flood 等攻击则属于协议层的威胁；非法 URL 提交、网页恶意代码及邮件病毒等均属于应用层的威胁。从安全风险来看，基于物理层的攻击较少，基于网络层的攻击较多，而基于应用层的攻击最多，并且复杂多样，难以防范。

思 考 题

1. 工业控制网络的基本要求是什么？
2. 网络访问控制机制有哪几种？各有什么特点？
3. 网络安全策略有哪几种？

第 5 章
现场总线

5.1 概　　述

5.1.1 现场总线的基本概念

现场总线（Field Bus）是应用在工业和工程现场，在嵌入式测量仪表与控制设备之间实现双向串行多结点数字通信的网络系统。现场总线系统是具有开放连接和多点数字传输能力的底层控制网络。近年来，它在制造工业、流程工业、交通工程、建筑工程和民用与环境工程等方面的自动化系统中实现了成功应用，并向更广阔的应用范围发展。

现场总线技术把微控制器和通信控制器嵌入传统的测量控制仪表，这些仪表传感器可在本地进行传感器信号处理，而执行器（如调节阀）就有了数字 PID 的计算和数字通信能力，采用双绞线作为串行数据通信总线，把每个测量控制仪表、执行器、PLC 和上级计算机连接成的网络系统，构成全分布式的网络控制系统。按现场总线通信协议，位于工业或工程现场的每个嵌入式传感器、测量仪表、控制设备、专用数据存储设备和远程监控计算机都通过一条现场总线在任意单元之间进行数据传输与信息交换，按实际应用需要实现不同地点、不同回路的自动控制系统。现场总线把单个分散的测量控制设备变成网络结点，由一条总线连接成可以相互交换信息，能共同完成控制、优化和管理任务的控管一体化系统。现场总线使自动控制系统的结构大大简化，分散化的设备都具有通信能力和控制信息处理能力，从而提高控制系统的可靠性和整体性能水平。

5.1.2 现场总线的产生和发展

传统的工业自动化系统中的现场层设备与控制器之间的连接，采用一个 I/O 点对应设备的一个测控点的连接方式，传递的信号一般是模拟的 4 ~ 20 mA 信号或采用 24 V DC 的开关量信号。每个数据至少需要一对双绞线，一般每台设备只能提供单一的过程信号，而大量的相关数据（如设备参数、诊断数据等）很难得到。如图 5 - 1 所示为一个典型的传统 DCS 结构。

早期的 DCS 采用专用的控制器和内部数据总线，一般只能使用同一厂家的产品。不同厂家的产品之间缺乏互操作性、互换性。软件不对外开放接口，第三方专业厂商无法为其开发特定行业的专用控制算法、工艺流程及配方等面向行业的控制功能。

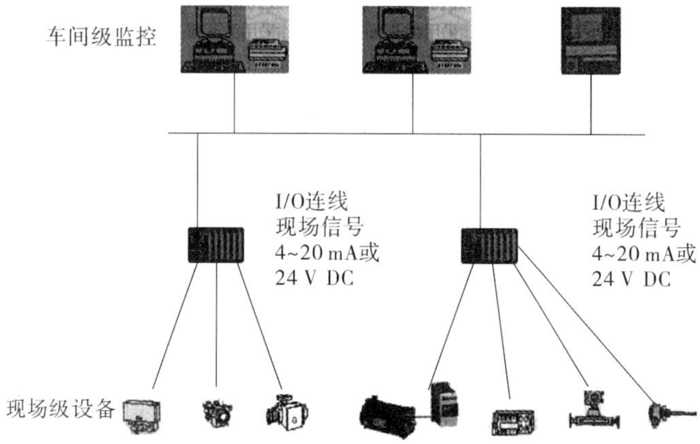

车间级监控

I/O连线
现场信号
4~20 mA或
24 V DC

I/O连线
现场信号
4~20 mA或
24 V DC

现场级设备

图 5-1　典型的传统 DCS 结构

随着大规模集成电路的发展，许多传感器、执行机构、驱动装置等现场设备智能化，内置 CPU 已具备如线性化量程转换、数字滤波、回路调节等功能。由于现场设备内部 CPU 的存在，这些智能现场设备上增加一个串行数据接口（如 RS-232/485）就非常方便。有了这样的接口，控制器就可以按其规定协议，通过串行数字通信方式（而不是 I/O方式）来完成对现场设备的监控。如果全部（或大部分）现场设备都具有串行通信接口并具有统一的通信协议，那么控制器只需一根通信电缆就可将分散的现场设备连接，从而完成对所有现场设备的监控，这就是现场总线技术的初始想法。

基于这一初始想法，使用一根通信电缆将所有具有统一通信协议、通信接口的现场设备连接，这样在设备层传递的就不再是 I/O（4~20 mA/24 V DC）信号，而是基于现场总线的数字化通信，由数字化通信网络构成现场级与车间级自动化监控及信息集成系统。

现场总线技术得以实现的一个关键，是要在自动化行业中形成制造厂商共同遵守的现场总线通信协议技术标准。只要制造厂商都按照标准生产产品，那么系统集成商就能按照标准将不同的产品组成系统。

目前现场总线存在的最大问题就是缺乏标准，各种现场总线之间不能直接进行数据传输。历经 10 年制定出来的 IEC 61158 标准定义了 8 种互不相同的现场总线，实际上宣告统一现场总线标准失败。由于各种现场总线针对的应用场合不同，设计的特点不同，因此在不同的领域有相对强势的现场总线。例如，FF 在流程业具有优势，PROFIBUS 在制造业使用较多，而 LonWorks 在楼宇控制领域则有较大优势。

随着网络技术的发展，以太网以其优良的性能、最具开放性的标准、广泛的网络产品支持和低廉的价格而应用得越来越广泛，并逐渐向工业控制渗透，形成了“工业以太网”这样一个产品门类。很多厂家看到了这个发展趋势，纷纷将自己的现场总线技术与以太网结合，形成了新一代现场总线。

但以太网在开始时毕竟不是为仪器仪表数字化所设计的网络，因此在很多方面还不能完全替代现场总线。例如，以太网采取的总线仲裁的竞争机制就难以保证网络传输时间的确定性。而且，以太网比较适合传输不太频繁而每次传输数据量比较大的网络应用。但现场总线的传输方式则传输次数频繁，每次传输的数据量却不太大。以目前的以太网技术，要完全满足现场总线的要求还很困难。另外，以太网比较适合大规模的应用，可以实现大量的结点接入，并在运行中允许随时加入或退出，以太网所采用的同轴电缆、光纤、双绞线等物理介质和高速大容量的交换机等设备都是为此需求设计的；而现场总线则要求接入的结点数量相对固定，运行中不能随意加入和退出，其连接方式多采用 RS－485 的菊花链，比较灵活且成本很低。相比之下，以太网显得庞大而不够灵活，这些都是以太网在深入现场级应用时会遇到的问题。

对于现场总线的将来，应该是多种现场总线共存，互相开放应用接口，在以太网上用 TCP/IP 实现工业数据的共享和流通。

现场总线技术自出现就与 DCS 密不可分，DCS 的进步伴随着现场总线的发展。在一些应用场合中，现场总线的引入大大改变了 DCS 的体系结构。例如，在地理上分散的多组独立的闭环控制应用中，现场总线仪表和执行器之间可以直接进行数据交换，无须独立的 DCS 上层控制器，就可以在当地完成闭环控制，从而大大降低了系统的造价。在这种应用中，DCS 结构发生较大的变化，可以认为 DCS 已经转变为 FCS。所谓的 FCS，是一种高度分散的控制系统，实现一种扁平化的结构，是以现场总线为中心的控制系统，而不是采用 DCS 的控制器为中心的结构。但在另外一些应用中，现场总线只是替代了原来的信号传输通道，对 DCS 结构基本没有影响。例如，在大型火电控制系统中，机、炉、电协调控制，组成复杂的闭环，运行的模式变化较多，需要运算能力强大的 DCS 控制器来完成控制，在电厂的控制设备布局较为集中，现场总线在这种应用中只提供 I/O 单元、智能变送器/执行器和 DCS 控制器之间的高速数据传输通道，DCS 依旧维持原来的结构。

5.1.3　现场总线分布式网络系统

现场总线控制系统既是一个开放通信网络，又是一种全分布式控制系统。现场总线将智能设备连接到一条总线上，把作为网络结点的智能设备连接为计算机网络，逐步建立具有高度通信能力的自动化系统，可以实现基本控制、补偿计算、参数修改、报警、显示、监控、优化及控管一体化等的综合自动化功能。它是一种集智能传感器、仪表、控制器、计算机、数字通信、网络系统为主要内容的综合应用技术。

现场总线网络集成自动化系统是开放的系统，可以由不同设备制造商提供的遵守同一通信协议的各种测量控制设备组成。由于现场总线的历史起源原因，现存几种不同的现场总线协议。在它们尚未完全统一之前，可以在一个企业内部的现场层级形成不同通信协议的各个网段，这些网段间可以通过网桥连接而互通信息，通信协议也可能是由各种现场总线标准的不同组成部分构成，主要适用于生产过程的不同层网段及高速网段上的服务器、数据库、打印绘图外设等交换信息，与现场生产过程的传感器、控制器和执行器进行通信。

5.1.4　现场总线自动控制系统

现场总线领导工业控制系统向分散化、网络化、智能化的方向发展，它一产生便成为全球工业自动化技术的新起点，受到全世界自动化设备生产企业和用户的普遍关注。现场总线的出现使目前生产的自动化仪表、分布式控制系统（DCS）、可编程控制器（PLC）、控制人机接口面板等产品在体系结构、技术功能等方面发生重大变化，自动化设备的制造企业必须使自己的产品适应现场总线技术发展的需要。原有的模拟仪表逐渐由智能化数字仪表取代，出现了具备进行模拟信号传输和数字通信功能的混合型仪表，出现了可以检测、运算、控制的多功能变送控制器，出现了可以检测温度、压力、流量的多功能、多变量变送器，出现了带控制模块和具有故障自检信息的执行器……它们极大地改变了原有生产过程设备的优化控制和维护管理方法。

现场总线是一种具有多个网段、多种通信介质和多种通信速率的控制网络。它可与上层的企业内部网（Intranet）、因特网（Internet）相连，且大多位于生产控制和网络结构的底层。现场总线的应用使它从传统的工业控制领域向工程现场的各方面发展，现在已进入过去不存在的工程控制方面，如住宅小区的安全监控、智能大厦的景观灯光控制管理等。

现场控制层网段 PROFIBUS 的 H1、H2，以及 LonWorks 等，就是底层控制网络。它们与工厂现场设备直接连接，一方面将现场测量控制设备互连为通信网络，实现不同网段、不同现场通信设备间的信息共享；另一方面，将现场运行的各种信息传送到远离现场的控制室，并进一步实现与操作终端、上层控制管理网络的连接和信息共享。在把一个现场设备的运行参数、状态以及故障信息等送往控制室的同时，又将各种控制、维护、组态命令，乃至现场设备的工作电源等送往各相关的现场设备，沟通了生产过程现场级控制设备之间及其与更高控制管理层之间的联系。由于现场总线所肩负的是测量控制的特殊任务，因而它具有自己的特点。它要求信息传输的实时性强、可靠性高，且多为短帧传送，传输速率一般在几千 bps 至 10 Mbps。

5.1.5 现场总线的特点和优点

一个控制系统采用现场总线和智能仪表后，可以从现场得到更多的诊断、维护和管理信息。这就要求：一方面，要大大提高线缆传输信息的能力，减少多余信息的传递；另一方面，要让大量信息在现场就地完成处理，减少现场与控制机房之间的信息往返。

如果仅把现场总线理解为省了几根电缆，则没有理解其实质。信息处理的现场化才是智能化仪表和现场总线所追求的目标，也是现场总线不同于其他计算机通信技术的标志。

现场总线要达到以下几条要求：

（1）实时性。具有较高的数据传输率，合理分配总线资源，每个结点均能够及时收发信息。

（2）互操作性。实现互连设备之间、系统之间的信息传输与沟通，可实行点对点、点对多点的数字通信，要求不同制造商生产的装置能相互理解所传输的信息。

（3）互换性。要求不同制造商生产的性能类似的设备可进行互换而实现互用。

（4）开放性。开放系统是指通信协议公开，不同厂家生产的设备之间可进行互连并实现信息交换，现场总线开发者就是要致力于建立统一的工厂底层网络的开放系统。这里的开放是指对相关标准的一致、公开性，强调对标准的共识与遵从。一个开放系统，它可以与任何遵守相同标准的其他设备（或系统）相连。一个具有总线功能的现场总线网络系统必须是开放的，开放系统把系统集成的权利交给了用户。用户可按自己的需要和对象把来自不同供应商的产品组成大小随意的系统。

（5）现场设备的智能化与功能自治性。将传感测量、补偿计算、工程量处理与控制等功能分散到现场设备中完成，仅靠现场设备即可完成自动控制的基本功能，并可随时诊断设备的运行状态。

（6）经济性。要求结点价格低、传输介质较廉价，减少电缆，解决现场装置的供电问题。

（7）安全性。要求现场总线解决防爆问题，满足本质安全防爆要求。

（8）可靠性。要求现场总线解决环境适应性问题，具有较强的抗干扰能力。

现场总线的以上特点，使控制系统的设计、安装投运、正常生产运行和检修维护都得到优化。

现场总线可从现场设备获取大量丰富信息，能够更好地满足工厂自动化及 ERP 系统的信息集成要求。现场总线是数字化通信网络，它不单纯取代 4 ~ 20 mA 信号，还可实现设备状态、故障及参数信息的传输。系统除了能完成远程控制外，还能完成远程参数化工作。

控制功能分散在现场仪表中，通过现场仪表就可以构成控制回路，从而能实现彻底的分散控制，提高系统的可靠性、自治性和灵活性。

现场总线系统的接线十分简单，采用总线连接方式替代一对一的 I/O 连线，一对双绞线或一条电缆上通常可挂接多台设备，因而电缆、端子、槽盒、桥架的用量大大减少，连线设计与接头校对的工作量也大大减少，从而能减少由接线点造成的不可靠因素。当需要增加现场控制设备时，无须增设新的电缆，可就近连接在原有的电缆上，从而既节省投资，又减少设计、安装的工作量。据有关典型试验工程的测算资料，可节约安装费用60%以上。

不同厂家的产品只要使用同一总线标准，就具有互操作性、互换性，因此设备具有很好的可集成性。系统为开放式，允许其他厂商将自己专长的控制技术（如控制算法、工艺流程及配方等）集成到通用系统中。用户可以自由选择不同厂商提供的设备来集成系统，避免因选择了某品牌的产品而被“框死”了设备的选择范围，不会因为系统集成中不兼容的协议、接口而一筹莫展，使系统集成过程中的主动权完全掌握在用户手中。

随着现场总线设备的智能化、数字化，与模拟信号相比，它从根本上提高了测量与控制的准确度，减少了传送误差。同时，由于系统的结构简化，设备与连线减少，现场仪表内部功能加强，因此减少了信号的往返传输，提高了系统的工作可靠性。此外，由于其设备已标准化和功能模块化，因此还具有设计简单、易于重构等优点。

系统具有现场级设备的在线故障诊断、报警及记录功能，并通过数字通信将相关诊断维护信息送往控制室，可完成现场设备的远程参数设定、修改等参数化工作，用户可以查询所有设备的运行，并诊断维护信息，以便早期分析故障原因、快速排除。这缩短了维护停工时间。

由现场总线代替模拟信号，是控制系统在现场级实现数字化的大势所趋，也是自动控制系统诞生以来不断从模拟技术走向数字技术的最后一步，目前最大的问题是现场总线的实时性在很多控制应用中还无法满足要求。在模拟信号传输时代，每个现场信号通过一对线与控制系统的 I/O 连接，其状态变化几乎与现场设备同步。而在使用了现场总线后，由于一条总线上要连接若干现场设备（如果仍是一对一，就失去了总线的意义），因此每台现场设备需要分时与控制系统进行通信，这就大大降低了信号传输的实时性。另外，为了得到现场设备的运行状态和诊断信息，现场总线还必须分出时间对这些信息进行传输，这无疑会使通信速度受到影响。虽然可以通过现场设备之间的直接通信来提高信号传输的实时性，但这毕竟是局限于一个小范围的控制回路，在需要较大范围的协调控制时，仍然需要集中到主控制器进行控制运算，在这种情况下就必须有足够的手段来保证通信的实时性。此外，现场总线的可靠性、抗干扰和恶劣环境的能力、总线施工和维护的方便性等方面还需要不断改进和提升。

5.2 几种典型现场总线协议标准

5.2.1 现场总线的标准

1. IEC 61158（IEC/TC65/SC65C）的 10 种类型

- IEC 技术报告：相当于 FF 的低速部分 H1，由美国 Rosemount 等公司支持。
- ControlNet：由美国 Rockwell 等公司支持。
- PROFIBUS：由德国西门子（Siemens）等公司支持。
- P－Net：由丹麦 Process Data 等公司支持。
- FF 的 HSE（High Speed Ethernet）：由美国 Emerson 等公司支持。
- SwiftNet：由美国波音等公司支持。
- WorldFIP：由法国 Alstom 等公司支持。
- InterBus：由德国 Phoenix Contact 等公司支持。
- FF 的应用层（Application Layer）。
- ProfiNet：由德国西门子等公司支持。

可以看出，IEC 61158 实际上包括了 FF、ControlNet、PROFIBUS、P－Net、SwiftNet、WorldFIP、InterBus 与 ProfiNet 共 8 种现场总线。

2. IEC 62026（IEC/TP17/SC17B）包括 4 种现场总线国际标准

- ASI（Actuator－Sensor－Interface，执行器－传感器－接口）：由德国 Festo 与 BtfF 等公司支持。
- DeviceNet：由美国 Rockwell 等公司支持。
- SDS（Smart Distributed System，灵巧式分散型系统）：由美国 Honeywell 等公司支持。
- Seripex（串联多路控制总线）。

3. ISO 11898 与 ISO 11519

其包括：CAN（Control Area Network，控制器局域网络，由德国 Bosch 等公司支持）；

CAN 11898（1 Mbps），CAN 11519（125 kbps）。

此外，还有美国标准现场总线 LonWorks。因此，目前现场总线的国际标准至少有 14 种，而且还有可能增加。

5.2.2 现场总线网络协议模式

IEC/ISA（ISA，美国仪表学会）在综合了多种现场总线标准的基础上制定了现场总线协议模型，规定了现场应用过程之间的可互操作性、通信方式、层次化的通信服务功能划分、信息的流向及传递规划，并将上述内容以类似 ISO/OSI 参考模型的方式进行了定义。

IEC/ISA 现场总线参考模型如图 5-2 所示。比较可见，现场总线的体系结构省略了网络层、传输层、会话层及表示层。这主要是针对工业过程的特点，使数据在网络流动中尽量减少中间环节，加快数据的传递速度，提高网络通信数据处理的实时性。

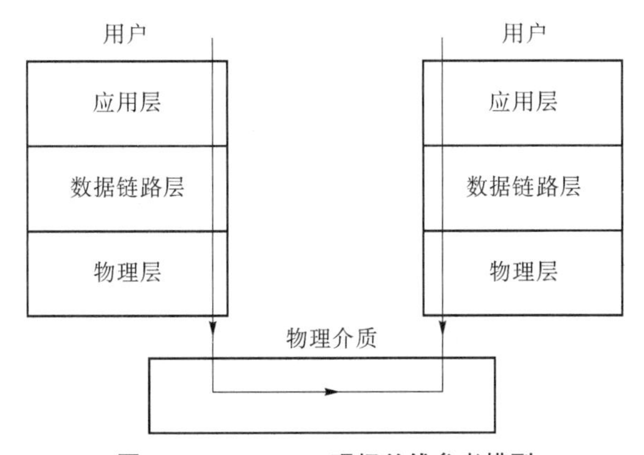

图 5-2 IEC/ISA 现场总线参考模型

目前大多数现场总线参考模型采用了这种模型，但有的在应用层上加了用户层（如 FF 现场总线），有个别现场总线协议包括全部 7 层协议（如 LonWorks 现场总线协议）。从发展趋势上看，现场总线模型仍保持多样性和融合性。例如，工业以太网的发展就是传统计算机网络与现场总线网络融合的结果。

1. *应用层*

应用层为过程控制用户提供一系列服务，用于简化或实现分布式控制系统中的应用进程之间的通信，同时为分布式现场总线提供应用接口的操作标准，从而实现系统的开放性。

应用层的标准定义主要是为应用进程之间通信定义了特定的关系模型与规范：Publisher/Subscriber；Client/Server。

2. *数据链路层*

数据链路层用于处理有物理连接的站点间的通信。主要功能：数据链路的建立和拆除、信息传输、信息差错控制及异常情况处理；规定物理层与应用层之间的接口。数据链路层的数据格式如图 5-3 所示。

格式控制	目标地址	源地址	参数	数据	校验

图 5－3　数据链路层的数据格式

3. 物理层

物理层用于规定接口的机械特性、电气特性、功能特性及规程特性，还定义所有传输介质的类型、拓扑结构以及供电方式。

（1）传输介质可以采用有线电缆、光纤和无线电。

（2）通过有线电缆传送信号的波特率定义了两种速率标准：H1，31.25 kbps 低速率；H2，1 Mbps/2.5 Mbps。

（3）H1 标准的最大传输距离为 1900 m，最多串接 4 台中继器；H2 标准在 1 Mbps 速率下的最大传输距离为 750 m，在 2.5 Mbps 速率下的最大传输距离为 500 m。

（4）现场总线协议支持总线型、树状和点对点型三种拓扑结构，其中树状结构仅支持低速 H1 版本。

（5）编码方式和报文结构。现场总线数据信号采用自时钟曼彻斯特编码方式。物理层的数据帧格式如图 5－4 所示。

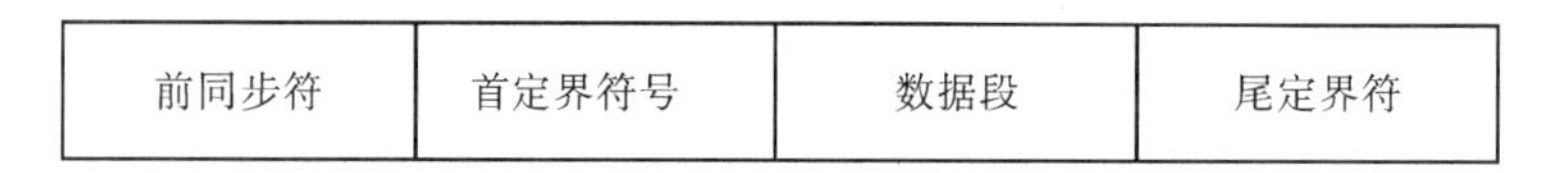

图 5－4　物理层的数据帧格式

5.2.3　典型的现场总线协议规范

1. PROFIBUS

PROFIBUS 是一种国际化、开放式、不依赖于设备生产商的现场总线标准，广泛适用于制造业自动化、流程工业自动化和楼宇、交通及电力等领域自动化。

PROFIBUS 是符合德国国家标准 DIN 19245 和欧洲标准 EN 50170 的现场总线，它只采用了 OSI 模型的物理层、数据链路层及应用层。PROFIBUS 支持主从方式、纯主方式及多主多从通信方式。主站对总线具有控制权，主站间通过传递令牌来传递对总线的控制权，取得控制权的主站可向从站发送获取信息。PROFIBUS 的 DP 型用于分散外设间的高速数据传输，适合于加工自动化领域；FMS 型适用于纺织、楼宇自动化、可编程控制器、低压开关等；PA 型是用于过程自动化的总线类型。PROFIBUS 由三个兼容部分组成，即 PROFIBUS－DP（Decentralized Periphery）、PROFIBUS－PA（Process Automation）和 PROFIBUS－FMS（Fieldbus Message Specification）。

PROFIBUS－DP：是一种高速、低成本通信，用于设备级控制系统与分散式 I/O 的通信。使用 PROFIBUS－DP 可取代 4～20 mA 信号传输，其定义了第 1、2 层和用户接口，对第 3～7 层未加描述。用户接口规定了用户及系统，以及不同设备可调用的应用功能，并详细说明了各种不同 PROFIBUS－DP 设备的设备行为。

PROFIBUS－PA：专为过程自动化设计，可使传感器和执行机构连接在根总线上，符合本征安全规范。PA 的数据传输采用扩展的 PROFIBUS－DP 协议。另外，PA 还描述了现场设备行为的 PA 行规。根据 IEC 61158－2 标准，PA 的传输技术可确保其本征安全性，而且可通过总线给现场设备供电。使用连接器可在 DP 上扩展 PA 网络。

PROFIBUS－FMS：用于车间级监控网络，是一个令牌结构实时多主从网络。定义了第1、2、7层，应用层包括现场总线信息规范（Fieldbus Message Specification，FMS）、低层接口（Lower Layer Interface，LLI）。FMS 包括应用协议并向用户提供可广泛选用的强有力的通信服务，协调不同的通信关系，并提供不依赖设备的第2层访问接口。

PROFIBUS 是一种用于工厂自动化车间级监控和现场设备层数据通信与控制的现场总线，可实现现场设备层到车间级监控的分散式数字控制和现场通信网络，从而为实现工厂综合自动化和现场设备智能化提供了可行的解决方案。PROFIBUS 协议结构如图5－5所示。

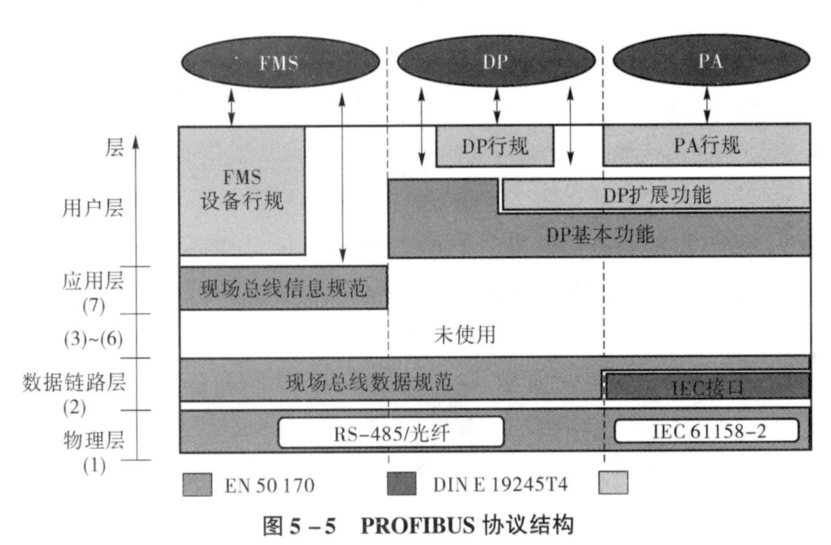

图5－5　PROFIBUS 协议结构

PROFIBUS 提供了3种数据传输类型：

（1）用于 DP 和 FMS 的 RS－485 传输。

（2）用于 PA 的 IEC 61158－2 传输。

（3）光纤。在电磁干扰很大的环境下应用时，可使用光纤，以增大高速传输的距离。由于 DP 与 FMS 系统使用了同样的传输技术和统一的总线访问协议，因此这两套系统可在同一根电缆上同时操作。

RS－485 传输是 PROFIBUS 最常用的一种传输技术，采用的电缆是屏蔽双绞铜线。RS－485传输技术基本特征如下：

（1）网络拓扑：线性总线，两端有有源的总线终端电阻。

（2）传输速率：9.6 kbps～12 Mbps。

（3）介质：屏蔽双绞线电缆，也可取消屏蔽，取决于环境条件（EMC）。

（4）站点数：每分段32个站（不带中继），可多达127个站（带中继）。

（5）插头连接：最好使用9针D型插头。

PROFIBUS控制系统配置的形式有总线接口型、单一总线型、混合型。

（1）总线接口型：现场设备不具备PROFIBUS接口，采用分散式I/O作为总线接口与现场设备连接，如图5-6所示。这种形式在应用现场总线技术的初期容易推广。如果现场设备能分组，组内设备相对集中，那么这种模式能更好地发挥现场总线技术的优点。

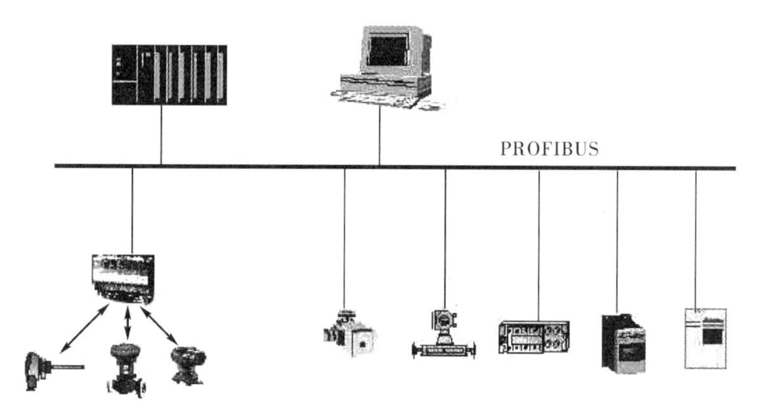

图5-6　总线型接口

（2）单一总线型：现场设备都具备PROFIBUS接口，如图5-7所示。这是一种理想情况。使用现场总线技术来实现完全的分布式结构，可充分获得这一先进技术所带来的利益。就目前来看，这种方案的设备成本会较高。

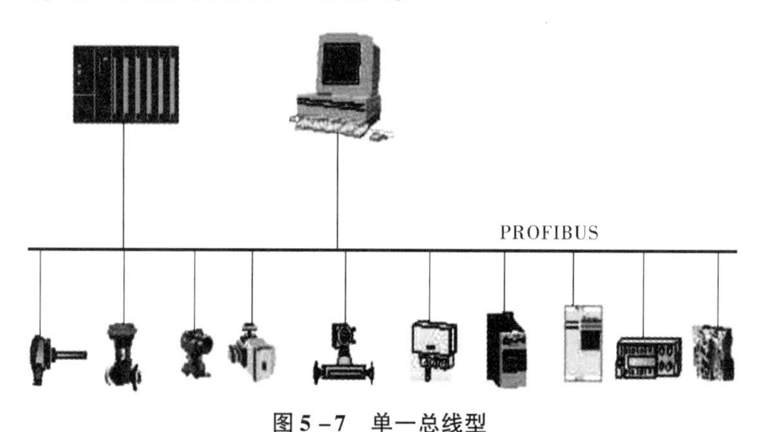

图5-7　单一总线型

（3）混合型：现场设备部分具备PROFIBUS接口，如图5-8所示。这将是一种相当普遍的情况。这时应采用PROFIBUS现场设备加分散式I/O混合使用的办法。无论是旧设备改造还是新建项目，希望全部使用具备PROFIBUS接口现场设备的场合可能不多，分散式I/O可作为通用的现场总线接口，是一种灵活的集成方案。

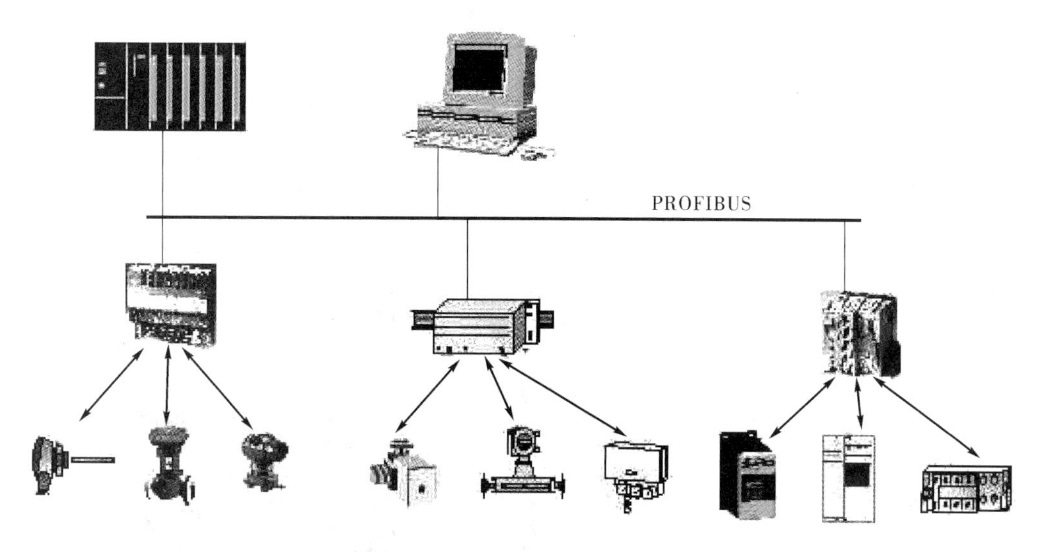

图5-8　混合型

2. FF

基金会现场总线FF是在过程自动化领域得到广泛支持和具有良好发展前景的一种技术。其前身是以美国Fisher-Rosemount公司为首，联合Foxboro横河、ABB及西门子等80家公司制定的ISP协议和以Honeywell公司为首，联合欧洲等地150家公司制定的WorldFIP协议。这两大集团于1994年9月合并，成立了现场总线基金会，致力于开发出国际上统一的现场总线协议。

基金会现场总线分为H1和H2两种通信速率。H1的传输速率为31.25 kbps，通信距离可达1.9 km，可支持总线供电和本质安全防爆环境。H2的传输速率可为1 Mbps和2.5 Mbps两种，通信距离为750 m和500 m。物理传输介质可为双绞线、光缆和无线，其传输信号采用曼彻斯特编码。基金会现场总线以ISO/OSI开放系统互连模型为基础，取其物理层、数据链路层、应用层为FF通信模型的相应层次，并在应用层上增加了用户层。用户层主要针对自动化测控应用的需要，定义了信息存取的统一规则，采用设备描述语言规定了通用的功能块集。FF总线包括：FF通信协议；ISO模型中2~7层通信协议的通信栈；用于描述设备特性及操作接口的设备描述语言（DDL）、设备描述字典；用于实现测量、控制及工程量转换的应用功能块；实现系统组态管理功能的系统软件技术及构筑集成自动化系统、网络系统的系统集成技术。

3. ControlNet

ControlNet基础技术是美国Rockwell公司由自动化技术研究发展起来的，于1995年10月面世。1997年7月，由Rockwell等22家企业发起成立ControlNet国际化组织，是个非营利独立组织，主要负责向全世界推广ControlNet技术（包括测试软件），目前已有50多家公司参加。ControlNet的技术特点如下：

(1) 在单根电缆上支持两种信息传输：一种对时间有严格苛求；另一种对时间无苛求，如信息发送和程序上传下载。

(2) 采用新的通信模式。以生产者/客户的模式取代了传统的源/目的的模式。它支持点对。

(3) 可使用同轴电缆，长度达6 km，可寻址结点最多99个，两个结点间的最长距离达1 km。网络拓扑结构可采用总线型、树状和星形。

(4) 具有安装简单、扩展方便、介质冗余、本质安全、良好诊断功能等优点。如图5-9所示为一个典型的采用ControlNet连接组成的控制系统。

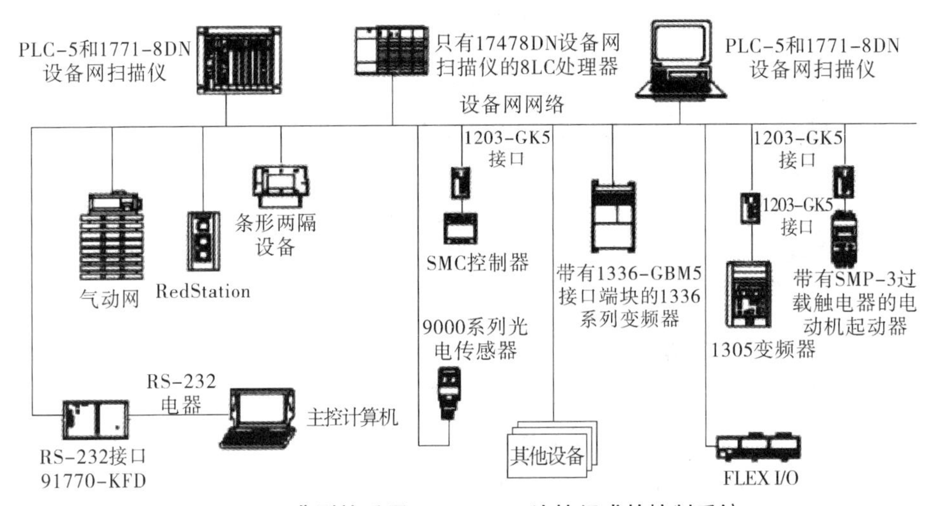

图5-9 典型的采用ControlNet连接组成的控制系统

4. CAN

CAN是德国Bosch公司从20世纪80年代初为解决现代汽车中众多的控制与测试仪器之间的数据交换而开发的一种串行数据通信协议。1991年9月，Philips公司制定并颁布了CAN技术规范2.0A、2.0B版本，2.0A给出了曾在CAN技术规范版本1.2中定义的CAN报文格式，2.0B定义了标准的扩展的两种报文格式；1993年11月，国际标准化组织(ISO)正式颁布了关于CAN总线的ISO 11898标准，为CAN总线标准化、规范化应用铺平了道路。世界半导体知名厂商推出了CAN总线产品。例如，CAN控制器有Intel公司的82526、Philips公司的82C200、NEC公司的72005；含CAN控制器的单片机有Intel公司的87C196CACB、Philips公司的80C592和80C598、Motorola公司的68HC05X4和68HC05X16等。CAN总线是开放系统，但没有严格遵循ISO的开放系统互连的七层参考模型（OSI），出于对实时性和降低成本等因素的考虑，CAN总线只采用了其中最关键的两层，即物理层和数据链路层。CAN总线的物理层和数据链路层的功能在CAN控制器中完成。

CAN总线是一种有效支持分布式控制或实时控制的串行通信网络。CAN可实现全分布式多机系统，且无主、从机之分；CAN可以用点对点、一点对多点、全局广播几种方式传送和接收数据；CAN直接通信距离最远可达10 km（传输率为5 kbps），通信速率最高可达1 Mbps（传输距离为40 m）；CAN总线上结点数可达110个。CAN总线应用系统的一般组成方式如图5－10所示。CAN总线网络由许多CAN结点组成。若干个CAN结点通过CAN总线收发器连接在一个网络中，通过相互的通信和协作来完成控制任务。

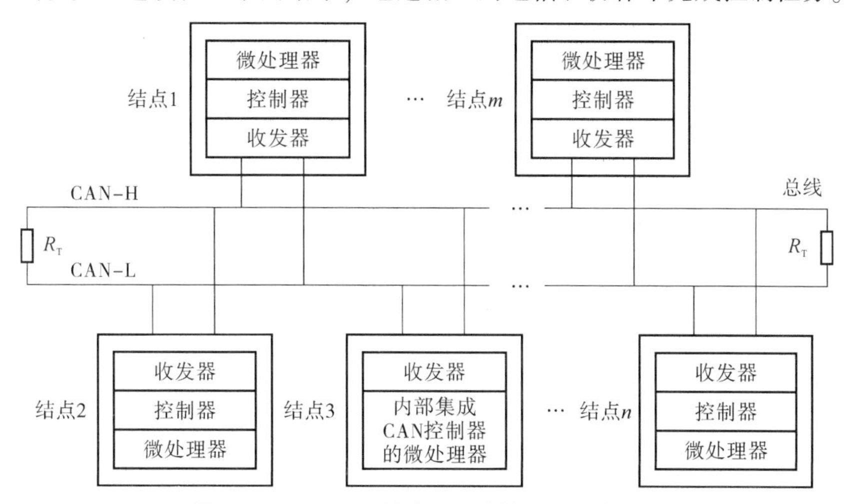

图5－10　CAN总线应用系统的一般组成方式

如图5－11所示为远程采集单元CAN通信模块，采用SJA1000＋光耦＋PCA82C250的常用结构；SJA1000和82C250分别使用物理隔离的电源供电，这是为了增强系统的抗干扰能力和可靠性；SJA1000的RX0与RX1为一对比较器输入端，如果RX0的电平高于RX1，则SIA000读回一个隐性电平，反之读回一个显性电平。RX1的电平可由PCA82C250的Vref（基准电压输出端）提供，但对于隔离设计而言，通常使用两个电阻从电源分压得到，效果是一致的。

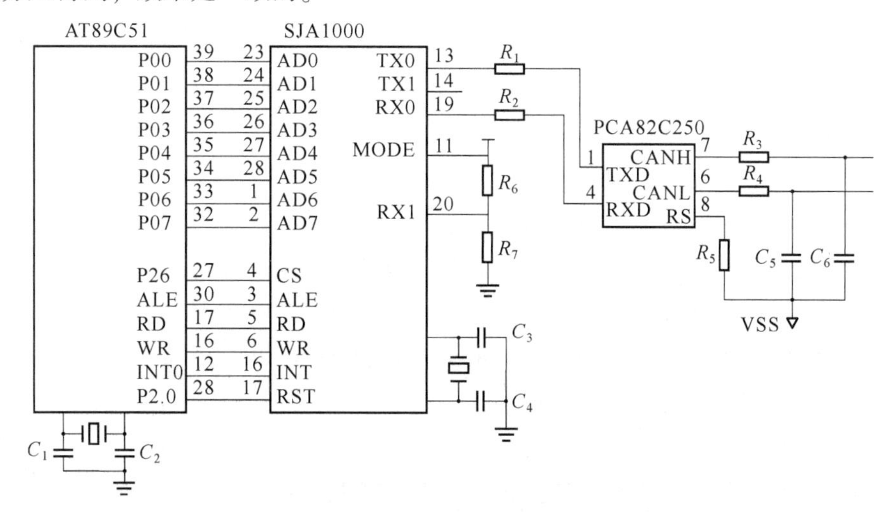

图5－11　CAN总线应用示例

如果将SJA1000时钟分频寄存器中的CBP位置位，则只有RX0是活动的，RX0引脚上的高电平解释为隐性电平、低电压解释为显性电平，RX1连接至任一确定电平即可。

SJA1000 的 MODE 引脚选择芯片工作在 Intel 模式还是 Motorola 模式。对于 51 系列单片机系统而言，将该引脚接高电平（选择 Intel 模式）后，芯片的读写时序满足单片机的要求，然后将数据/地址总线、控制总线连接即可。

该系统单独使用一根单片机的 I/O 接口线控制 SJA1000 的 RST 复位引脚，因而可以在任意时刻（上电或出错等时刻）对 SJA1000 进行复位，而不会影响其他功能模块的正常工作。

在此，AT89C51 处理器主要进行数据传输，SJA1000 是 CAN 协议控制器（符合 CAN 协议的控制器），PCA82C250 是 CAN 收发器（总线驱动器）。

5. DeviceNet

DeviceNet（设备网）是 20 世纪 90 年代中期发展起来的一种基于 CAN 技术的开放型、低成本、高性能的通信网络，目前已成为底层现场总线标准之一。DeviceNet 现场总线体系属于设备级的，总线协议在协议的分层结构中，它只包括 ISO 开放系统七层模型结构中的三层，即物理层、数据链路层和应用层。

DeviceNet 是基于 CAN 总线实现的现场总线协议，因此其许多特性完全沿袭 CAN，是一种无冲突的载波侦听总线协议。这样的协议在载波侦听方面与以太网是一样的，它的特别之处是：当总线上的多个结点在侦听到总线空闲时，会同时向总线发送数据。

在 CAN 总线中，被传送的每帧数据的优先级是由位于帧头的标识来决定的。因此它们首先发送的是各自的标识数据。此时，只要有一个结点发送了位数据“0”，那么总线上的所有结点监听到的总线状态就是“0”；相反，只有当同时发送数据的结点所发送的位数据为“1”时，总线的状态才为“1”。因此，当某个结点侦听到网络空闲并开始发送标识数据以后，如果此结点在发送标识数据段的过程中侦听到的总线状态与它自身所发送的数据位不一致，则此结点会认为有其他结点在发送数据，总线处于竞争状态，而且其他结点的发送数据具有更高的优先级，最终此结点停止发送数据，结点返回至总线监听状态。

在目前的 CAN 2.0 版本中，标识数据可以是 11 位（2.0A）或 29（2.0B）位，DeviceNet 只支持 1 位的标识，能够产生 2032 种不同的标识。在总线中，为了保证在并发情况下数据传输的一致性，不同的结点所发送数据的标识是不同的，这样才不会发生同时有多个结点传输各自的整个数据帧而产生冲突的情况。DeviceNet 协议制定规范来确定每个 DeviceNet 结点数据帧标识的分配，其中对于应用极为普遍的 Master/Slave 网络，DeviceNet 协议制定了一套预先定义好的 CAN 数据帧的标识分配方案。

DeviceNet 的应用层协议是用面向对象的方法来进行描述的。它对协议本身所应完成功能进行了抽象和定义，把协议功能划分为多个模块，对每个模块抽象出它所具有的属性、完成的任务和与其他模块的接口，然后把这个模块对象化。

6. LonWorks

LonWorks 技术的核心是神经元芯片（Neuron chip），其结构如图 5 - 12 所示，它由美国摩托罗拉公司和日本东芝公司生产。

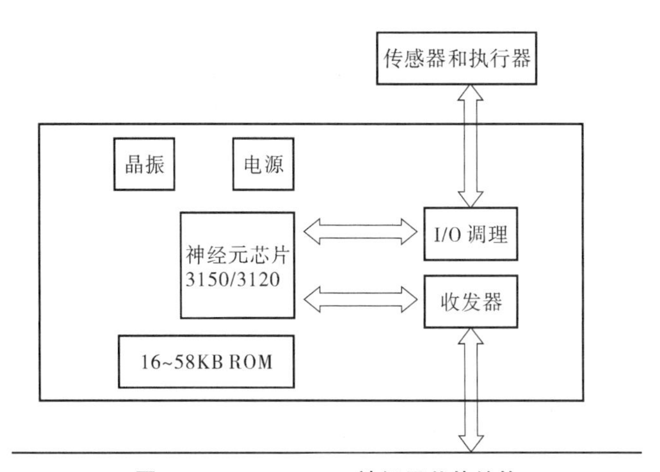

图5－12 LonWorks神经元芯片结构

LonWorks技术的特点如下：

（1）LonWorks技术的基本元件（Neuron芯片）同时具备了通信与控制功能，并且固化了ISO/OSI的全部七层通信协议，以及34种常见的I/O控制对象。

（2）改善了CSMA，LonWorks技术将其称为Predictive P－Persistent CSMA，这样在网络负载很重时不会导致网络瘫痪。

（3）网络通信采用了面向对象的设计方法，LonWorks技术将其称为“网络变量”，使网络通信的设计简化成参数设置。这样不但能节省大量的设计工作量，而且能增加通信的可靠性。

（4）LonWorks技术通信的每帧有效字节可以为0～228字节。

（5）LonWorks技术通信的速度可达1.25 Mbps（此时有效距离为130 m）。

（6）LonWorks技术一个测控网络上的结点数可以达到32000个。

（7）LonWorks技术的直接通信距离可以达到2700 m（双绞线，78 kbps）。

（8）针对不同的通信介质，有不同的收发器和路由器。

（9）有LON－WEB网关，可以连接Internet。

7. Modbus

Modbus协议是广泛应用于工业控制上的一种通用协议，通过此协议可实现控制器相互的连接和通信，Modbus只定义了应用层的协议，可以通过网络（如以太网）或通过串行链路来与其他设备通信。它已经成为一种通用工业标准协议。有了它，不同厂商生产的控制设备就可以连成工业网络进行集中监控。

Modbus协议定义了一个控制器能认识使用的消息结构，而不管它们经过何种网络进行通信。它能描述一个控制器请求访问其他设备的过程、如何回应来自其他设备的请求，以及怎样检测错误并记录，制定了消息域格局和内容的公共格式。在Modbus网络上通信时，此协议决定了每个控制器需要知道它们的设备地址，通过识别按地址发来的消息来决定要产生何种行动。如果需要回应控制器，就生成反馈信息并用Modbus协议发出。也可以在其他网络上使用Modbus协议的消息，将其转换为在此网络上使用的帧或包结构，这种转换也扩展了根据具体的网络解决节地址路由路径及错误检测的方法。

8. HART

HART 协议由 Rosemount 公司开发且已公开。HART 协议采用标准的 Bell202 频移键控信号，以 1200 bps、低电平加载于 4 ~ 20 mA 模拟信号上。由于载波信号的平均值为零，所以它对模拟信号没有影响。使用两种不同的频率（1200 Hz 和 2200 Hz）分别代表二进制的 1 和 0，每个信息包含源地址、目的地址和一个用于检测传送信息正误的校验和。

HART 协议采用主从通信方式，主从结构意味着每个信息处理起源于主站，而从站仪响应接收到的命令信息。HART 协议允许在一个系统中有两个主站，通常 1 号主站为控制系统或其他主要设备，2 号主站为手持式通信设备或备用计算机。

5.3 现场总线仪表

5.3.1 现场总线仪表的概念

现场总线设备又称现场总线仪表，是指内置微处理器、具有数字计算和通信能力的控制仪表或装置。与常规仪器仪表相比，现场总线仪表的测量精度高、补偿性能好，便于组态，特别是现场总线变送器具备通信能力，为自动控制系统奠定了坚实的基础。

现场总线仪表一般由传感器、信号变换、信号控制处理器、存储单元、显示单元、通信控制器组成。现场总线仪表的软件组成：传感器信号处理前端控制软件主要由数字处理器完成；单片机控制软件主要由单片机控制执行；现场总线通信软件既可以直接利用协议（如 HART、FF、PROFIBUS 等）芯片实现，也可以通过编程来实现。现场总线仪表的一般硬件结构如图 5 - 13 所示。

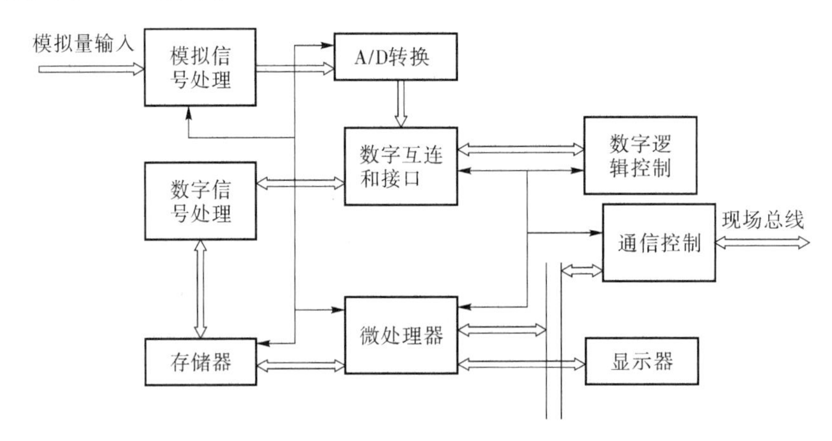

图 5 - 13　现场总线仪表的一般硬件结构

5.3.2 现场总线仪表分类

目前现场总线仪表主要分为以下几类。

- 变送器类：压力变送器、温度变送器等。
- 执行器类：气动执行器、电动执行器等。

- 转换器类：现场总线/电流转换器、现场总线/气压转换器等。
- 接口类：计算机和控制器与现场总线之间的接口仪表或设备。
- 电源类：现场总线仪表供电电源。
- 附件类：总线连接器（网桥）、终端器、中继器等。

1. 现场总线变送器

现场总线变送器包括各种压力变送器、温度变送器、差压变送器等。

1）现场总线压力变送器

现场总线压力变送器是用于测量差压、绝对压、表压、液位和流量的一种变送器，它的核心是电容式传感器。现场总线压力变送器为了实现变送器的基本功能（如线性化处理、温度压力补偿、量程调整和数字通信等），就必须有单片机、A/D 转换器 D/A 转换器和通信芯片，其系统框图如图 5－14 所示。传感器模拟量信号经过 A/D 转换器转换成数字量后送入单片机，单片机将处理后的数字量通过 D/A 转换器，经 V/I 转换电路输出 4～20 mA 的标准电流信号。

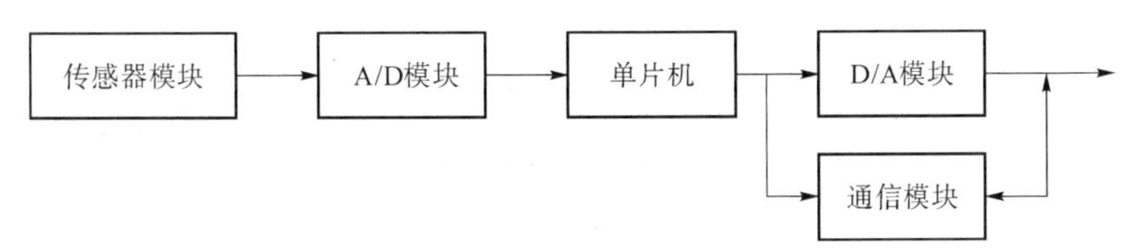

图 5－14　现场总线压力变送器系统框图

智能变送器的软件要能处理来自通信接口、手持终端的命令，实现人机对话，更重要的是它应具有实时处理能力，即根据被控对象实时申请中断，完成各种测量、控制功能。它的功能主要由中断服务程序来实现。智能变送器的软件系统按功能分成三个模块：监控程序；测控程序；通信程序。其中，监控程序是核心部分，因为整个系统是在监控程序的控制下工作的，它直接影响系统的工作和运行。软件系统的结构如图 5－15 所示。

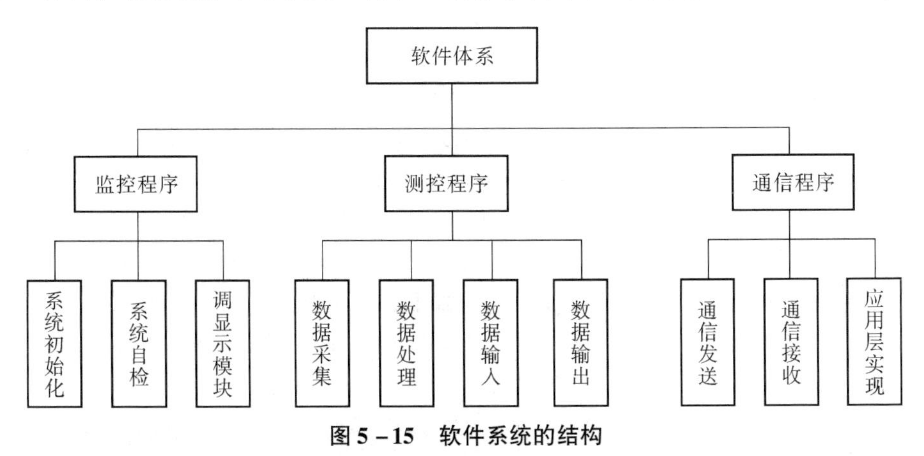

图 5－15　软件系统的结构

如图 5－16 所示 Smar 公司的 LD302 是一种测量差压、绝对压、表压、液位和流量的变送器。它同时也是一种转换器，将差压、绝对压、表压、流量和液位转换为符合 FF 标准的现场总线数字通信信号。

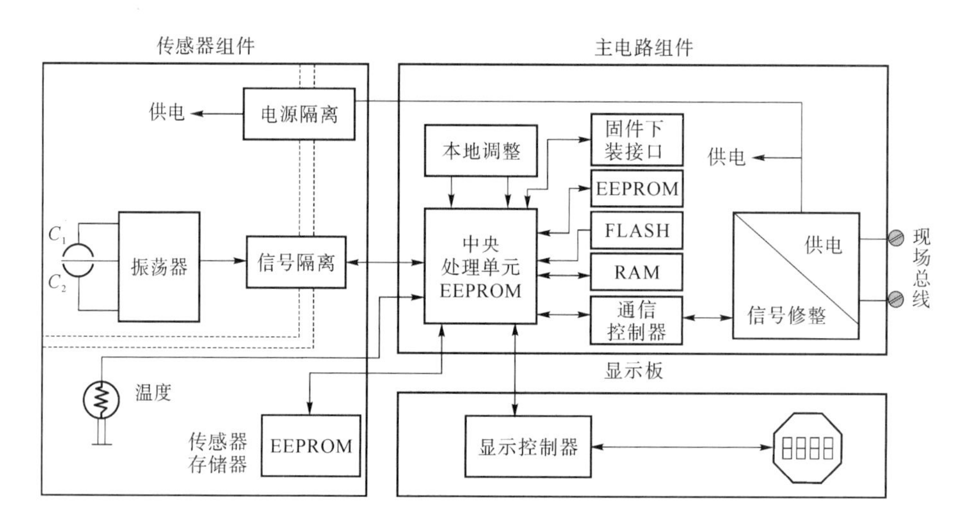

图 5-16　Smar 公司的 LD302

2）现场总线温度变送器

现场总线温度变送器与各种热电阻（或热电偶）配合使用，主要用于温度测量。但它也可接收其他传感器输出的电阻和毫伏信号，如高温计、荷重（称重）传感器、电阻式位置指示器等。

测量温度参数的现场总线变送器符合基金会现场总线通信协议，其能双向数字通信、多站挂接，且有功能块应用进程，并可与其他总线设备构成用户应用等。温度变送器有以下技术性能。

（1）输入信号：3 个输入通道，分别对应差压、压力和温度参数。

（2）输出信号：符合 FF 现场总线标准的数字信号输出（FF 低速总线（H1），31.25 kbps；电压方式；二线制）。

（3）供电电源：由总线供电，为 9～32 V DC；静态电流消耗，小于 15 mA（圆卡 8 mA）；输出阻抗，本安应用阻抗必须大于或等于 400 Ω（频率范围：7.8～39 kHz），非安应用阻抗必须大于或等于 30 kΩ（频率范围：7.8～39 kHz）。

（4）采用液晶显示。

（5）功能块：至少具有一个多路模拟输入功能块（MAI），或者 3 个标准模拟输入功能块（AI），可以接收变送块的测量值并变换之，以作为其输出提供给其他功能块使用。

（6）资源块：按照 FF 的资源块规范设计实现，说明设备的硬件特性。

（7）测量精度高。

温度变送器由两部分组成：通信圆卡和仪表卡，两部分均包含各自的软硬件。圆卡包括通信控制器、通信栈软件及通信接口，主要提供总线接口、总线通信以及功能块应用的处理能力；仪表卡负责采集现场信号，进行信号处理，将处理完毕的信息传送至圆卡，并提供了必要的人机接口。温度变送器总体设计架构示意如图 5-17 所示。图中，A 为仪表卡部分，主要用于温度和其他参数的传感、输入、数据处理和显示功能；B 为用于现场总线通信的圆卡部分。

2. 现场总线转换器

在实际工业应用系统中，除了新建项目外，大多都有常规集散控制系统在运行，考虑

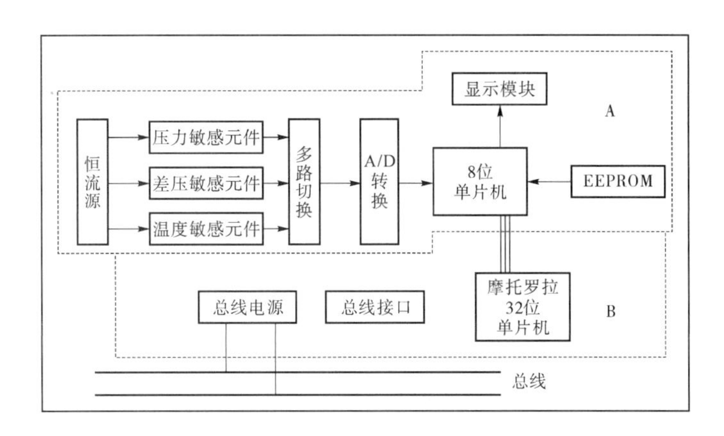

图5-17　温度变送器总体设计架构示意

常规仪表与现场总线系统的结合和过渡，常采用将传统模拟信号转换为现场总线数字信号的变换仪表，或将现场总线数字信号转换为模拟电流信号，以供控制系统使用。此外，还有现场总线各种协议转换仪表，如将 HART 协议转换为 FF 协议的仪表等。

1）电流/现场总线转换器

电流/现场总线转换器主要用于传统模拟式变送器和其他现场仪表与现场总线系统的接口，如图5-18所示。它可将传统的模拟量信号转换为现场总线信号，一个转换器可同时转换多路模拟量信号。此外，它还能提供多种形式的转换功能。

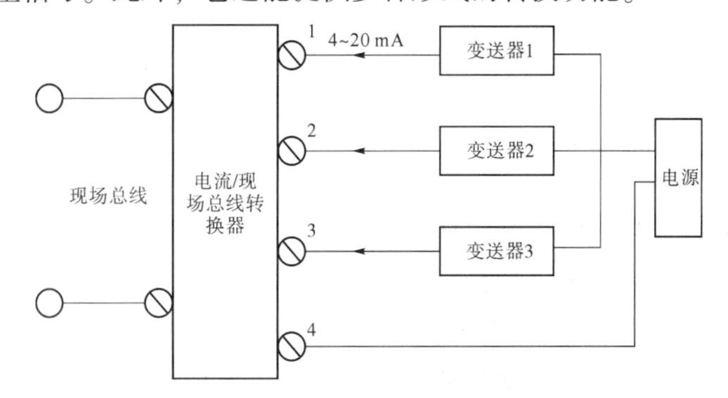

图5-18　电流/现场总线转换器结构示意

2）现场总线/电流转换器

现场总线/电流转换器主要用于现场总线系统与控制阀（或其他执行器）之间的接口。它可将由现场总线传输来的控制信号转换为4~20 mA的模拟信号输出。一个转换器可以同时转换多路模拟量输出信号。

5.4　现场总线的选择和使用

5.4.1　如何选择合适的现场总线

由于各种现场总线的来源不同，开发的年代不同，开发的思路不同，造成适用的场合上也有不同。

从目前的应用看，PROFIBUS、WorldFIP 和 FF 是主要的工业标准，PROFIBUS 的结点数量较大；CAN 的应用结点数量巨大，但是缺乏公认的标准（尽管 DeviceNet 是 IEC 标准），实际上不能实现互联互通；ControlNet 主要被 Rockwell 使用，其他厂家使用得较少；其他现场总线的应用基本限定在特定的领域，如 P－NET 主要用于农业方面、SwiftNet 主要用于航海船舶。

对于连续过程控制，主要是模拟量回路控制，控制周期一般在 100～1 000 ms，属于慢过程，但是控制的逻辑较复杂，相关的控制环节较多，现场设备希望二线制供电。在这种场合，物理层采用 IEC 61158－2 是比较合适的，采用 IEC 61158－2 物理层的现场总线有 FF H1 和 PROFIBUS－PA。IEC 61158－2 的速率较低，只有 31.25 kbps，但可以满足本安要求和通信线路直接供电，从而可以大大简化现场布线。如果采用 FF H1，则其方便的功能块和标准的应用接口可以实现无主控制器运行，PID 运算可以直接通过现场总线在智能化变送器和执行器之间完成，从而节约大量成本。FF 的面向对象的概念是目前几种现场总线中比较先进的概念，也是将来的发展方向。PROFIBUS－PA 具有各种行规（PROFILE），可以实现各种数据的接口，但是由于 PROFIBUS－PA 采用主从式的通信体系，一般不能脱离主控制器工作；采用 PROFIBUS－PA 的好处是可以通过耦合器，简单地与 PROFIBUS－DP 直接通信，在系统配置时，可以与采用 PROFIBUS－DP 的系统统一考虑。

对于离散控制，特别是 PLC 之间的通信，一般建议采用 PROFIBUS。PROFIBUS 是目前现场总线中速率最高的，可达到 12 Mbps，同时 PROFIBUS－DP 采用严格的主从通信方式和时间控时序，可以保证数据的实时性。PROFIBUS－DP 的数据格式主要面对寄存器，比较适合于高速、高可靠通信。

ControlNet 采用生产者/消费者（Producer/Consumer）通信模式，通信开销小、速度快，也是一种适合于离散高速控制的现场总线。

WorldFIP 的历史比较复杂，FF 的一些设计思路来自 WorldFIP，其生产者/消费者模式和总线仲裁器的调度方式特别适合工业过程控制的现场总线系统。它的很多优点都与此有关。FF 与 IEC 标准草案都采用了这种通信模式，只是名称不同。FF 称为发布方/接收方（Publisher/Subscriber）与链接调度器（LAS），实际方式与 WorldFIP 基本一致。目前，WorldFIP 的应用领域为输电铁路运输、地铁、化工、空间技术、汽车制造等，主要在能源和铁路两个领域。

从中小型制造商的角度，协议的适用性是重要的。但是，更重要的是如何掌握协议，以最快的速度和稳定的质量制造出成品。简单、低速的协议（如 Modbus）可以通过纯软件解释，无须专用的芯片，而像 PROFIBUS 和 FF 之类的协议比较复杂，必须采用专用的硬件解释芯片或复杂的程序才能实现。因此，是否能够以较低的价格和通畅的渠道采购到协议芯片是中小型制造商必须考虑的问题。CAN 芯片来源较多，同时协议的处理相对容易，因此产品较多；PROFIBUS 和 FF 的芯片来源也不少，也出现了不少第三方产品；其他总线很少有独立销售的产品，而且价格高，因此产品没有优势。

表 5－1～表 5－3 所示为 Grid Connect 公司对一些常见的现场总线的比较。

表5-1 现场总线背景信息比较

总线名称	开发商	发布年份	标准	开放性
PROFIBUS-DP/PA	Siemens	1994（DP），1995（PA）	EN 50170 / DIN 19245 part3（DP）/4（PA），IEC 61158-2（PA）	采用Siemens和Profichip的ASICS，或采用软件解释，目前有超过300个厂家制造PROFIBUS产品
Interbus-S	Phoenix Contact，Interbus Club	1984	DIN 19258，EN 50.254	目前有超过400个厂家制造Interbus-S的产品
DeviceNet	Allen-Bradley	1994	ISO 11898/11519	多个芯片制造商，目前有超过300个厂家制造DeviceNet的产品
ARCNET	Datapoint	1977	ANSI/ATA 878.1	多个厂家的芯片、板件和开放的协议
AS-I	AS-I Consortium	1993	IEC 62026，EN 50295	—
Fieldbus Foundation（FF）H1	Fieldbus Foundation	1995	ISA SP50/ IEC 61158	多个厂家的芯片、板件和开放的协议
Fieldbus Foundation High Speed Ethernet（HSE）	Fieldbus Foundation	2001	IEEE 802.3u RFC for IP，TCP & UDP	有众多以太网产品
IEC/ISA SP50 Fieldbus	ISA，Fieldbus Foundation	1992—1996	IEC 61158/ ANSI 850	多个厂家的芯片、板件和开放的协议
Seriplex	APC，Inc.	1990	Seriplex spec	多个厂家的芯片、板件
WorldFIP	WorldFIP	1988	IEC 16158	多个厂家的芯片、板件
LonWorks	Echelon Corporation	1991	—	多个厂家的芯片、板件和开放的协议

续表

总线名称	开发商	发布年份	标准	开放性
SDS	Honeywell	1994	IEC，ISO 11989	物理层和数据链路层采用 CAN 协议。有多个芯片制造商，目前有超过 300 个厂家制造 DeviceNet 的产品
ControlNet	Allen – Bradley	1996	ControlNet International	两个厂家的芯片和开放的协议
CANopen	CAN In Automation	1995	CiA	物理层和链路层采用 CAN 协议。多个芯片制造商
Ethernet	DEC，Intel，Xerox	1976	IEEE 802. 3，DIXv. 2. 0	多个厂家的芯片、板件
Modbus Plus	Modicon	—	—	需要厂家的许可证
Modbus RTU/ASCII	Modicon	1978	EN 1434 – 3（layer 7） IEC 870 – 5（layer 2）	软件解释，无须特殊硬件
Remote I/O	Allen – Bradley	1980	—	需要厂家的许可证
Data Highway Plus（DH +）	Allen – Bradley	—	—	需要厂家的许可证

表5-2 现场总线物理电气特性比较

总线名称	网络拓扑	物理介质	最大结点数	最大距离范围
PROFIBUS-DP/PA	总线型、星形和环形	双绞线、光纤	127个结点，124个从站（4段，3个重复器、3个主站）	12 Mbps/段（100 m（双绞线））；24 km（光纤）
Interbus-S	T接的分段总线或树形	双绞线、光纤	256个结点	每段400 m，总长12.8 km
DeviceNet	总线型、树形	双绞线	64个结点	每段最长500 m（与速率有关），最大总长6 km（使用重复器）
ARCNET	星形、总线型和分布的星形	同轴电缆、双绞线、光纤	255个结点	同轴电缆600 m，双绞线120 m，光纤1800 m
AS-I	总线型、环形、树形或这三种形式结合	双芯电缆	31个从站	每段最长100 m，最大总长300 m（使用重复器）
Fieldbus Foundation H1	总线型、星形	双绞线、光纤	每段240个结点，最多65000个结点	31.25 kbps时传输距离为1900 m
Fieldbus Foundation HSE	星形	双绞线、光纤	IP地址（理论上无限制）	100 Mbps双绞线：100 m；100 Mbps光纤：2000 m
IEC/ISA SP50 Fieldbus	星形、总线型	双绞线、光纤、无线	本安型，3～7个结点；非本安型，128个结点	31.25 kbps时，1700 m；5 Mbps时，500 m
Seriplex	树状、环形、星形	四芯屏蔽电缆	500台设备	500 ft以上
WorldFIP	总线型		256个结点	最长40 km

续表

总线名称	网络拓扑	物理介质	最大结点数	最大距离范围
LonWorks	总线型、星形、环形	电力线、双绞线和光纤	32000 结点/域	2000 m@78 kbps
SDS	总线型	双绞线	64 个结点、126 个地址	500 m（与速率有关）
ControlNet	总线型、树形、星形或三种形式结合	同轴电缆、光纤	99 个结点	1000 m 同轴电缆/2 结点；250 m 同轴电缆/48 结点；3 km 光纤、30 km光纤（带重复器）
CANopen	总线型	双绞线	127 个结点	25～1000 m（与波特率有关）
Industrial Ethernet	总线型、星形、菊花链	细同轴电缆、双绞线、光纤	1024 个结点，可根据路由器扩展更多结点	细缆：185 m； 双绞线：100 m/段； 多模光纤：2.5 km； 单模光纤：50 km
Modbus Plus	带分支的总线结构	双绞线	32 结点/域，最多64 个结点	500 m/段
Modbus RTU/ASCII	总线型、环形、树形或三种形式结合	双绞线	250 结点/域	350 m
Remote I/O	总线型	双芯电缆	32 结点/域	6 km
DH +	总线型	双芯电缆	64 结点/域	3 km

表5－3 现场总线传输机制比较表

总线名称	通信方式	传输特性	数据报文	仲裁方式	纠错方式	诊断
PROFIBUS－DP/PA	主从/对等	DP：9.6 kbps，19.2 kbps，93.75 kbps，187.5 kbps，500 kbps，1.5 Mbps，3 Mbps，6 Mbps，12 Mbps PA：31.25 kbps	0～244字节	令牌（主站间）	HD4 CRC	站、模块和通道诊断
Interbus－S	主从	500 kbps，全双工	1～64字节数据，246字节参数	无	CRC－16	CRC电缆中断
DeviceNet	主从/多主	500 kbps，250 kbps，125 kbps	每帧8字节有效信息，长信息分多帧传送	CSMA和非破坏性仲裁	CRC	总线监视
ARCNET	对等	19.53 kbps～10 Mbps	0～507字节	令牌	CRC－16	内置于数据链路层
AS－I	—	数据和供电抗电磁干扰	31个从站，每个从站有4个输入、4个输出	周期性查询的主从方式	曼彻斯特编码，汉明码－2	从站故障、设备故障
Fieldbus Foundation HI	客户机/服务器；发布/订阅；事件触发	31.25 kbps	128字节	调度多备份	CRC－16	远程诊断网络，监视参数状态
Fieldbus Foundation HSE	客户机/服务器；发布/订阅；事件触发	100 Mbps	可变，使用标准TCP/IP	CSMA/CD	CRC	—
IEC/ISASP50 Fieldbus	客户机/服务器；发布/订阅	31.25 kbps，5 Mbps	64字节，高优先级；256字节，低优先级数据	调度、令牌或主从	CRC－16	网络配置管理

续表

总线名称	通信方式	传输特性	数据报文	仲裁方式	纠错方式	诊断
Seriplex	主从/对等	200 Mbps	7680 字节/一次传输	多路复用	帧结束标记和响应	电缆故障
WorldFIP	对等	31.25 kbps，1 Mbps，2.5 Mbps，6 Mbps，光纤	128 字节（可变）	主结点仲裁	CRC－16，数据不更新指示	设备超时和介质冗余诊断
LonWorks	主从/对等	全双工 1.25 Mbps	228 字节	CSMA/非破坏性仲裁	CRC－16	CRC 和设备故障
SDS	主从/对等/多播/多主	1 Mbps，500 kbps，250 kbps，125 kbps	8 字节（可变）/帧	CSMA/非破坏性仲裁	CRC	总线监视
ControlNet	生产者/消费者，设备对象模型	5 Mbps	0～510 字节	CTDMA 时分复用	CCITT－16 位多项式	结点 ID 重号，从站设备故障
CANopen	主从/对等/多播/多主	10 kbps，20 kbps，50 kbps，125 kbps，250 kbps，500 kbps，800 kbps，1 Mbps	8 字节（可变）/帧	CSMA/非破坏性仲裁	CRC－16	错误紧急信号
Industrial Ethernet	对等	10 Mbps，100 Mbps	46～1500 字节	CSMA/CD	CRC－32	—
Modbus Plus	对等	1 Mbps	可变	—	—	
Modbus RTU/ASCII	主从	300 bps～38.4 kbps	0～254 字节	—	—	—
Remote I/O	主从	57.6 ～ 230 kbps	128 字节	—	CRC－16	—
DH＋	多主/对等	57.6 kbps	180 字节	—	—	—

5.4.2　现场总线的使用

随着现场总线在工业现场逐渐推广，现在不少设备不但具有传统仪表的功能，而且具有现场总线的功能。理论上，现场总线仪表和执行器可以组成一个完整的控制系统，也就是人们常说的现场总线控制系统（FCS）。但 FCS 目前只能在一些特定的系统和环境下使用，绝大部分的控制系统仍然使用 DCS，只不过在将现场总线仪表引入 DCS 后，使 DCS 的功能大幅度提升了。在 DCS 中，现场总线被广泛应用，主要用途有以下三种。

1. 作为连接现场总线式的变送器和执行器使用

目前的现场总线种类众多，作为 DCS 厂家，需要面对的产品是无法预测的，大多数 DCS 厂家都生产各种现场总线通信模块，包括主流的现场总线和网络，通过这些通信模块来实现与仪表和执行器的通信，现场总线仅起到接入数据链路的作用。与传统模拟仪表不同，采用数字链路的现场总线仪表除了能够直接提供数字化的测量值和直接接收数字控制命令外，还可以提供现场设备的各种信息（并不局限于仪表本身），如设备参数运行状态、异常报警、诊断信息等，这就为 DCS 提供了充分的信息以实现资产管理功能，从而进一步提高生产装备的管理水平，降低成本和能耗。通过数字链路，DCS 还可以在线完成对仪表的设定、整定、校准等工作。

2. 作为 DCS 的远程 I/O 单元通信总线

例如，Siemens 公司的 PCS7 连接 AS 控制单元和 ET200 远程 I/O 单元就采用了 PROFIBUS - DP，这种应用替代了以往的专用通信总线，实现开放的系统结构，在接入本公司生产的远程模块的同时，也可以接入其他厂家的符合开放现场总线的设备。这种应用实际上是 DCS 与现场总线控制系统（FCS）融合的一种解决方案。FCS 实质上应该基于本地分散控制，在大多数情况下，就地控制器只执行上下数据交换的任务，而不完成控制运算，控制运算功能在智能仪表和执行器中实现。

3. 将现场总线用于 DCS 内部总线使用

在早期的 DCS 中，模块之间的内部总线一般采用并行总线，并行总线的优点在于控制简单、通信开销小，在较低总线频率下，可以达到很高的通信吞吐率，但是并行总线的成本较高，且带电插拔实现比较困难、故障率高。随着现场总线的成熟串行通信的速率和可靠性均得到提高，不少 DCS 厂家在模块之间的通信采用现场总线。例如，Allen - Bradley 公司的 PLC 采用 ControlNet 作为主控制器和 I/O 模块之间的一种通信手段，作为并行总线或同步串行总线的补充。

4. 现场总线的使用注意事项

1）通信距离

现场总线的通信距离一般有一定的要求。例如，PROFIBUS - DP 在 12 Mbps 速率时，采用标准电缆，可以达到 200 m，如果采用 187.5 kbps 速率，可以达到 1000 m。通信距离有两层含义：其一，两个结点之间不通过中继器就能实现的距离，通常距离和通信速率成反比；其二，整个网络最远的两个结点之间的距离。在厂家的介绍材料中往往对于此类的描述不够清楚，在实际使用中必须考虑整个网络的范围，电磁波信号在电缆中传递是需要时间的，特别是在一些高速的现场总线中，如果增大距离，就必须对一些通信参数进行修改。一些采用对等通信、碰撞检测的总线协议会规定最大通信距离。例如，如果采用100 Mbps以太网，那么采用共享介质的区域（也就是 CSMA/CD 的冲突域）的最大通信距离就不能大于205 m。

2）线缆选择

现场的环境决定现场总线的通信速度和通信介质。一般而言，现场总线采用电信号传递数据，在传输过程中会不可避免地受到周围电磁环境的影响，因此大多数现场总线采用屏蔽双绞线。必须注意的是，不同种类现场总线要求的屏蔽双绞线可能有所不同。现场总线的开发者一般规定一种指定的线缆，在正确使用这种线缆的条件下才能实现规定的速率和传输距离。在电磁条件极度恶劣的条件下，光缆是合理的选择，否则局部的干扰可能影响整个现场总线网络的工作。

3）隔离

一般来说，现场总线的电信号与设备内部是电气隔离的，现场总线电缆分布在车间的各个角落，且发生高电压串入就会造成整个网段所有设备的总线收发器损坏，如果不加以隔离，高电压信号会继续将设备内部的其他电路损坏，导致严重的后果。

4）屏蔽

现场总线采用的屏蔽电缆的外层必须在一点良好接地，如果高频干扰严重，则可以采用多点电容接地，但不允许多点直接接地，以免产生地回路电流。

5）连接器

现场总线一般没有对连接器做严格的规定，但是如果处理不当，就会影响整个系统通信。例如，现场总线一般采用总线式菊花链连接方式，在连接设备时，必须注意如何在不影响现有通信的前提下实现设备的插入和摘除，这对连接器就有一定的要求。

6）终端匹配

现场总线信号和所有电磁波信号一样具有反射现象，在总线每个网段的两个终端都应该采用电阻匹配，一个作用是可以吸收反射，另一个作用是在总线的两端实现正确的电平，以保证通信。

思　考　题

1. 简述现场总线的主要特点。
2. 列举几种现场总线产品，并说明其技术特点。
3. 在使用现场总线时，有哪些常见问题？

第 6 章

分布式控制系统的硬件

6.1　工业控制系统的结构

工业控制系统的总体结构可以表示为图 6 - 1。现场的受控对象由执行装置系统及受控工艺过程组成。执行器（阀门、泵机、电动机、风机等）通常属于执行装置系统；通过执行装置系统，就可以控制热（冷）液体的流量、通风流量、给料机的转速等中间控制变量，利用这些中间控制变量来进行调节，得到最终希望的工艺过程参数，如水温、蒸汽温度、锅炉的燃烧速率、汽包的水位、炉膛压力等。现场的过程状态通过电缆进入计算机系统，完成工艺参数的监视；计算机系统的控制信号通过电缆输出，传送至执行装置系统，完成控制作用。

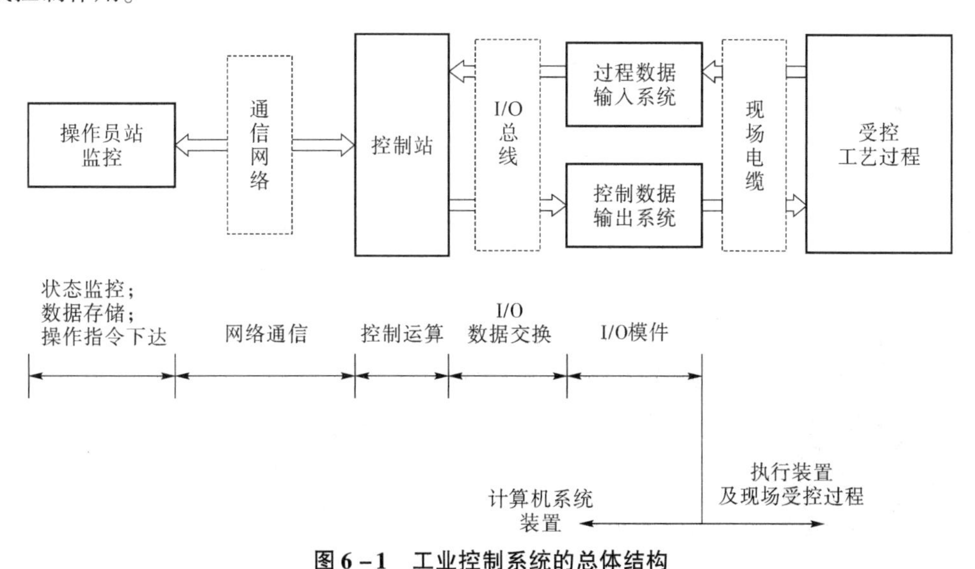

图 6 - 1　工业控制系统的总体结构

大型工业控制系统，可以划分为 5 个主要部分：

（1）I/O 模件：完成工艺状态数据的输入，如模拟量（AI）、开关量（DI）的输入；控制指令信号的输出，如模拟量（AO）、开关量（DO）控制指令的输出。

（2）I/O 总线：完成 I/O 模件与控制站之间的数据交换。

（3）控制站：这是数字控制系统的一个核心部件，主要完成3项功能：

①与I/O总线系统接口，执行I/O数据的交换功能。

②与通信网络接口完成与操作员站的数据通信功能。

③根据输入数据来执行控制策略的运算，形成控制信号，并输出这些信号的指令值。

（4）通信网络：完成操作员工作站与控制站系统的双向通信任务。

（5）操作员工作站是工业控制系统与运行人员的工作界面。它存储了受控工艺系统的全部实时状态、历史状态数据，完成调用、显示、报表功能，以及性能计算功能、操作指令的下达功能，成为受控工艺过程的信息数据中心和监视、操作、运行中心。

依据受控工艺过程的规模，可灵活配置控制站的数量。在大型DCS中，控制站可以只有少数几台，也可以有20~30台，甚至更大规模的配置，每台控制站具有独立的I/O总线和独立的I/O模件系统，执行设计分配的控制任务，形成自治型控制站，操作员站系统同样是多台配置同时并行工作。大型DCS的操作员工作站需要功能完备、独立操作，可以互为冗余、相互备份。

6.2 DCS的硬件系统

6.2.1 硬件系统总体结构

典型DCS的硬件体系结构示意如图6－2所示。

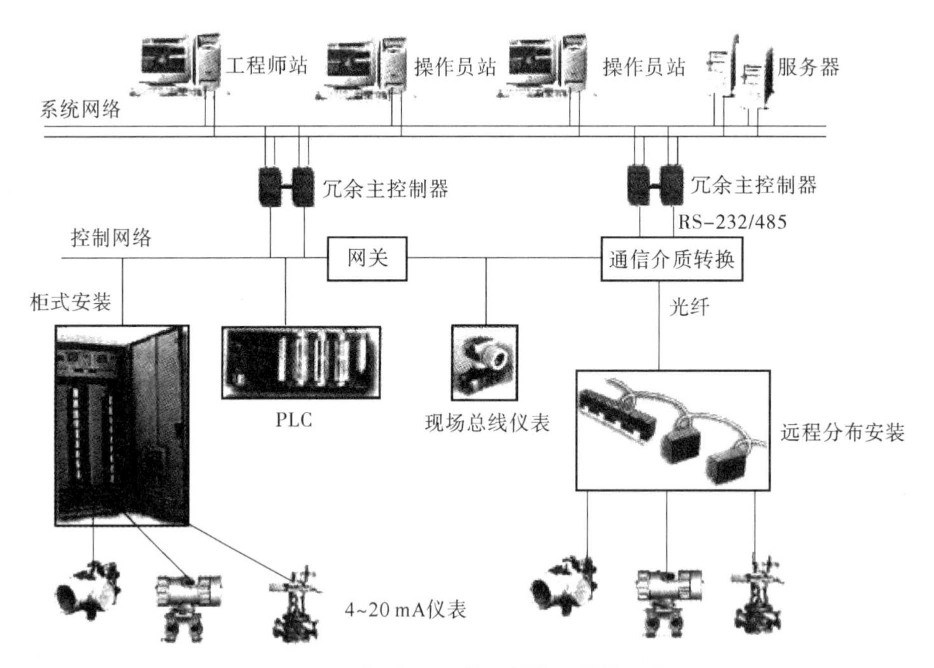

图6－2　典型DCS的硬件体系结构示意

1）工程师站

工程师站（Engineer Station，ES）主要由仪表工程师使用，是系统设计和维护的主要工具。仪表工程师可在工程师站上进行系统配置、I/O数据设定、报警和打印报表设计、操作画面设计、控制算法设计等工作。一般每套系统配置一台工程师站即可。工程师站可以通过网络连入系统，在线使用（如在线进行算法仿真调试），也可以不连入系统，离线运行。基本上在系统投运后，工程师站就可以不再连入系统甚至不上电。

2）操作员站

操作员站（Operator Station，OS）主要由运行操作工使用，作为系统投运后日常值班操作的人机接口（Man Machine Interface，MMI）设备使用。操作人员可以通过它来监视工厂的运行状况，并进行少量必要的人工操作控制。每套系统按工艺流程的要求可以配置多台操作员站，每台操作员站供一位操作员使用，以监控不同的工艺过程，或者多人备份同时监控相同的工艺过程。有的操作员站人机接口还配置大屏幕（占一面墙）显示。

3）系统服务器

一般每套DCS配置一台（或一对）冗余的系统服务器。系统服务器的用途可以有很多种，各厂家的定义可能有差别。总的来说，系统服务器可以用于：

（1）系统级的过程实时数据库，存储系统中需要长期保存的过程数据。

（2）向企业MIS（Management Information System，管理信息系统）提供单向的过程数据。为区别慢过程的MIS办公信息，就将安装在服务器上的过程信息系统称为Real MIS（实时管理信息系统），因为它提供的是实时的工艺过程数据。

（3）作为DCS向其他系统提供通信接口服务，并确保系统隔离和安全，如防火墙功能。

4）主控制器

主控制器（Main Control Unit，MCU）是DCS中各个现场控制站的中央处理单元，是DCS的核心设备。在一套DCS应用系统中，根据危险分散的原则，按照工艺过程的相对独立性，每个典型的工艺段应配置一对冗余的主控制器，主控制器在设定的控制周期下，循环执行以下任务：从I/O设备采集现场数据并执行控制逻辑运算→向I/O设备输出控制指令→与操作员站进行数据交换。

5）输入/输出设备

输入/输出（Input/Output，I/O）设备用于采集现场信号或输出控制信号，主要包含模拟量输入（Analog Input，AI）设备、模拟量输出（Analog Output，AO）设备、开关量输入（Digital Input，DI）设备、开关量输出（Digital Output，DO）设备、脉冲量输入（Pulse Input，PI）设备及一些混合信号类型I/O设备或特殊I/O设备。

6）控制网络及设备

控制网络（Control Network，CNET）用于将主控制器与I/O设备连接，其主要设备包括通信线缆（即通信介质）、重复器、终端匹配器、通信介质转换器、通信协议转换器或其他特殊功能的网络设备。

7）系统网络及设备

系统网络（System Network，SNET）用于将工程师站、操作员站及系统服务器等操作层设备和控制层的主控制器连接。组成系统网络的主要设备有网络接口卡、集线器（或交换机）、路由器和通信线缆等。

8）电源转换设备

电源转换设备主要为系统提供电源，主要设备有 AC/DC 转换器、双路 AC 切换装置（仅在某些场合使用）、不间断电源（UPS）等。

9）机柜和操作台

机柜用于安装主控制器、I/O 设备网络设备及电源装置。操作台用于安装操作员站设备。

6.2.2 主控制器

1. 主控制器的组成

典型的主控制器（MCU）的组成框图如图 6-3 所示。从图中可以看出，MCU 主要由 CPU、系统网络（SNET，图 6-3 中为双冗余 10 Mbps 以太网）接口、控制网络（CNET，如 PROFIBUS-DP）接口、主从冗余控制逻辑、掉电保持（SRAM）及电源电路组成。

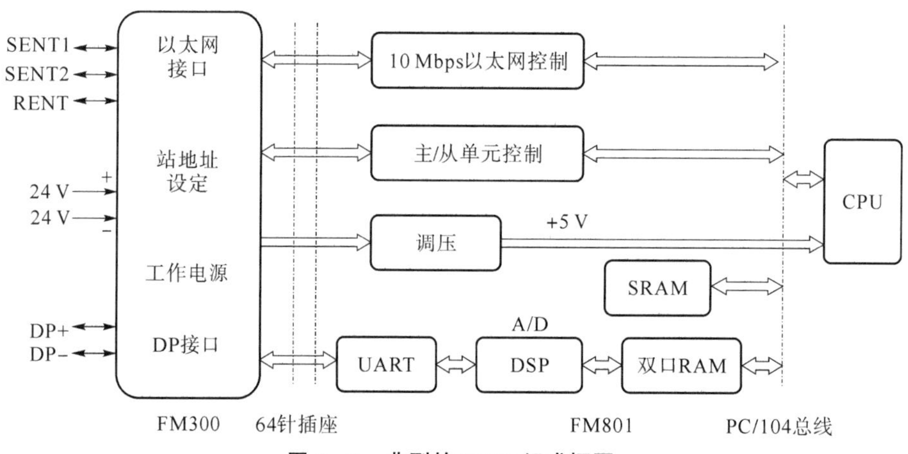

图 6-3　典型的 MCU 组成框图

1）CPU

CPU 是控制运算的主芯片，常见的有 Intel 486DX4、Intel Pentium 133/233/266、PowerPC 及 MC 68030 等，近年来以 ARM 核为基础的低功耗芯片的流行，也为 MCU 提供了一种 CPU 的选择。关于 CPU 的选择和评价，曾经有过只看主频的错误倾向，例如，认为以 Pentium 为 CPU 的主控制器就一定比以 Intel 486 为 CPU 的主控制器好。事实上，这样来评价 MCU 是非常片面的。一个主控制器是否性能优良，主要是看它在控制软件的配合下能否长期安全可靠地在规定的时间内完成规定的任务。一个效率低下的软件，即使在很高的主频下也不可能得到很好的性能。另外，工艺上也是问题。例如，Pentium 芯片的散热问题就比 486DX 的难解决，虽然可通过安装风扇来解决此问题，但风扇的寿命仅 1～2 年，这就会带来维护问题。

2）系统网络接口

系统网络（SNET）接口是主控制器与操作员站、工程师站等操作层设备通信的网络接口。过去各DCS厂商的系统网络基本上都是专有的，根本不开放，并且都宣称专用网络可靠。目前，这种情况已经有了很大的改变，几乎在20世纪90年代以后推出的系统中，DCS的系统网络都采用了以太网。事实证明，以太网作为主流的商用网络，只要在软件的应用层上采取一定的保护措施（如应答和重发），其可靠性和安全性是没有问题的。采用以太网的好处，首先是开放和易于集成，其次是低成本。

3）控制网络接口

控制网络（CNET）接口是主控制器与I/O进行数据交换的网络接口。作为过程控制系统（即DCS），与制造控制系统相比（即传统的PLC系统），由于DCS需要进行大量模拟量数据传送，而且每个I/O设备的数据量都较大，所以CNET一般选择字节型长包协议的通信网络（如PROFIBUS - DP），而不能选择PLC系统采用的位信息短包协议网络（如SERCOS）。

4）主从冗余控制逻辑

该部分电路用于控制互为备份的两台主控制器的切换。由于过程控制对安全性和可靠性的特殊要求，因此几乎所有DCS的标准配置都是双主控制器冗余运行，这和普通PLC只能是单控制器配置的结构是不同的。该部分电路必须确保任意时刻有且仅有一台主控制器的控制指令被输出到I/O设备。

5）固态盘或Flash存储器

固态盘（Solid State Disk，SSD）或Flash存储器用于保存主控制器的操作系统、用户控制、算法文件等信息。在主控制器上电启动后，将这些文件调入内存运行。

6）内存

内存（Main Memory）用于加载运行程序，掉电后内存的内容不会被保存。

7）掉电保持静态存储器（SRAM）

该存储器用于存储运行过程中需要实时保存，且在系统掉电后还需要保存一段时间的数据，如阀门在DCS掉电前的开度。因为这些数据在DCS重新上电后可能用作初始值输出，以保证现场阀位不出现跳动。为了便于选择DCS掉电后SRAM是否保存实时数据，一般的主控制器都设置有使能开关用于接通或关断SRAM的后备电池（Backup Battery）。

8）电源电路

主控制器的电源输入一般是24 V DC，需要将其变换成5 V DC或3.3 V DC，供主控制器上的IC芯片使用。

2. 主控制器的技术指标

在DCS中，MCU主要采用主备双模冗余的结构，当主模块正常运行时，由其输出控制命令，而备模块虽然也在热运行中（即也运行数据采集和运算），但不输出控制命令。这种配置方式能极大地提高DCS连续运行的能力，因此几乎所有DCS应用都必须配置双冗余的MCU。MCU有3个重要指标——容量、速度、负荷率。

1）MCU的容量

MCU的容量指标包含两个方面：I/O容量；软件容量。

（1）I/O 容量用于描述每台可以挂接的最大 I/O 模块数量，由于每种 I/O 模块的 I/O 点数是固定的，所以可以算出每台 MCU 能容纳的最大 I/O 点数。例如，采用 PROFIBUS－DP 为控制网络的 DCS，其每台主控制器可挂接的 I/O 模块数多为 125 个，如果每个模块为 8 个通道，则可知主控制器的 I/O 容量为 125×8＝1000点。如果每个模块为 16 点，则主控制器的 I/O 容量为2000 点。当然，出于危险分散的考虑和机柜信号电缆进线空间的限制，在实际配置中不可能将主控制器配置到 1000 点或 2000 点。事实上，在多年的实践过程中，每个主控制器配置在 500 点以下是比较合理的。

需要指出的是，这里介绍的是主控制器的物理 I/O 点数，也就是说，以一个物理上的变送器（或执行器）作为一个点，而没有将通过运算（或处理）形成的中间量点计算在内。如果将中间量点计算在内，则主控制器中的总点数将增加很多，一般可达到物理点数的 1.5～2 倍。主控制器中的总点数被称为逻辑点数，一些专门出售控制软件产品的公司出于商业目的，不仅在软件中限制物理 I/O 点数，而且限制每个站的逻辑点数。面对这种情况，为满足实际应用的需要，每个主控制器的逻辑点数应能达到 1000 点左右。

（2）所谓软件容量，指的是每个主控制器能装载多少控制算法。软件容量是受限于主控制器的三类 IC 器件的容量：其一是固态盘（SSD）的容量，主要用于保存用户编制的控制算法文件；其二是内存容量，用于运行程序的存储器；其三是掉电保持 SRAM 的容量，用于保存系统运行过程中产生的实时数据。这 3 种容量中只要任何一个被突破，主控制器一般就会死机，或者在程序编译时系统会提醒用户容量超限制，表明 MCU 的控制算法不能再增加了。一般情况下，当使用功能块图的方式编制控制算法时，每页算法一般能容纳 20～30 个功能块，每个主控制器的控制算法总页数一般小于 100 页，所以每个主控制器最大的功能块数一般不超过 3000 个。在实际测试一个主控制器的软件容量时，可以将主控制器配置成物理点数为 500 点左右，并选择一个中等复杂程度的功能块，在算法组态中重复使用 2000～3000 次，如果运行正常，则表明主控制器容量可以满足将来使用的要求。有的软件可以手工或由系统本身计算出一个典型控制算法程序的容量大小，这时我们直接对照主控制器的上述三个物理器件的容量，就可以知道算法的容量是否超过了限制。

2）MCU 的速度

快速性和控制周期确定性是 DCS 最重要、最基本的性能要求，这些指标直接决定了控制品质的好坏，因此必须给予充分的重视。

在 DCS 中，一般不直接讨论主控制器的“速度有多快”，而是用“控制周期”这一概念来间接描述。之所以说是间接描述，是因为离开具体的控制算法程序的长度来比较两种主控制器的控制周期是没有意义的。

主控制器执行一次完整的算法、通信和 I/O 任务的时间被称为一个控制循环。在一个控制循环中，主控制器需要依次执行下列任务：I/O 数据输入（包括网络通信）；控制运算；I/O 数据输出（包括网络通信）。

控制循环的执行时间与DCS主控制器的性能及控制算法的复杂程度有关，也与具体的运行状态有关，如报警等异常工况的多少、控制网络通信的繁忙程度等，因此往往不是一成不变的。为了实现准确的控制，在具体应用中，需要定义一个确定时间间隔的控制周期来调度主控制器的运行。显然，控制周期在任何工况下都必须大于控制循环所需的时间。这样，在一个控制周期内，当完成一个控制循环后，会有一段空闲等待时间，直到进入下一个控制周期。

DCS主控制器的控制周期一般可以由用户设定，最短的可以设定一个周期为50 ms，依次可以设定为50 ms、100 ms、200 ms、500 ms、1 s、2 s等挡位。

如果由于主控制器的性能不够或控制算法过于复杂，则有可能在一个控制周期内完不成一个控制循环，即使主控制器的软件容量能够容纳用户的控制算法组态，也不能实现控制目标，因此这种情况在DCS应用中是绝不允许出现的。为解决这个问题，一种方法是选择性能更高的主控制器，另一种方法则是减少（简化）或优化控制算法。

为比较两种主控制器的速度，可以使用相同复杂程度的控制算法，然后比较两个主控制器所能实现的最小控制周期，这样就可以相对地知道两台主控制器速度的快慢。

最后，之所以要讨论控制周期，还有一个因素，即数字控制系统因对I/O信号的周期采样方式而相对模拟控制系统存在较大的滞后性，但经过理论和实践的证明，在控制周期足够小的情况下，采样的滞后性不会对控制的品质造成任何影响。这个“足够小的”的控制周期依被控过程的动态特性而定，一般为50~200 ms，有些特殊过程会需要更短的控制周期。

3）MCU的负荷率

MCU的负荷率也是衡量主控制器性能的一个主要指标，它的定义与控制周期密切相关。需要指出的是，离开具体用户程序的大小和具体的工况来讨论负荷率是没有意义的。在用负荷率来评估主控制器的综合性能时，只要选择一个装载了有代表性的控制算法程序的控制站来测量即可。一般的经验值是：只要平稳工况条件下主控制器的负荷率低于40%，系统的设计就是合理的。

负荷率要衡量的是主控制器平时究竟有多大比例的空闲时间，负荷率越低，则表明空闲时间占控制周期的比例越大。追求合理的空闲时间主要是为了使系统在雪崩（Avalanche）状态下仍能胜任工作。在雪崩状态下，系统的数据量急剧上升，系统负荷最重。在现场设备停电后又上电但DCS没有停止运行的情况，就是一种典型的雪崩状况，这时有大量开关动作、事件信息需要记录，通信时间在控制调度周期中的比例明显增大，导致主控制器负荷率明显上升。此外，过低的负荷率会导致DCS成本上升，这也是应该避免的。

3. MCU应用设计

MCU的应用设计，实际上就是确定以下问题。

1）工艺过程划分是否恰当

DCS设计的一个重要原则就是避免系统耦合，应将危险尽量分散。当设计实施中大型

DCS 项目时，每套 DCS 包含的主控制器可能有 10 ~ 20 对，如何将整个工艺过程进行合理划分、将控制功能恰当地分配给每对控制器，是应首要考虑的问题。

进行工艺过程分割的首要原则是各工艺过程之间耦合最少。所谓耦合最少，是指工艺过程之间相互引用的物理 I/O 点（或逻辑变量）最少。由此，将每个相对独立的工艺过程的控制分配到不同的主控制器时，就可以从体系结构上先天性地获得较高的可靠性。

如图 6－4 所示，如果两个工艺过程之间不可避免地出现需要引用对方 I/O 数据的情况，就存在两种引用途径：一种是通过系统网络用通信的方式实现，称为软引用；另一种是通过 I/O 模块之间直接连接信号线引用，将一个站的输出通道用电缆连接到另一个站的输入通道，称为硬连接引用。由于软件系统的复杂性，一般情况下硬接线引用方式的可靠性要高于软引用，但即使是硬接线引用，也是不得已而为之。当两个工艺过程之间需要引用的 I/O 数量过多时，通过硬接线引用的成本会明显上升，所以只能通过软引用来解决。理论上，在这种情况下，整个 DCS 耦合成了一个整体，任何一个站的崩溃都可能导致整个系统崩溃，DCS 不再是分布式控制系统，变成了集中式控制系统。

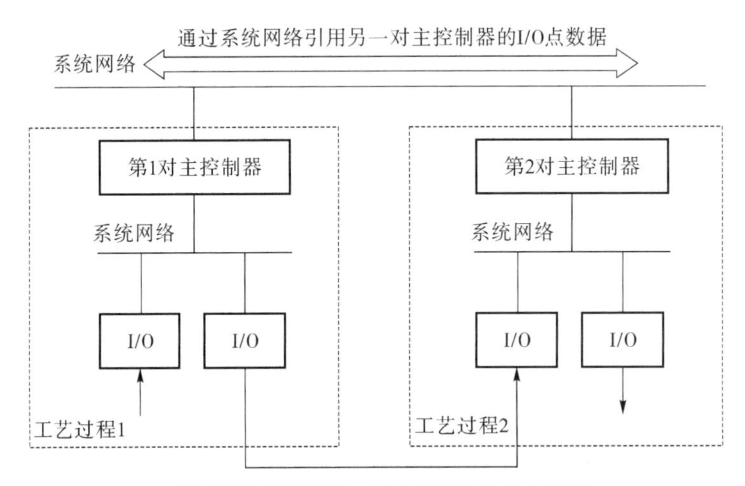

图 6－4　工艺过程的耦合与站间引用

所以在设计实施 DCS 时应尽量避免工艺过程耦合，从而避免站间信号引用。然而，要完全避免引用是不可能的，应坚持以下原则：

（1）站间引用越少越好。

（2）对于 PID 或联锁逻辑控制的控制算法，严禁使用软引用。若引用不可避免，则应使用硬连接引用。

（3）对于纯粹的数据采集站（DAS），由于没有控制功能，因此可以使用软引用。

2）物理容量配置是否恰当

一般来说，物理 I/O 的容量主要不受限于主控制器，而受限于机柜、端子、走线槽等空间的限制，以及 I/O 电源容量的限制。

3）逻辑容量设计与控制周期的设置是否恰当

即使工艺过程间的耦合很小，I/O 物理容量也没有问题，但如果该工艺过程的控制算法过于复杂，出于控制精度和响应速度的考虑，在控制周期不可增长的情况下，将导致主控制器的负载过高，该工艺划分仍然是行不通的。所以当工艺过程划分完毕后，如果没有类似项目的经验可以参考，应针对最复杂的一个工艺过程对主控制器的负荷率进行提前评估。一般是将其基本的控制算法初步组态，实际测试主控制器的负荷率（低于 40% 就可以接受）。

控制周期的设定应根据控制对象本身的响应速度来考虑。例如，汽轮机控制系统的控制周期一般设定在 50 ms；锅炉控制的控制周期设定在 200 ms ~ 1 s 就完全可行。关于控制周期设定的数学估算，在很多离散控制理论（或计算机控制理论）书籍里都能找到。

4）控制算法设计是否安全可靠

即使 DCS 硬件系统和平台软件的可靠性很高，但如果应用算法设计得不恰当，就仍然会带来安全性和可靠性隐患。目前在这方面尚无完美的理论可以遵循，只有一些积累的工程实践经验可以参考。这些积累来自两方面：一方面，实施人员对 DCS 的理解；另一方面，实施人员对工艺过程的理解。这两方面因素导致了对 DCS 实施人员的专业化和行业化发展的要求，也促使了其他专职行业（如电力、石化、核电等）DCS 工程设计服务公司的形成（典型的如设计院及一些工程公司）。

6.2.3　可编程控制器

在目前的很多 DCS 中，常常选用 PLC 作为现场级的控制设备来用于数据采集和控制。而在操作管理级上采用工业控制计算机，并利用工控组态软件来编制流程及控制参数的监控界面来实现生产状况监控和设备管理等功能。PLC 和工控机的结合，提供了一种可靠、经济和开发周期短的 DCS 构建方案。

1. *PLC 发展史*

1968 年美国 GE 公司公开招标寻找一种比继电器更可靠、功能更齐全、响应速度更快的新型的工业控制器，并从用户角度提出了新一代控制器应具备的十大条件，引起了开发热潮。

主要的要求是：①编程方便，可现场修改程序；②维修方便，采用插件式结构；③可靠性高于继电器控制装置；④体积小于继电器控制盘；⑤可直接与管理计算机进行数据通信；⑥低成本；⑦输入可为市电；⑧输出可为市电，大于 2 A，电源为市电；⑨扩展时，原系统的改变最少；⑩存储大于 4 KB。

1969 年，美国数字设备公司（DEC）制造了第一台可编程控制器 PDP - 14，并在 GE 汽车生产线上成功运用，可编程控制器由此诞生。因此，可编程控制器是生产力发展的必然产物。

早期的可编程控制器只具有逻辑运算的功能，人们称之为可编程逻辑控制器（Programmable Logic Controller，PLC）。随着微电子技术和集成电路的发展，特别是微处理器和微计算机的迅速发展，可编程控制器具有了自诊断功能，可靠性有了大幅度提高，在

1980 年被正式命名为可编程控制器（Programmable Controller，PC）。为了与个人计算机（Personal Computer，PC）区分，一般仍把可编程控制器简写为 PLC。国际电工委员会（IEC）在 1987 年 2 月颁布的可编程控制器标准草案将其定义为“可编程控制器是一种数字运算操作的电子装置，专为在工业环境下应用而设计。它采用可编程的存储器，用来在其内部存储执行逻辑运算、顺序控制、定时、计数和算术运算等操作的指令，并通过数字式、模拟式的输入和输出来控制各种类型的机械或生产过程。可编程控制器及其有关设备，都应按易于与工业控制器系统连成一个整体、易于扩充其功能的原则设计。”

2. PLC 的特点

（1）可靠性高，抗干扰能力强。对硬件，有隔离、滤波等措施；对软件，可设置故障检测与诊断程序、对用户程序及动态数据进行电池后备等。

（2）功能完善，适应性强。PLC 不需要专门的机房，可以在各种工业环境下直接运行。

（3）编程直观、简单。它没有采用微机控制中常用的汇编语言，而是采用了一种面向控制过程的梯形图语言。梯形图语言与继电器原理图相类似，形象、直观，易学易懂。

（4）安装简单，维护方便。由于采用模块化结构，因此一旦某模块发生故障，用户可以通过更换模块的方法使系统迅速恢复运行。

（5）体积小，重量轻，能耗低。PLC 是专为工业控制而设计的专用计算机，其结构紧密、坚固、小巧、抗干扰能力强。

3. PLC 的应用

近年来微处理器芯片及有关元件的价格大幅下降，PLC 的成本也随之下降，且 PLC 的功能大大增强，使 PLC 的应用越来越广泛，现已广泛应用于钢铁、水泥、石油、化工、采矿、电力、机械制造、汽车、造纸、纺织、环保等行业。PLC 的下端（输入端）为继电器、晶体管、晶闸管等控制部件，而上端一般是面向用户的微型计算机。人们在应用它时，不必进行计算机方面的专门培训，就能对可编程控制器进行操作及编程，以完成各种复杂程度不同的工业控制任务。PLC 的应用通常可分为以下 5 种类型：

（1）顺序控制。这是 PLC 应用最广泛的领域，取代传统的继电器顺序控制。

（2）运动控制。PLC 能提供拖动步进电动机或伺服电动机的单轴或多轴位置控制模块。

（3）闭环过程控制。PLC 能控制大量物理参数，如温度、压力、速度、流量等。

（4）数据处理。在机械加工中，出现了把支持顺序控制的 PLC 和计算机数值控制（CNC）设备紧密结合的趋向。

（5）通信和联网。为了适应近年来兴起的工厂自动化系统、柔性制造系统、集散型控制系统的发展需要，就必须发展 PLC 之间、PLC 与上级计算机之间的通信功能。作为实时控制系统，不仅对 PLC 的数据通信速率要求高，而且要考虑出现停电、故障时的对策等。

4. PLC 的分类

1）按 I/O 点数容量分类

一般来说，如果处理的 I/O 点数比较多，则控制关系比较复杂、用户要求的程序存储器容量比较大，要求 PLC 指令及其他功能比较多，指令执行的过程也比较快等，如

表6－1所示。

表6－1 PLC的类型比较

类别	I/O点数	用户程序存储器	功能	特点	典型产品
小型机	256点以下	4 KB以下	一般以开关量控制为主，某些还具有一定的通信和模拟量处理能力	价格低廉、体积小，适合于控制单台设备，开发机电一体化产品	Siemens公司的S7－200系列、OMRON公司的CPM2A系列、MITSUBISHI公司的FX系列、AB公司的SLC500系列
中型机	256～2048点	2～8 KB	开关量和模拟量控制；数字计算；通信功能和模拟量处理	指令比小型机丰富，适用于复杂的逻辑控制系统和连续生产过程控制场合	Siemens公司的S7－300系列、OMRON公司的C200H系列、AB公司的SLC500系列模块式PLC
大型机	2048点以上	8～16 KB	性能已经与工业控制计算机相当，具有计算、控制和调节的功能，还具有强大的网络结构和通信联网能力	监视系统采用显示器显示，能够表示过程的动态流程，记录各种曲线、PID调节参数图；配备多种功能，构成一个多功能系统；选择与其他PLC或上位机相连，组成过程控制、监控系统	Siemens公司的S7－400系列、OMRON公司的CVM1和CS1系列、AB公司的SLC5/05系列

2）按结构形式分类

按物理结构形式的不同，PLC可分为整体式（也称单元式）、组合式（也称模块式）两类。

（1）整体式结构。

整体式结构的PLC是将CPU、存储器、输入单元、输出单元、电源、通信端口、I/O扩展端口等组装在一个箱体内构成主机。另外，还有独立的I/O扩展单元等通过扩展电缆与主机上的扩展端口相连，以构成PLC的不同配置，与主机配合使用。整体式结构的PLC结构紧凑、体积小、成本低、安装方便。小型机常采用这种结构。整体式结构的PLC如图6－5所示。

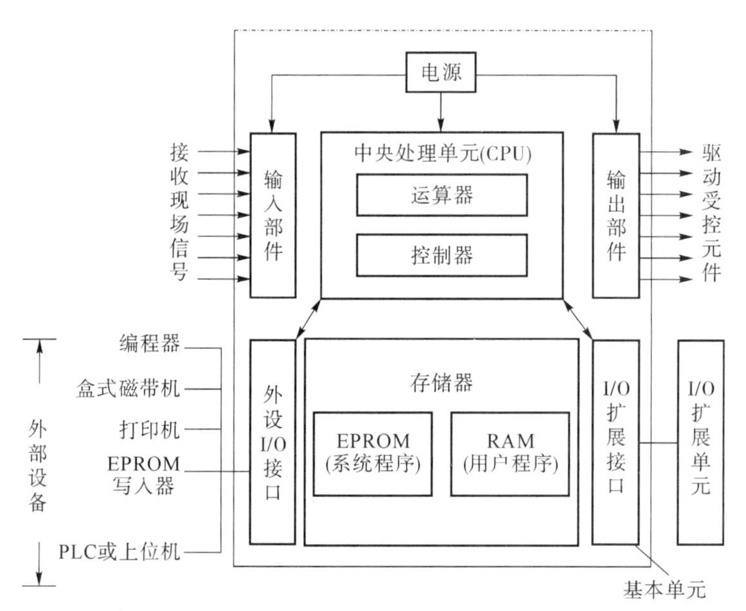

图 6-5　整体式结构的 PLC 组成示意

（2）组合式结构。

这种结构的 PLC 是将 CPU、输入单元、输出单元、电源单元、智能 I/O 单元、通信单元等分别做成相应的电路板或模块，各模块可以插在带有总线的底板上。装有 CPU 的模块称为 CPU 模块，其他称为扩展模块。组合式的特点是配置灵活，且输入接点、输出接点的数量可以自由选择，各种功能模块可以依需要来灵活配置。大中型 PLC 常用组合式结构，如图 6-6 所示。

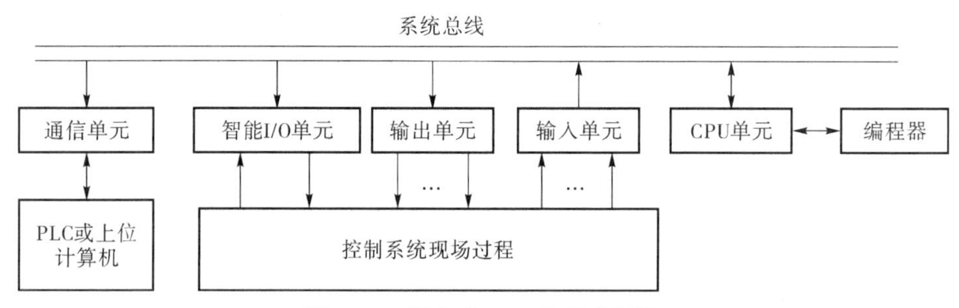

图 6-6　组合式 PLC 的组成示意

5. 工作原理

PLC 的工作过程实际上是周而复始地执行读输入、执行程序、处理通信请求、执行 CPU 自诊断、写输出的扫描过程。可以说，PLC 被看作在系统软件支持下的一种扫描设备，PLC 开机后，就一直循环扫描并执行系统软件规定好的任务。从扫描过程中的一点开始，经过顺序扫描又回到该点的过程就定义为一个扫描周期。

PLC 通电后，进行系统的初始化、清零 I/O 区，并且复位各定时器、检查 I/O 单元的连接情况等，在初始化的基础上开始进入系统的扫描周期。

PLC 的工作流程如下：

1）读输入扫描过程

CPU 对每个输入端子进行扫描，通过输入电路将输入点的状态锁入映像寄存器。根据信号的类型，经输入设备和电路，按不同的方式保存。

2）执行程序

CPU 在每个扫描周期都要执行该程序，即执行用户程序，同时可实现转移或其他控制。

3）与网络通信的扫描过程

PLC 之间或 PLC 与操作站之间的节点通信有存储转发式、广播式等。

4）自诊断扫描过程

为保证设备的可靠性及反映设备的故障，PLC 由看门狗定时器自诊断，每个扫描周期开始前都复位。

5）写输出扫描

CPU 的运算结果不直接送到实际输出点，而保存在内存中设置了存放运算结果的映像区，CPU 将映像区的内容集中转存到输出锁存器，然后传送到实际输出点。

一般来说，PLC 的一个扫描周期基本由以下 3 部分组成：

（1）保证系统正常运行的公共操作：这一部分的扫描时间基本是固定的，按计算机类型而有所不同。

（2）系统与外部设备的信息交换：这一部分并不是每个系统（或系统的每次扫描）都有的，占用的时间也是变化的。

（3）用户程序的执行：这一部分的扫描时间随控制对象复杂性决定的用户控制程序而变化，程序有长有短，扫描时间也就发生变化。

所以，系统扫描周期的长短，除了因是否运行用户程序而有较大的差异外，在运行用户程序时也不是完全固定不变的。如果程序的每条指令执行时间足够快，且整个程序并不长，使得每执行一次程序所占用的时间足够短，就能够满足实时控制的要求。

思　考　题

1. DCS 硬件体系主要包括哪几部分？
2. 简述 MCU 的主要技术指标和设计问题。

第7章
分布式控制系统的软件

7.1 高层管理软件

DCS的高级管理功能——制造执行系统（Manufacturing Execution System，MES），是为了保证产品的质量、数量和交货期，有效地使用工厂资源（即人力、机械、设备及原料等），综合管理工厂生产活动的软件系统，其面向车间层的生产管理技术与实时信息系统。MES强调制造计划的执行，它在计划管理层和底层控制之间架起了一座桥梁。MES的任务是根据上级下达的生产计划，充分利用车间的各种生产资源、生产方法和丰富的实时现场信息，快速、低成本地制造出高质量的产品，其生产活动涉及订单管理、设备管理、库存跟踪、物料流动、数据采集，以及维护管理、质量控制、性能分析及人力资源管理等。MES汇集了车间中用以管理和优化从下订单到产成品的生产活动全过程的相关硬件（或软件）组件，它控制和利用实时准确的制造信息来指导、传授、响应并报告车间发生的各项活动，同时向企业决策支持过程提供有关生产活动的任务评价信息。

流程工业的生产过程一般是连续的或成批的，需要严格的过程控制和安全性措施，具有工艺过程相对固定、生产周期短、产品规格少、批量大等特点。流程工业MES的含义：在获取生产流程所需全部信息的基础上，将分散的控制系统、生产调度系统和管理决策系统等有机地集成，综合运用自动化技术、信息技术、计算机技术、生产工艺技术和现代管理科学，从生产过程的全局出发，通过对生产活动所需的各种信息的集成来集控制、监测、优化、调度、管理经营及决策于一体，形成一个能适应各种生产环境和市场需求的、总体最优的、高质量、高效益及高柔性的现代化企业综合自动化系统，以达到提高企业经济效益、适应能力和竞争能力的目的。针对流程工业的特点，MES可采用开放性的、柔性的、可扩展的、模块化的、面向对象和应用的基于知识的体系结构。MES是一套完全集成并不断完善的生产管理软件套件，其中包括实时信息系统（数据获取、数据存储、数据分析、可视化监控及Web功能）、质量管理系统、设备维护管理系统、能源管理系统、批量管理系统、生产成本核算系统、生产调度系统等内容，如图7－1所示。其中，数据库及数据获取是整个系统的基础，其他组件是对数据库中数据的挖掘，以满足生产管理的不同方面的需要，是以生产调度组织为中心的生产管理辅助工具，可逐步实现。

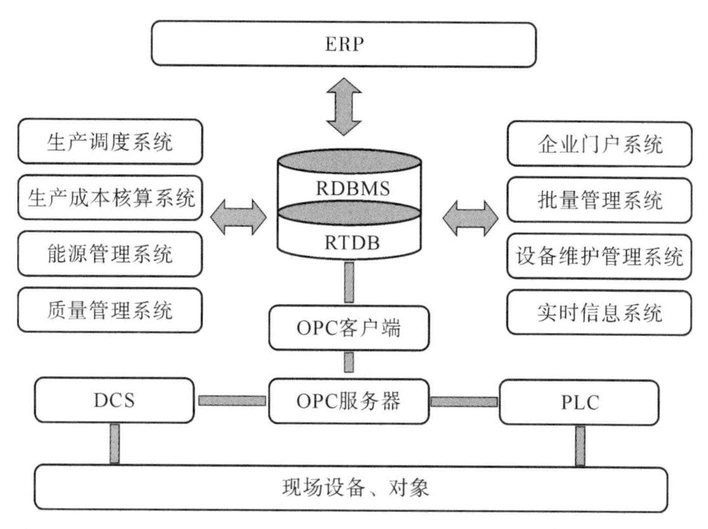

图7-1　MES主要功能模块

ERP—企业资源计划；RDBMS—关系数据库管理系统

MES从20世纪90年代初开始在国际上迅速发展，是面向车间层的生产管理技术与实时信息系统，是实施企业敏捷制造战略、实现车间生产敏捷化的基本技术手段。西方工业发达国家的实践表明，应用MES可为制造企业带来可观的经济效益，受益MES技术的制造行业涉及机械、电子、医药、化工及通信等领域。

1. 实时信息系统

实时信息系统可以提供丰富的为生产过程所需的全部实时信息。该系统从控制系统得到工业生产的有关数据后，存放到实时数据库，然后按照生产的需要进行整理、加工、计算，得到有用的信息，并以图形、表格等方式表现。例如，该系统可以提供各种监视操作图形，如企业生产全貌、区域全貌、区域趋势、单元趋势、报警汇总、运行日报、生产报表等，使生产管理人员得到充分的信息，对生产进行监视，以了解实时生产情况。实时信息系统是MES中最基础的一个系统，包括数据获取接口、实时数据库、生产数据分析工具、生产过程可视化工具等部分。

2. 质量管理系统

质量控制是企业生产管理的重要内容，是为了保持某一产品、过程或服务的质量所采取的作业技术和有关活动。产品是经过一道一道工序加工出来的，工序是产品形成的基本环境，每道工序的质量都会影响产品的质量，因此加强对工序的质量控制就成了企业生产过程质量控制的关键。统计过程控制（Statistical Process Control，SPC）是工序质量控制的重要内容和方法。

质量管理系统应提供实验数据采集功能，将实验数据为原料采集、生产过程控制与管理、生产技术管理、产品销售等活动共享，完成样品管理、样品跟踪、实验数据采集及质量标准管理等。统计过程控制（SPC）对关键的过程控制参数和质量检测参数进行监控，帮助操作人员提高生产操作水平、控制影响产品质量的参数，为提高品质控制提供支持。

3. 设备维护管理系统

设备维护管理系统包括以下几部分。

（1）设备基础信息管理：完成设备基础信息定义、设备层次结构的建立、设备台账信息维护、设备移动跟踪、设备连接关系说明、设备维修历史档案管理及设备文档的连接。

（2）工单管理：用于管理影响维护机构的所有任务、故障报告、准备、计划和最终报告。对所有报告的完整跟踪可为后续工作和分析提供全面的历史记录。

（3）预防性维护管理：包括单项预防性维护和检修路线性预防性维护，检修路线性预防性维护主要是指简单的、巡检性质的工作。对于重复性的维护工作，可通过建立预防性维护策略来减少工作量。预防性维护主要用于企业的计划性检修，如大修、小修及扩天性大修等。对于大修计划的项目，如果在下次大修中还要做，就可以建立该项目的预防性维护，每次大修时通过大修事件即触发产生相应的工单，因此可以把预防性维护形象地理解为创建工单的模板。预防性维护有 3 种触发条件——基于日历时间、基于检测点、基于事件，分别用于不同场合，同时系统也支持这 3 种条件的任意组合。

（4）大修技改等项目管理：系统可以涵盖大修技改项目的整个过程，如大修项目的启动、大修项目计划、大修项目实施、大修项目控制、大修项目收尾等 5 个阶段的全生命周期管理。

4. 能源管理系统

能源管理主要是对生产企业的水、电、气等公用工程的管理，其目标是保证工艺生产的正常进行，在异常情况下不影响（或减少影响）生产的进行，合理利用能源、节约能源，最大限度地降低生产成本，最大限度地降低对环境的污染。

能源管理系统为企业信息系统提供的信息包括：企业能耗成本；企业能耗定额；各部门、各车间能源消耗状况；耗能设备的状况；耗能设备的更新改造状况；能耗考核、奖惩信息；等等。能源管理系统的主要功能有：能源数据、物流数据、经营数据的采集与处理；编制及下达、调整旬、月、季、年度能源计划，制定企业能源平衡表；利用统计方法、经济方法和模拟方法，根据历史数据来预测未来变化趋势；通过报表、人机界面显示及报警方式来监视能源系统运行。

5. 批量管理系统

批量管理系统适合制药、冶金、精细化工、饮品及食品等批处理生产行业的需要，能提供完整的批量生产过程的历史记录，提供生产灵活性和可跟踪性。批量管理功能主要包括：图形化创建配方、生产工序和生产线；批量生产工艺管理；生产记录自动化；完整的生产过程历史记录；不同工艺之间的协调。

6. 生产成本核算系统

生产成本核算系统包括对直接材料成本、直接劳动及其他间接成本的核算。在进行核算时，应该尽量符合成本学科的理论。

7. 生产调度系统

企业的生产活动是按照生产计划进行的，生产计划的制订要考虑企业内部的生产能力和环境外部市场的情况及企业长期发展目标等因素。但生产计划的实施需要生产调度系统来完成，即对生产过程进行平衡与控制，并及时调整偏差。生产调度是指在满足装置设备和工艺要求的条件下，根据市场的需求，合理地、最佳地安排与组织生产过程，以提高过程系统的操作最优性，为企业带来显著的经济效益。

生产计划的制订，一般考虑的是静态情况，只有在生产因素比较稳定和比较理想时才能达到优化的预期目标。但生产过程是动态进行的，一些因素会发生变化。例如，原料供应延误产品发货期变化、能源供应不足、设备出现异常情况或发生故障等，还有外部因素如市场需求波动、运输不力等。这都会影响到生产作业计划的完成。因此，要求生产调度系统有一定的柔性，能适应生产过程中各种来自内部和外部的干扰，准确而灵活地完成生产作业计划的实施。生产调度系统的功能包括计划分解、动态监控和统计报表三部分。

7.2　控制层软件

7.2.1　控制层软件功能

控制层软件是运行于现场控制站的控制器中的软件，其基本功能可概括为 I/O 数据采集、控制运算及 I/O 数据的输出。有了这些功能，DCS 的现场控制站就可以独立工作完成本控制站的控制功能。除此之外，一般 DCS 控制层软件还要完成一些辅助功能，如控制器及重要 I/O 模块的冗余功能、网络通信功能及自诊断功能等。不同的 DCS 产品在辅助功能上区别较大，但在基本功能的实现上基本相同。

I/O 数据的采集与输出由控制器按照工程师站的硬件配置来实现，控制器接收工程师站下装的硬件配置信息，完成对 I/O 通道的信号采集与输出。I/O 通道信号采集后，还要有一个数据预处理过程，只有将这些信号进行质量判断并调理转换为标准量纲的工程值后，才能为控制运算程序使用。

DCS 的控制功能由控制器实现，是控制器的核心功能。在控制器中一般存储了各种基本控制算法，如 PID、微分积分、超前滞后、加减乘除、三角函数、逻辑运算、伺服放大、模糊控制及先进控制等控制算法程序，这些控制算法有的在 IEC 61131 – 3 标准中已有定义，更大一部分是 DCS 厂商多年行业经验积累下来的专有控制算法，这些专有控制算法的丰富程度、专业程度体现了 DCS 厂商在该行业领域的专业化水平。例如，Honeywell、Yokogawa 等公司在石化领域，原 Bailey、Westinghouse 等公司在火电领域。这些厂商有相当丰富的经验，积累了大量的行业专用算法，其 DCS 产品在这些领域都有较高的知名度。

通常，控制系统设计人员通过控制算法组态工具，将存储在控制器中的各种基本控制算法按照生产工艺要求的控制方案顺序连接，并输入相应的参数后下装给控制器，这种连接起来的控制方案称为方案页，在 IEC 61131 – 3 标准中统称为程序组织单元（Program Organization Units，POU）。控制运行时，运行软件从 I/O 数据区获得与外部信号对应的工程数据，如流量压力温度及位置等模拟量输入信号、断路器的断开设备的启/停等开关量输入信号等，并根据组态的方案页来执行控制运算，然后将运算结果输出到 I/O 数据区，由 I/O 驱动程序转换输出给物理通道，从而达到自动控制的目的。输出信号一般也包含如阀位信号、电流、电压等模拟量输出信号和启动设备的开/关、启/停的开关量输出信号等。控制运行软件一般针对每个控制方案，按照方案的组织逻辑关系来逐个执行程序组织单元（POU），并针对每个程序组织单元做如下处理：

（1）从 I/O 数据区获得输入数据。

（2）执行控制运算。

（3）将运算结果输出到 I/O 数据区。

（4）由 I/O 驱动程序执行外部输出，将输出变量的值转换成外部信号（如 4～20 mA 输出信号），并输出到外部控制仪表，以执行控制操作。

上述过程是一个理想的控制过程，事实上，如果只考虑变量的正常情况，该功能还缺乏完整性，因此该控制系统还不够安全。一个较完整的控制方案执行过程还应考虑各种无效变量的情况。例如，模拟输入变量超量程的情况；开关输入变量抖动的情况；输入变量被禁止扫描的情况；输入变量的接口设备（或通信设备）故障的情况；等等。这些情况将导致输入变量成为无效变量或不确定性数据。此时，针对不同的控制对象，应能设定不同的控制运算和输出策略。例如，可定义：变量无效则结果无效；保持前一次输出值（或控制）倒向安全位置；使用无效前的最后一次有效值参加计算；等等。

以上简要介绍了 DCS 自动控制的基本过程。目前，各知名的 DCS 在过程控制算法的功能和使用方法上相差不大。但在控制器结构、软件性能等方面，各 DCS 差别很大，主要体现在：控制器内算法的容量；控制器的运算效率、运算周期；算法编程语言的支持程度组态风格；变量类型的支持程度；有效性处理能力和使用限制方面的内容（如是否支持算法的在线无扰下装、是否支持网络变量、是否支持控制器冗余和无扰切换、是否支持在线工程和在线参数回读等）。有的 DCS 不支持在线下装，因此如果修改一个算法，就必须停止控制器的运行，待修改后的算法下装后，重新启动控制器运行；还有的 DCS 不支持网络变量，一个控制回路对象，其关联的信号必须接在同一个控制器（站），这给用户在灵活使用上带来很大不便，直接影响系统的可使用性。

7.2.2 DCS 控制器软件的一些评价要素

1. 控制器的能力与执行效率

一个控制器的能力与执行效率一般包括容量和速度两个方面的指标。在硬件资源（容量和性能）同等的条件下，由于软件设计上的优劣，其控制器的能力和运行效率会有很大的差异。

1）I/O 容量

I/O 容量是指单个控制器能够接入的 I/O 点数。例如，常规的控制器应能在不接扩展器的情况下接入 500 点以上。此外，更为细致的考核还应考虑同时接入模拟量的能力、同时接入开关量的能力、混合接入时各能接入多少。

2）控制算法容量

控制算法容量是指单个控制器可接入的控制对象数，可以以典型的控制回路（如 PID 调节回路数）或以开关量控制量作为参考因子来分别考虑。

3）采集数据的分辨率

采集数据的分辨率是保障采集数据实时性、内部计算同步精度和事件分辨时间精度的重要因素，一般有以下特性。

（1）模拟量采集周期。系统应能按照变量的物理变化特性来定义不同的采集周期，如流量、频率等快速反应的变量应设置成高速采样周期，材料温度类型的变量则采集周期可以设置得长一点。有的 DCS 可以定义最短为 50 ms 的模拟量采集周期。

（2）开关量采集周期和 SOE 分辨率。开关量采集周期也应分成两种。例如，运行设备跳闸是一种快速联锁反应的信号，一般应以毫秒级记录跳闸的顺序（一般称为 SOE），便于分析产生事故的真正原因。这类开关量信号的扫描周期必须小于 1 ms，或采用中断方式采集。一般表示开关状态的开关量可以按工艺要求定义稍长一点的采集周期，采集周期的大小反映信号在相关事件发生（如报警）时的时间精度。有的 DCS 可以定义最短为 25 ms 的开关量采集周期。此外，如果输入变量要参与控制运算，则采集周期应与控制周期匹配。

4）控制运算周期

控制方案在控制器的运行一般是按周期进行的。控制方案的运行周期直接影响控制的质量。通常，针对不同的工艺对象，应能根据不同的工艺特征来设置不同的控制周期，一个优秀的 DCS 应能按照控制方案的不同要求来灵活设置不同的运算周期。例如，开关量控制运算周期可分成 25 ms、50 ms、100 ms、125 ms、250 ms 等挡位，最短可达 25 ms；模拟量控制运算周期可分成 50 ms、100 ms、125 ms、250 ms、500 ms 等挡位，最短可达 50 ms。此外，系统还应具备根据工艺运行情况，在线动态修改控制周期或由工艺运行人员手动修改运算周期的能力。这样的设计可使得系统达到综合的最佳控制效率。

2. 可靠性与开放性

软件系统的可靠性除了要求软件逻辑本身正确以外，还要求软件可以抵抗外部环境的破坏，如网络攻击病毒等。在实际现场中，可能由于操作员（或工程师）操作不慎，操作员站（或工程师站）感染病毒，病毒不但会破坏本机，还会通过网络来攻击或尝试感染同一个网段里的控制器。这就要求控制层软件里的协议处理部分具有防火墙功能，最佳的处理方式就是在每个控制器前面加一个独立的防火墙。攻击性的网络数据包在防火墙这一层就会被过滤，从而避免对控制器造成影响。但是添加单独的防火墙会增加成本，因此可以通过软件的方式在控制器的底层协议里添加防火墙功能，避免网络攻击数据包消耗控制器有限的资源。

开放性是 DCS 发展的趋势，在一个 DCS 里，有可能用到很多其他厂家的仪表。每家 DCS 厂商都有支持的 I/O 总线，因此衡量一个 DCS 是否具备开放性主要看其能否兼容其他现场总线的设备，如 PROFIBUS – DP 模块、FF 仪表、Hart 设备等。

3. 控制器的运行管理和维护能力

控制器中运行的数据是从工程师站组态后下装到控制器中的。一般控制器中均提供静态随机存储器 SRAM，用来存储下装的数据和控制程序。数据和控制程序一次下装以后，如果没有变化，就不应每次启动都下装。但实际上，大多数控制系统都不可能做到一次下装后再也不修改。系统在运行过程中总是避免不了对组态进行修改或在线进行参数修改等情况。这时，作为控制层软件，必须能够配合工程师站或操作员站的在线下装、参数整定等功能。

1）控制系统数据下装功能

在早期的 DCS 控制器中，都是将程序和数据写入 EPROM，如果修改了程序或数据，便要将 EPROM 片子从控制器上拔下，通过 EPROM 写入器来擦除原有内容，并写入新的程序和数据。目前大多数 DCS 采用 SRAM 来存储程序和数据。计算机系统通过网络就可直接下装程序和数据，一般计算机控制组态完成后，经过与数据库联编成功，便可通过下装软件下装到控制器中运行。控制系统数据下装分为两种：一种是生成全下装文件，另一种是生成增量下装文件。全下装是全部组态数据编译后进行的全联编，联编成功后，进行系统库全部下装，这种下装模式需要对控制器重新启动；增量下装是只下装修改和追加部分的内容，在控制器中以一种增量方式追加在原数据库中。增量下装为一种无扰在线下装模式，不需要停止控制器的运行，便可实现对控制方案的修改。

2）在线控制调节和参数整定功能

算法组态时，一般定义的是初始参数；在现场调试时，需要根据实际工况来对参数进行整定。另外，自动控制系统在调试期间，一般要配合手动调节措施。一般控制器中均提供操作员对控制回路进行手动操作和对控制参数进行整定的接口。系统提供的控制调节功能是通过在流程图中开辟模拟调节仪表来实现的，如 PID 调节器、操作器、开关手操、顺控设备、调节门等。

3）参数回读功能

如上所述，控制系统在线运行时，控制方案中的参数可能在线修改。这种修改通过网络发送到控制器。为了保持这种修改与工程师站组态的一致性，系统应提供一种参数回读的功能。由工程师站请求控制器将运行参数读回到离线组态数据库，以保证再次下装不会改变现场参数。

4）站间数据引用功能

由于一个控制器接入的信号是有限的，而且可能因现场接线方便而将信号接到另一个控制器上，或者同一信号在不同控制器的不同控制方案中要用到，这就涉及站间引用的问题。如果一个 DCS 不能支持网络变量，即无法实现站间数据的引用，就会对工程应用的设计有着非常大的影响。例如，为了保证信号在另一个站中使用，可能要采用一个信号通过硬连接引入几个站而投入不必要的开销；或者通过上位机将数据转发到另一个控制器，这样导致的结果是方案组态时就必须知道信号所接入的控制器。另外，数据的实时性也难以具备站间引用的功能。因此，方案组态时，应不需要关注信号接入位置，系统能自动识别出非本站的信号，并自动产生站间引用表，发向信号源控制器，由信号源控制器自动更新引用站中的站间引用点。

4. 控制器层数据的一致性

在控制器层，数据一致性除了自身外，主要表现在主从控制器同步、站间引用。

1）主从控制器同步

在控制器冗余配置的系统中，主从控制器同时接收外部输入信号，装载的执行程序也相同，只要拥有相同的基础数据，就可以保持运算输出一致，虽然因相对定时而导致输出时间有差异，但不会超过一个执行处理周期（尽管从机实际不输出）。

由于主从控制器一般不能保证同时启动，因此主机要定时通过网络（或专用信道）向从机复制具有累计效应的中间数据，同步双机的基础数据。在从机启动后，一般经过几个周期，双机基础数据就可以达到一致。这种同步动作仍建立在串行化基础上，无论主机发送还是从机接收，均不能打断一个完整的计算过程。

2）站间引用

在某些现场，受地理位置、电缆走线等外部因素的影响，或有协调控制要求，会出现所谓“站间引用”的现象，即从一个 DCS 控制器采集或产生的信号要送到另一个 DCS 控制器。站间引用的处理与双机同步机制相似，只是传送的数据不同。

7.2.3 数据采集与数据预处理

DCS 的 I/O 系统至少应包括模拟量输入、模拟量输出、开关量及 SOE 输入、开关量输出、脉冲累计量输入及脉冲量输出等信号类型的输入/输出。DCS 的信号采集是指其 I/O 系统的信号输入部分，它的功能是将现场的各种物理量进行数字化，形成现场数据的数字表示方式，并对其进行数据预处理，最后将规范的、有效的、正确的数据提供给控制器进行控制计算。

现场数据的采集与预处理功能是由 DCS 的 I/O 硬件及相应的软件实现的。I/O 硬件的形式可以是板卡或独立模件，不论是 DCS 还是 PLC，其电路原理都基本相同。软件则根据 I/O 硬件的功能而稍有不同。早期的非智能 I/O 多为板卡形式，处理软件由控制器实现，而对于现在大多数智能 I/O 来说，数据采集与预处理软件由 I/O 板卡（模块）自身的 CPU 完成。DCS 中的数据采集设备框图如图 7-2 所示。

DCS 的数据采集系统对现场数据的采集是按确定的时间间隔进行的，而生产过程中的各种参数除开关量（如联锁继电器和按钮等只有开和关两种状态）和脉冲量（如涡轮流量计的脉冲输出）外，大部分是模拟量（如温度、压力、液位和流量等）。由于计算机所能处理的只有数字信号，所以必须确定单位数字量所对应的模拟量大小，即模拟信号的数字化问题，而信号的采样周期实质上是时间的数字化问题，因此信号采集所要解决的主要是这两个问题。

此外，为了提高信号的信噪比和可靠性，并为 DCS 的控制运算做准备，还必须对输入信号进行数字滤波和数据预处理。

1. 模拟量数据的采集和转换过程

在实际应用中，一个来自传感器的模拟量物理信号（如电阻信号、非标准的电压及电

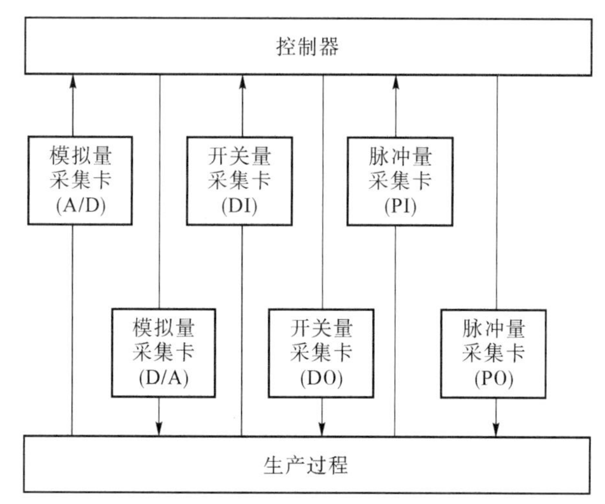

图 7－2　DCS 中的数据采集设备框图

流信号等）一般要经过变送器转换为标准的 4～20 mA 信号，才能接入 DCS 的信号采集卡（模块）的模拟量输入通道上。在信号采集卡（模块）上一般有硬件滤波电路，电信号经过硬件滤波后接到 A/D 转换器上进行模拟量到数字量的转换。A/D 转换后的信号已是二进制数字量，数字量的精度与 A/D 转换器的转换位数相关，如 16 位的 A/D 转换器转换完的数值范围为 0～65535。然后，由软件对 A/D 转换后的数据进行滤波和预处理，再经工程量程转换计算，转换为信号的工程量值。

转换后的工程量值既可以是定点格式数据，也可以是浮点格式数据。在早期的 DCS 中，受限于当时的 CPU 技术和成本，控制器中的 CPU 往往不带浮点协处理器，为了保持控制器软件运算的效率，采用定点格式为多。但目前，一般的 CPU 中基本都已带有浮点协处理器，且 CPU 的运算速度已大大提高，为了保证更高的计算精度，采用浮点格式表示数据的更为普遍。

工程量值的转换方法在不同的 DCS 中也有所不同。在传统的 DCS 中，首先将量程范围定为 0～100 的相对工程值，然后进行控制运算，运算结果也是一个相对工程值，而与物理量的量纲对应的实际工程值则由 DCS 的 HMI 部分经二次转换实现。现在多数 DCS 直接将各种模拟量转换为与其实际物理量的量纲对应的工程值，在控制器中使用实际物理值进行控制运算，因此运算结果也是实际物理值。这两种处理方法各有利弊，使用中的主要差异体现在控制调节的参数整定上。对同一个控制对象，使用不同的转换方法，控制调节的参数也会有所不同。

2. 信号采集的主要处理

1）采样周期的选择

对连续的模拟信号，A/D 转换按一定的时间间隔进行。采样周期 T_s 是指两次采样之间的时间间隔。从信号的复现性考虑，采样周期不宜过长，或者说采样频率 ω_s 不能过低。根据香农采样定理，采样频率 ω_s 必须大于或等于原信号（被测信号）所含的最高频率 ω_{max} 的两倍，数字量才能较好地包含模拟量的信息，即

$$\omega_s \geq 2\omega_{max}$$

从控制角度考虑，系统采样周期 T_s 越短越好，但是这受到 DCS 整个 I/O 采集系统各个部分的速度、容量和调度周期的限制，需要综合 I/O 模件上 A/D 和 D/A 转换器的转换速度、I/O 模块自身的扫描速度、I/O 模块与控制器之间通信总线的速率、控制器 I/O 驱动任务的调度周期，才能准确计算出最小 T_s。在 DCS 中，I/O 信号的采样周期是一个受软硬件性能限制的指标。尤其是在早期的 DCS 中，CPU 等半导体器件的速度还相对较低、A/D 器件价格高昂而不得不使用一个 A/D 转换器来实现许多个通道信号的采集。因此，采样周期对 DCS 的负荷存在较大影响，在实际应用中，往往需要将 I/O 信号的扫描周期以秒为单位分成不同的几挡，以减小对系统的影响。随着半导体技术的进步，CPU、A/D（D/A）转换器等器件的速度及软件效率的提高，I/O 采样周期对系统负荷的影响已减小很多，软硬件本身在绝大多数情况下已不再是信号采样的瓶颈，一般来说，对采样周期的确定只需考虑现场信号的实际需要。

对现场信号的采样周期应考虑以下几点：

（1）考虑扰动信号变化的频率。频率越高，采样周期应越短。

（2）考虑对象特性。当对象纯滞后比较大时，可选择采样周期大致与纯滞后时间相等。

（3）考虑控制质量的要求。一般来说，质量要求越高，采样周期应选得越小。

除上述情况以外，采样周期的选择还会对控制算法中的一些参数产生影响，如 PID 算法中的 K_I 及 K_d。

一般来说，大多数工业对象都可以看成一个低通滤波器，对高频的干扰都可以起到很好的抑制作用。对象的惯性越大，滤除高频干扰的能力就越强。原则上，反应快的对象，其采样周期应选小些；反应慢的对象，其采样周期应选大些。表 7－1 列出了对于不同对象的采样周期所应选择的经验数据，有助于我们初选采样周期，然后通过实验来确定合适的采样周期。

表 7－1　采样周期 T_s 的经验数据

被控变量	流量	压力	液压	温度	成分
采样周期/s	1～5	3～10	5～8	5～20	15～20
常用值/s	1	5		20	

2）模拟信号的数字化处理

由于计算机只能接受二进制的数字量输入信号，而生产过程的各类信息除少数为开关量（如继电器的吸与放、开关的开与合等）和脉冲量（如涡轮流量计的输出信号等）外，绝大部分信息（如温度、压力、流量及液位等变送器输出）都是模拟量。这些模拟量在送往计算机之前必须经过 A/D 转换器转换成二进制的数字信号。这就涉及 A/D 转换器的转换精度和速度问题。

显然，A/D 转换器的转换速度不能低于采样频率 ω_s，采样频率越高，则要求 A/D 转换器的转换速度越快，现在 A/D 转换器转换芯片的转换速度都在微秒级，所以这一点现在不用过多考虑。

A/D 转换器的转换精度则与 A/D 转换器的位数有关，位数越高，则转换的精度越高，A/D 转换器的转换精度可以用分辨率来表示：

$$分辨率 = 1/2^N - 1 \quad (7-1)$$

式中，N——A/D 转换器的位数。

一旦 A/D 转换器的位数已定，那么系统的测量精度就不可能高于式（7－1）中的分辨率。例如，8 位 A/D 转换器的分辨率 K 是 0.39%，而 16 位 A/D 转换器的分辨率 K 应是 0.015‰。

3）数字滤波

为了抑制进入 DCS 的信号中可能侵入的各种频率的干扰，通常在模拟输入模块入口处设置硬件模拟 RC 滤波器。这种滤波器能有效抑制高频干扰，但对低频干扰滤波不佳，而数字滤波对此类干扰（包括周期性和脉冲性干扰）却是一种有效的方法。

所谓数字滤波，就是用数学的方法通过数学运算来对输入信号（包括数据）进行处理的一种滤波方法，即通过一定的计算方法来减少噪声干扰在有用信号中的比例，使得送往计算机的信号尽可能是所要求的信号，由于这种方法是靠程序编程来实现的，因此数字滤波的实质是软件滤波，这种数字滤波的方法不需要增加任何硬件设备，是廉价且有效的，由程序工作量比较小的 I/O 模块中的 CPU 实现。

数字滤波可以对各种信号（甚至很低的信号）进行滤波，这就弥补了 RC 模拟滤波器的不足。而且，由于数字滤波稳定性高，各回路之间不存在阻抗匹配的问题，易于多路复用，因此其发展很快，目前很多工业控制领域都在使用。

数字滤波的方法很多，各有优缺点，往往要根据实际情况来选择不同的方法，下面给出了几种工业生产过程中经典的数字滤波方法。

（1）变化率限幅滤波法。

在现场采样中，大的随机干扰（或由于变送器可靠性欠佳所造成的失真）将引起输入信号的大幅跳动，这会导致计算机控制系统的误动作。对于这一类干扰，可采用下面的判断程序去伪存真：将两个相邻的采样值进行比较，假如差值过大，超出该变量可能变化的范围，则认为后一次的采样值是虚假的，应予舍去，仍将上一次采样值送往计算机。相应的判断程序如下：

① $|y(n)-y(n-1)| \leq \Delta y_0$，将 $y(n)$ 送入计算机。

② $|y(n)-y(n-1)| > \Delta y_0$，将 $y(n-1)$ 送入计算机。

这种方法的关键在于 Δy_0 的选择，而 Δy_0 的选择主要取决于被控变量 y 的变化速度。如果该变量的变化速度为 u_y，采样周期为 T_s。则

$$\Delta y_0 = u_y \cdot T_s$$

这种滤波方法又称为变化率限幅滤波。

（2）递推平均滤波（又称算术平均滤波）。

当测量脉动信号（如管道中的流量或压力信号）时，变送器输出信号会出现频繁的振

荡，这将导致控制算式输出紊乱、执行器动作频繁。这不仅严重影响控制质量，还会使控制阀磨损过度而减少其使用寿命。对于此类信号的滤波，通常可采用递推平均的方法，即第 n 次采样的 N 项递推平均值取第 $n, n-1, \cdots, n-N+1$ 次采样值的算术平均值。相应的递推平均算式为

$$y(n) = \frac{1}{N}\sum_{i=0}^{N-1} y(n-i) \tag{7-2}$$

式中，$y(n)$ ——第 n 次采样的 N 项递推平均值；

$y(n-i)$ ——依次向前递推 i 项的采样值；

N——递推平均次数。

N 的选择对采样平均值的平滑程度与反应灵敏度都有直接影响。若 N 选得过大，则虽然平均效果较好，但占用机器时间长，且对变量变化的反应很不灵敏；若 N 选得过小，则效果不明显，特别是对脉冲性干扰不明显。N 究竟选多大合适，要视生产实际情况而定，一般按经验来确定 N 的取值。通常，流量取 $N=12$，压力取 $N=4$，液位取 $N=4\sim12$，温度若无显著噪声则可以不加滤波处理。

（3）加权递推平均滤波。

在有些场合，对递推平均滤波的各项分别乘以不同的系数（即给予各次采样值以不同的重视程度），再取平均值，可以获得更好的效果，这就是加权递推平均滤波。其表达式为

$$y(n) = \frac{1}{N}\sum_{i=0}^{N-1} \alpha_i y(n-i) \tag{7-3}$$

式中，α_i——加权系数，$0 \leqslant \alpha_i \leqslant 1$，$\sum_{0}^{N-1} \alpha_i = 1$；

其他符号同前。

（4）中位值法滤波。

中位值法就是当采集某个变量时，连续采集三次以上，从中选择大小居中的那个值作为有效测量信号送往计算机。中位值法对于消除脉冲干扰或机器不稳定造成的跳码现象相当有效，但对于像流量这样的快速过程不宜采用。

中位值法能消除干扰的解释是：如果三次采样值中有一次混入了脉冲干扰，那么混入的干扰只有两种可能，即采样值比正常值大或者比正常值小，不可能居中。因此，经滤波后混入的脉冲干扰会被过滤，如果三次采样中有两次混入了干扰，而它们的极性相反，则根据中位值法定义，干扰就可被过滤，只有当这两次干扰的极性相同时，干扰的影响才得以进入计算机，但这种情况的概率很小。

3. 数据预处理

经过 I/O 硬件和与之配套的信号采集软件的采样，计算机系统采集到的是 12 位或 16 位数字信号，其对应的二进制值为 0 ~ 4095 或 0 ~ 65535（当然还可采用各种不同分辨率的 A/D 转换块，得到更高精度的原始数据，但对工业过程的控制来讲，12 位 A/D 转换块已能满足精确度要求），在将这些数据参与控制运算之前，还需要对这类数字信号进行预处理。

数据采集处理一般包括以下几方面具体内容。

1）I/O 信号数据的读入

根据被测参数的性质和大小对信号进行分类，将各类模入量按照规定的各自采样周期送入计算机内存。当模入采用一个 A/D 转换器而采用多点切换开关采样时，为使各回路和数据读入工作正确，在编制模入程序时，有必要检验单位时间内读入计算机的数据数目是否超出允许值，即

$$\frac{a_1}{T_{a_1}} + \frac{a_2}{T_{a_2}} + \frac{a_3}{T_{a_3}} + \cdots + \frac{a_n}{T_{a_n}} \leqslant \frac{1}{t_s}$$

式中，$T_{a_1}, T_{a_2}, \cdots, T_{a_n}$——各类模入量的采样周期，送入计算机内存；

$a_1, a_2, \cdots, a_n$——各类模入量的数目；

t_s——A/D 转换器完成一次转换占用的时间。

由于各模入量的采样周期不同，因此采样时应按大周期、小周期的方式安排。

2）模拟量超电量程检查

通过检查模入数据是否超过了允许的电量程，就可以判断信号输入部件（如变送器、I/O 模块等）是否出现故障，一旦出现采集故障，程序将自动禁止扫描，以防硬件电路故障的进一步扩大，同时产生硬件故障报警信号，通知操作人员进行维护。

对每个模拟量输入信号，均应设置电量程的上下限，用于进行有效性检查。一般采用 3 个级别的电量程上下限。

（1）正常限值：表明对物理信号的测量范围。

（2）电信号的允许范围：表明虽然电信号超出了测量范围，但还在允许范围之内。这可能是变送器出现故障或干扰所致，一般称测量范围和允许范围之间的区域为超量程死区。

（3）电信号超出了允许的范围：这表明模拟量的采集回路出现了故障。

在数据采集完成后，将输入的电压信号与电量程进行比较，数据将属于以下 3 种质量特性之一。

（1）有效数据：在量程范围内。

（2）可疑数据：超过量程但在允许范围内（超量程死区）。

（3）无效数据：电量程超出允许范围。

模拟量超量程检查示意如图 7－3 所示。

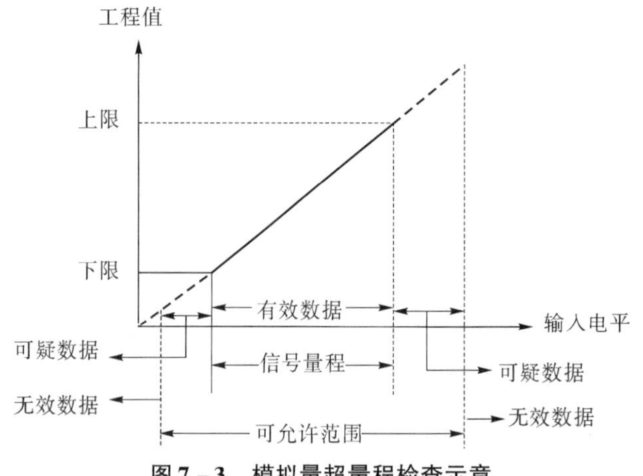

图 7－3　模拟量超量程检查示意

3）模拟量变化率超差检查

在信号的周期采集中，保留上一周期的采集值，将本周期采集值与上一周期采集值进行比较，计算周期变化率（工程值/s）。如果该变化率大于变化率限值，且该数值可根据各现场信号的不同特性来设置（如温度信号变化率限制就应该低于压力信号），则认为变化率超差。输入信号的变化率超差，也可以认为是信号输入部件（变送器，I/O 模块等）出现故障。

4）模拟量近零死区处理

在某种情况下，一个输入信号的值应该是 0，但由于 A/D 转换的误差或仪表的误差导致该值不是 0，而是接近 0 点附近的某个值（如流量信号没有流量通过时），则认为模拟量近零死区。当扰动处于近零死区（$-\varepsilon,\varepsilon$）时，将量值强置为 0。

小信号切除限值 ε 可根据实际现场信号情况设置，如图 7－4 所示。

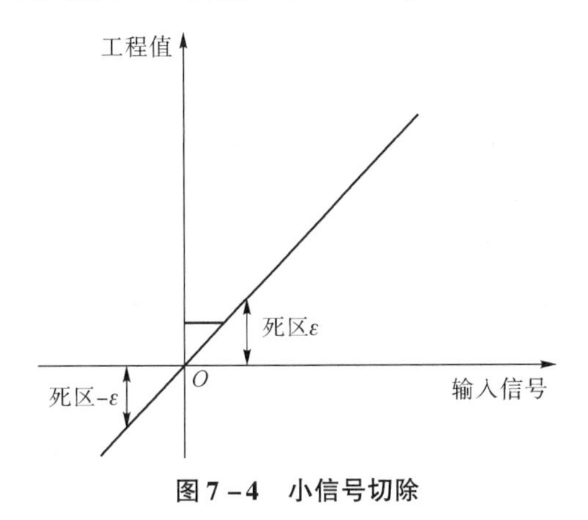

图 7－4　小信号切除

5）模拟信号工程单位变换

工程单位变换类型由数据库组态定义，系统应包括以下几种工程单位变换类型。

（1）线性变换。

线性变换按照工程上下限和电量程上下限由系统自动实现，模拟量线性变换如图 7－5 所示。

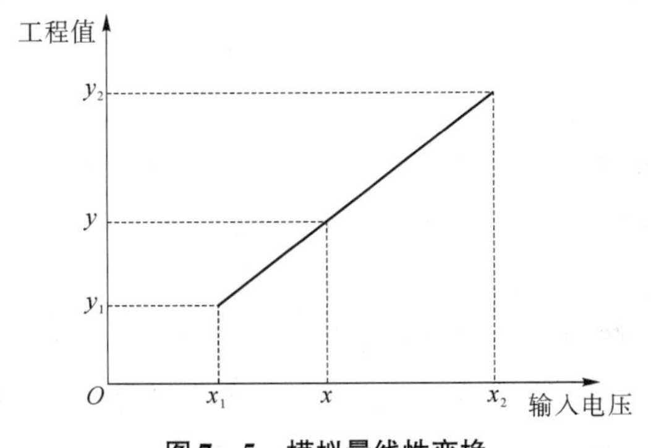

图 7－5　模拟量线性变换

模拟量线性变换式为

$$y = y_1 + \frac{y_2 - y_1}{x_2 - x_1}(x - x_1)$$

式中，x_1——信号下限（电压值）；

x_2——信号上限（电压值）；

y_1——测量下限；

y_2——测量上限；

x——采样值；

y——转换后的工程量。

（2）热电偶工程单位变换。

热电偶作为一种主要的测温元件，具有结构简单、制造容易、使用方便、测温范围宽、测温精度高等特点。但是，热电偶输出热电势与温度之间的关系为非线性关系。此外，热电偶的输出热电势与冷端和热端温度有关，而在实际应用中冷端的温度是随着环境温度而变化的，故需进行冷端补偿。为了进行冷端补偿，一般要在热电偶冷端部位安装测量冷端温度的采集点。热电偶温度变换过程如下：

第 1 步，将采集的机器码按量程范围线性化变换成电信号值。

第 2 步，用冷端点的温变值反查热电偶分度表，获得冷端点温度对应于热电偶的电信号值。

第 3 步，将第 2 步中获得的电信号值补偿到采集的热电偶电信号上。

第 4 步，查补偿后的热电偶电信号分度表，得到实际的温度值。

（3）热电阻工程单位变换。

热电阻温度信号工程单位变换过程如下：

第 1 步，将采集的机器码按量程范围线性化变换成电信号值。

第 2 步，根据给定的桥路电压、桥臂电阻值及采集的电信号值计算出热电阻值。

第 3 步，由电阻值查热电阻分度表得到分段线性插值，求温度值。

（4）非线性变换。

非线性变换由组态工具定义计算公式，主要包括：分段计算；流量信号温度压力非线性补偿计算；指数公式；对数公式；多项式计算（公式）。

（5）模拟量信号数字滤波。

如本节所述的各种数字滤波方法，均可去掉混入信号的各种干扰。此外，还可采用屏蔽、接地等方法来提高输入装置的共模抑制比，以削弱由信号传输线混入的干扰。

（6）模拟量信号上下限检查与报警。

将读入数据（或经过中间计算处理的数据）与某预定的上下限值进行比较，如果超出规定范围则报警。不是所有变量都要进行上下限检查与报警，这要视该变量在生产过程中的重要性来决定。注意：这里的上下限检查与超量程检查不同，超量程检查是对 A/D 转换产生的二进制码进行检查，只与数据采集有关，而上下限检查则是对经过工程量变换后的工艺值进行检查，是与控制直接相关的。

（7）开关量输入信号采集及预处理。

开关量输入信号是表示设备状态的信号。开关量信号一般都是两位式的，即一个信号只有“开”和“关”两种状态，在软件上用 1 位即可表示；也有多位式开关量，采用多位组合来表示设备的多种状态。多位式开关量的采集有硬件 I/O 实现和软件实现两种方法。软件实现就是通过组态编程实现，灵活性较大、修改方便，但相对硬件 I/O 实现在速度上会慢些，有时现场状态的改变需要两个 I/O 扫描周期的时间才能反映出来，这会有系统误读设备状态的风险。

开关量的输入一般是按模板接入的开关量通道数来成组采集的。例如，一个开关量采集板配置 16 个通道，则每次采集到的是 16 个开关量的状态。

开关量信号的采集，一般按照应用特点可分为快速采集信号、一般采集信号两种采集方式。一般开关量的采集周期只要能满足控制运算周期要求（或监视要求）即可，如可以设置成 50 ms、100 ms、250 ms 等。

快速采集的开关量的要求比较高，因为快速采集开关量一般用于记录事件顺序（Sequence Of Event，SOE），以分辨开关量状态变化发生的先后顺序。目前大多数 DCS 的硬件模块都具备时钟功能，为了能够识别事件顺序，一般由板级软件打上时间戳，连同状态同时发送到控制器。

DCS 一般在开关量的板级电路上设计消抖电路，以排除信号的干扰抖动。此外，有的 DCS 还能从软件上抑制因物理设备摆动（如接触不良导致的开关量状态频繁变化）的情况。这种抑制信号抖动的策略可以由用户组态来定义。定义策略如下：

当某个开关量的状态在 M 秒（或分钟）内跳变次数大于 N 次时，则认为该开关量处于抖动状态；当处于抖动的开关量状态稳定 1 秒（或分钟）不再变化时，就解除该开关量的抖动状态。

（8）脉冲量信号的量化。

脉冲量信号是指由脉冲发生器（如流量计、电表等）产生的脉冲信号，其采集的硬件电路与普通开关量采集电路基本相同，区别在采集软件的处理上，脉冲量信号采集后，需要根据脉冲量类型（一般分为累计型脉冲和频率型脉冲）及相关参数（脉冲当量）做转换处理，得到脉冲量的工程量。当量转换后的处理与普通模拟量相同。

4. DCS 控制器上的实时数据组织和管理

控制器实时数据区指的是控制算法里用到的变量在内存里占用的区域，包括工作数据区、输入数据区、输出数据区、冗余数据区等。

（1）工作数据区：即一般意义上的实时数据库的数据部分，保存实时采样数据（有工程含义的或无工程含义的）、运算中间结果、控制参数，也可能包括控制程序执行的堆栈区或临时工作区，这些都按配置要求预先分配好大小，以内存数据区形式存在。

（2）输入数据区：是 I/O 子系统与执行处理子系统之间传递实时采样数据的中转站。I/O 子系统完成真正的数据采集，将结果暂存到输入数据区，执行处理子系统每次都从输入数据区接收新数据，然后进行后续计算。输入数据区的内容完全是外部信号在计算机内的真实反映。

(3) 输出数据区：与输入数据区类似，是I/O子系统与执行处理子系统之间传递输出数据的中转站。执行处理子系统每次完成一个控制运算后，都将输出结果放到输出数据区，再由I/O子系统完成真正的数据输出。

(4) 冗余数据区：对于一些重要数据（如与控制逻辑相关的、参与控制逻辑运算且带有中间状态或累计值的变量数据和中间结果等），需要单独存储在内存的固定区域（即冗余数据区），当工作机与备份机通信时，由工作机把这片数据区复制给备份机，以保证在发生故障切换时，备份机能够在此时点的实时数据基础上继续运行。

工作数据区的长度受限于内存及系统里所支持的POU（程序组织单元IEC 61131－3）个数，大部分支持上兆字节的长度。冗余数据区的长度在很大程度上受限于冗余数据链路的吞吐率，冗余数据长度过大会导致主机在一个周期里不能把数据全部备份到从机，冗余数据长度过小会导致主/从机切换时数据不一致，导致冗余切换扰动，一般系统支持上百KB。输入数据区与输出数据区的长度与系统最大的I/O容量有关，一个模拟量点最大占用4字节，而1个开关量点只占用1位。占用字节数最多的是SOE点，1个SOE点会占用约10字节。一般的系统，输入数据区与输出数据区的长度约为10 KB。

在一个POU控制算法里，一般会用到输入数据区、工作数据区、输出数据区，有时还会包含冗余变量。在逻辑算法组态编译下装的二进制代码里，对每个变量的访问已经转为对内存绝对地址的访问。同时，会生成一张用于记录每个点所在内存位置、长度的符号表。控制运算指令执行时，直接访问相关的内存地址即可。与HMI通信时，HMI首先需要获取符号表，此符号表里记录了控制器每个数据点的长度、数据点在内存中的地址，以及数据点的名称。由于HMI需要的数据点只是符号表里所有点的一个子集，因此还要定义一张变量表给控制器，此变量表记录HMI所关心的点，每个数据点的格式与符号表一样。当控制器周期性地与HMI通信时，控制器遍历变量表，并根据变量表里的长度与起始地址从内存获取相应的数据，然后传输给HMI。

由于数据区可能会在多个POU里调用，因此工程组态时如果是多任务方式，那么对于数据区的访问必须进行同步，以免发生共享冲突，同时应尽量避免在不同的任务里调用同一个POU。

5. DCS控制器的任务结构及控制处理

1) DCS控制器的一般任务结构

DCS控制器运行在实时操作系统上，应至少由以下子系统组成。

(1) 控制器管理子系统。

控制器管理子系统完成控制器运行环境和数据的初始化和状态总控。可能的主要功能包括以下内容：

①控制器引导和初始化，如设置网络参数分配资源及启动相关任务等。

②从自己的文件系统或网络上下载配置数据，如I/O通道配置、控制方案、各种通信符号表，以及动态数据的初始值设置等。

③根据执行监督子系统的诊断结果控制任务的启停，并向外部输出控制器的整体运行

状态。

④响应上位机的命令，完成配置数据的在线下装数据回读等工作。

⑤关键数据的备份，用于控制器异常（如掉电）重启或主从控制器切换时的控制输出干扰。这些关键数据指的是与控制逻辑相关的，尤其是参与控制逻辑运算且带有中间状态或累计值的变量数据和中间结果，以及操作员可能在线调整的参数。这一步工作必须与执行处理子系统的执行严格同步。

（2）调度子系统。

调度子系统完成任务的定时调度。通常这一部分以一基准执行周期接收时钟中断，根据调度表，通过控制内部计数器来安排所注册的周期，执行任务的下一次启动时间。调度子系统控制控制器内多任务相对确定的执行顺序和稳定的执行负荷。正常运行时，由周期调度任务按配置好的调度时间表设置各任务的启动条件，确保整个控制器的执行确定性。

（3）执行处理子系统。

执行处理子系统是控制器的功能执行主体，主要完成控制运算和数据传输功能。按照调度节拍，每次执行一个“接收新数据—计算—发送新数据”的循环，即每个执行周期都从 I/O 子系统的采集部分接收最新的采样数据（可能完成必要的量程变换，把“生”数据转换为有工程意义的“熟”数据），然后按照控制方案进行运算，最后把运算结果发送给 I/O 子系统的输出部分（发送前进行必要的数据变换），由 I/O 子系统把输出信号真正输出到外部设备。对上位机来的一般命令的响应在这一子系统中真正执行。

（4）冗余子系统。

冗余子系统完成冗余功能。目前大部分 DCS 采用双机热备份冗余方案，包括以下子功能：

①系统初始化时，双机抢主控权：当双机同时上电时，通过一定的抢主原则来判断谁是工作机，谁是备份机。

②数据备份：在周期性执行控制运算后，工作机把需要冗余的数据备份到备份机。

③主从同步：在周期性执行控制运算时，要求工作机与备份机按照相同的节拍进行运算。

④双机诊断与切换：主从双方通过一定的公共电路来监控对方的状态，在工作机出现故障后，备份机切换为工作机，可以无扰地进行运算输出。

（5）I/O 子系统。

I/O 子系统由一组驱动程序组成，完成与过程 I/O 设备的交互。

（6）通信服务子系统。

通信服务子系统完成与上位机操作站的信息通信和数据交互，包括数据上传、参数设定等。

（7）执行监督子系统。

执行监督子系统完成各种故障诊断和控制器异常处理，包括错误记录。

（8）校时子系统。

校时子系统完成各个现场控制站之间的精确时间同步，一般应达到站间的时间误差不超过 1 ms，以保证全系统 SOE 记录的正确性。

图 7－6 大致描述了一个典型 DCS 控制器的软件构成和主要数据区，黑框表示与实时数据管理有关的软件子系统。

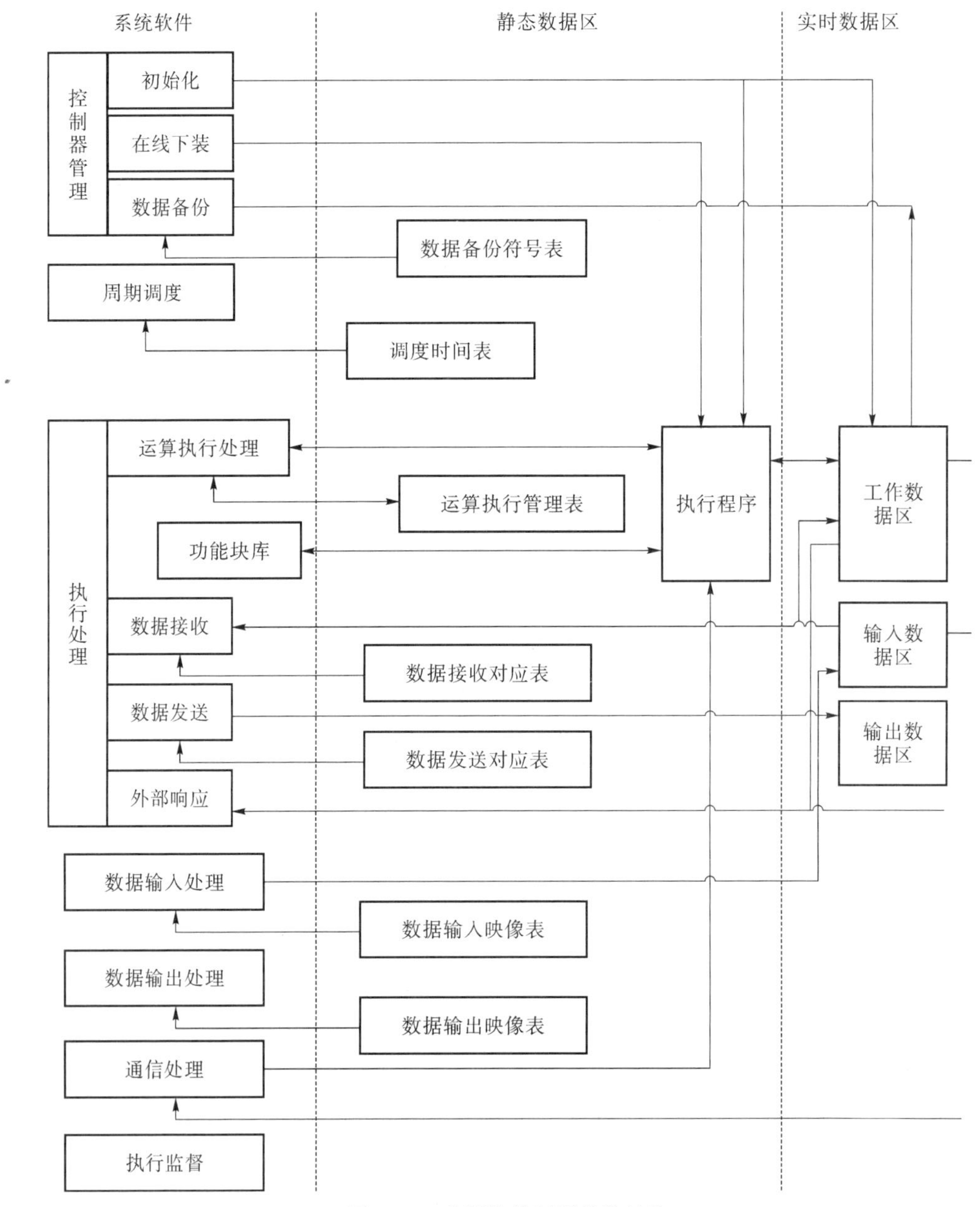

图 7－6　典型的控制器软件结构

图 7－6 中左边列出了控制器系统软件的主要部件，它们以任务的形式运行在操作系统之上；中间一列为静态数据区，即不随系统运行而改变的数据，包括各种配置程序编译好的表和控制方案的执行程序；右边一列为主要的实时数据区，这部分也包含了所有执行

程序运算所需要的参数。

控制器的主要数据区包含以下内容。

(1) 数据输入/输出映像表：存储控制器内部单元与外部通道地址的对照表，还包括各种I/O通信参数，供驱动程序使用。注意：内部单元的名称可以和DCS数据库的点名/变量名共用一个名称空间，也可以是两个独立的名称空间。采用独立名称空间一般可能增加配置工作量，但却维护了通道独立性，方便DCS数据库的在线修改（如在现场由于某个通道硬件出现问题，需要把接入信号转到一个预留通道），因此是比较好的方案（如IEC 61131-3标准规定了“映射硬件地址全局变量”的概念）。

(2) 数据接收/发送对应表：存放DCS数据库点标识与外部通道标识的对应关系，执行处理子系统每次根据表中的内容来实现对输入/输出数据区的寻址，将新数据从输入数据区读出，或者把计算结果送入输出数据区。

(3) 运算执行管理表：存储控制方案的执行管理信息，如执行程序的计算使能标志等。

(4) 数据备份符号表：保存关键数据的标识索引表，用于定期把这些关键数据保存到文件系统或从控制器，避免控制器重启或主从切换时出现输出扰动。该表的内容是预先配置，应综合控制器的整体实时性、数据一致性、在线修改和串行化处理要求，一般不建议此表做得很大。

2）控制器的串行化处理

串行化是对数据完整性而言的，即在数据的获取、计算、存储、传输和输出的整个过程中，不希望插入与这一处理过程无关的任何数据读/写操作。以下这个例子可以说明串行化处理的必要性：如果一个控制程序在执行到一半时被定时数据备份任务打断，就会出现控制逻辑不一致的数据被保存，这样的数据如果用于以后的系统重启动，特别是被打断的程序的后一半对前一半有反馈或有延时等与时间相关的动作时，就会产生输出扰动，严重的可以使控制程序处于永久失效状态。

因此，确保控制器的串行化处理十分有必要。在设计控制器程序时，应该尽量保证系统单任务运行、串行化执行，避免由于引入多任务带来的数据保护与不一致问题。图7-7所示为控制器串行执行序列的一个参考图（以程序组织单元为单位），这一串行执行处理流程最好由一个单个任务完成，如果不能做到由单任务完成，则各任务之间必须按任务优先级（或操作系统的任务间通信资源）进行严格同步。

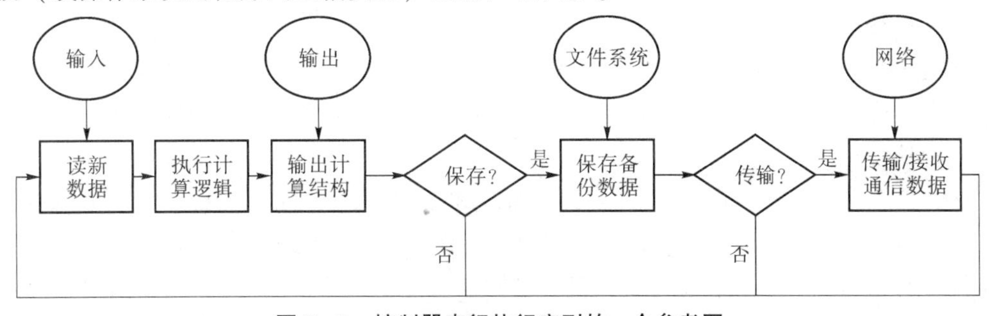

图7-7　控制器串行执行序列的一个参考图

7.3 监督控制层软件

DCS 的监督控制层软件是指运行于系统人机界面工作站、服务器等结点中的软件，它提供现场数据采集和实时数据管理、历史数据存储与管理、报警监视、日志记录及管理、事故追忆、事件顺序记录、分析处理、二次计算、信息存储和管理、人机界面监视、远程控制操作等功能及其他应用功能。在分布式服务器结构中，各种功能由相应的进程实现，这些进程可分散在不同的机器上，也可集中在同一台机器上，通过统一的接口来实现信息的共享和互通，组织灵活，方便功能分散，可提高系统的性能和可靠性。

为了满足各类不同用户对采集信号的定义、专业化的信息处理要求和个性化的人机界面设计要求，一般产品化的 DCS 都会提供层次、范围和功能不等的应用组态功能。例如，对监控对象进行定义的 I/O 数据库定义；二次分析处理的计算点、计算公式和算法定义；面向最终用户的监视画面生成、报表生成、历史库定义；面向过程控制对象的操作定义；等等。更为灵活的系统还能提供异常事件定义、人机交互过程定义及生成自定义应用代码等面向应用设计者的高级应用组态功能。

此外，DCS 的监督控制层集中了全部工艺过程的实时数据和历史数据，这些数据除了用于 DCS 的操作员监视外，还应该满足外部应用需要，使之产生出更大的效益。这就要求 DCS 提供数据的外部访问接口。

7.3.1 监督控制层软件的功能

1. 现场数据采集和实时数据管理

与 DCS 控制层软件相比，监督控制层软件也有实时数据的采集、处理、存储等功能。但由于控制层软件是面向直接现场控制的，而监督控制层软件则是面向操作员、人机界面的，因此在实时数据的采集处理、存储、数据库组织和使用等方面有很大的不同。例如，报警。由于现场控制站执行的是直接控制功能，并不需要人工干预，因此不设置报警的处理，而在操作员站上，报警就是必需的，而且要非常详细，因此两者对现场数据的处理和存储要求就有很大区别。应该说，DCS 监督控制层软件所需的数据来自直接控制层，但对数据的要求不同，因此要对直接控制层提供的数据进行进一步加工与处理。

现场数据和信息是 DCS 监督控制的基础，DCS 通过 I/O 服务进程实现现场数据的采集。这些现场数据来自 DCS 的现场控制站，也可来自第三方设备，如各种类型的 PLC 等。I/O 服务进程通过系统网络与这些现场设备进行通信，获取实时信息，并根据监督控制层软件和人机界面软件的需求对这些数据进行转换和处理，存于各类不同应用的数据库中，以便各种功能随时调用。

I/O 服务对现场数据的处理包括：为所有数据加上完整的工艺名称；对在现场控制设备中未进行工程量转换的模拟数据进行工程量转换；对模拟数据进行报警上下限检查（多数系统会设置两个甚至三个报警限，如预报警、报警、紧急报警等）；判断实时数据的质量并加上相应的质量标签（如模拟量的超电量程、变化率超差、死数据、开关量处于摆动状态等)；识别事故，在出现事故时启动事故追忆功能；对事件顺序记录数据的时间进行处理，以形成全系统的统一时间标记等。

对于来源于第三方设备和软件的现场数据，DCS的监控层应用软件应能提供广泛的应用接口或标准接口，如OPC、Modbus、PROFIBUS、SNMP等，这样可以方便地接入具有相应标准协议的第三方设备，以得到这些设备上的数据。另外，系统还应该提供一套为用户编写新协议驱动程序的软件工具和接口，每个驱动程序以DLL的形式连接到I/O服务器进程。

在早期的DCS中，直接控制是系统的主要功能，而监督控制只提供一种人工干预的手段，因此功能比较简单；相应的现场数据采集及处理功能主要为人机界面服务，只要能够满足现场工艺状态的显示和操作员直接下达控制命令就可以了，因此一般不设统一的实时数据库，也不设专门的服务器。随着DCS功能的不断增加和扩充，监督控制层的软件越来越丰富，通过对现场数据的二次计算和处理分析，系统对现场数据的深度发掘和利用，使得监督控制层的功能在DCS中所占的比例越来越大。这样，集中的实时数据库和专门的服务器就变得非常重要。现代DCS中都设有专门的服务器，其中不仅存有整个DCS的全局实时数据库，还通过二次计算等来进一步对现场数据进行加工处理，能提供更多、更全面的信息。全局的实时数据库为各种高级功能所共享，并提供方便、安全的访问机制，成为DCS高级功能的信息基础。

2. 报警监视

1）报警监视的内容

报警监视的内容包括工艺报警和计算机设备故障两种类型。工艺报警是指运行工艺参数或状态的报警，而计算机设备故障是指计算机系统本身的硬件和软件、通信链路发生的故障。由于计算机设备在故障期间可能导致相关的工艺参数采集、通信或操作受到影响，因此必须进行监视。

工艺报警按报警变量的类型一般可分为模拟量参数报警、开关量状态报警；按报警来源可分为外部变量报警、内部计算报警。

（1）模拟量参数报警。

模拟量参数报警监视一般包括以下内容：

①模拟量超过警戒线报警。通常在DCS中可设置多级警戒线，以引起运行人员的注意，如上限、上上限或下限、下下限等。

②模拟量的变化率越限。用于关注那些用变化速率的急剧变化来分析对象可能的异常情况，如管道破裂泄涌可能导致的压力变化或流量的变化。

③模拟量偏离标准值。有的模拟量在正常工况下，应该稳定在某一标准值范围内，如果该模拟量值超出标准值范围，则说明偏离了正常工况。

④模拟量超量程。这可能是计算机接口部件的故障、硬接线短路或现场仪表故障等。

（2）开关量状态报警。

开关量报警监视一般包括以下内容：

①开关量工艺报警状态。例如，在运行期间的设备跳闸、故障停车及电源故障等。一

般用开关量的状态表示，如开关量状态为0表示正常，状态为1表示故障等。

②开关量摆动。用于关注开关量的状态是否真实可靠用的。正常情况下，一个开关量的状态不会在短时间内频繁变化，开关量摆动有可能因设备的接触不良或其他不稳定因素导致，开关量摆动报警即及时提醒维护人员关注现场设备状态的可靠性。

(3) 内部计算报警。

内部计算报警是通过计算机系统内部计算表达式运算后产生的报警，一般用于处理更为复杂的报警策略。较为先进的DCS能提供依据计算表达式的结果产生报警信息的功能，这样用户就可以组合各种工艺参数进行运算，并根据运算结果产生报警信息。表达式运算报警组态工具为用户提供了一个非常灵活和应用面相当广泛的报警组态空间。例如，锅炉给水泵出口流量低报警的情况，当流量低时，还要考虑泵是否停运（或跳闸）而不能送水出现的低水流。如果是，则低水流就没有必要报警了，这时可以采用表达式运算来考虑上述报警情况，如“BL001 < 10 AND BP001 = 1”，其中BL001为给水泵流量模拟量点，BP001为给水泵运行状态开关量点。当表达式的值为真时，产生报警。

2）报警信息的定义

不同的DCS厂家所提供的报警处理框架会有些不同，报警监视的人机界面也会有些差异，即使是同一个DCS平台，也会因报警组态的不同而有不同的处理和显示格式。下面是常规的工艺报警信息定义。

(1) 报警限值。

一般可根据工艺报警要求设置报警高限、高高限、低限、低低限等1～4个限值，当模拟量的值大于设定的高限（高高限）或小于低限（低低限）时产生报警。有的应用要求设置更多层次的上下限级别。利用灵活的报警组态工具，可以根据实际需要来设计。

(2) 报警级别。

一般按变量报警处理的轻重缓急情况将报警变量进行分级管理，不同的报警级在报警显示表中以不同的颜色区别，如以红、黄、白、绿表示4种级别的报警重要性。

(3) 报警设定值和偏差。

当需要进行定值偏差报警时，给定报警设定值和偏差。当模拟量的值与设定值的差大于该偏差值时，产生偏差报警。

(4) 变化率和变化率单位。

当需要监视变量的变化速率时，设定此项。当模拟量的单位变化率超过设定的变化率时，产生变化率报警。

(5) 条件报警属性与条件定义。

变量报警可选择为无条件报警或有条件报警两种报警属性。无条件报警即只要报警状态出现，就立刻报警。有条件报警为报警状态出现时，还要检查其他约束条件是否同时具备，如果不具备，则不报警。例如，锅炉给水泵出口流量低，通常会报警，因为正常运行时如果水流太低泵会被损坏。然而，如果当泵停运或跳闸而不能送水出现低水流，则是正常的电厂运行条件。这时应该屏蔽这种报警，以免这种“伪报警”干扰运行人员的思维活动。此时，应设置泵是否运行作为泵出口流量报警的条件点。

(6) 可变报警条件及限值变量。

可变报警用于报警的上下限值非固定的情况。例如，有的现场工艺参数根据工艺运行工况的不同，可以设置不同的量程范围，针对不同的量程范围，应该设定不同的报警上下限。这种报警上下限的限值不是在组态时给定，而是在线运行时根据运行工况选定。组态时只定义该变量的报警是可变的，一般将可变报警限值定义成一个内部变量，运行时由预先所定义的算法填写。

(7) 报警动作。

报警动作是在报警发生、确认或关闭时定义计算机系统自动执行的与该报警相关的动作。例如，推出报警规程画面；设置某些变量的参数或状态；直接控制输出变量（如模拟盘）；等等。

(8) 报警操作指导画面。

报警操作指导画面是为了在报警时向运行人员提供报警操作指导的信息画面，如报警操作规程、报警相关组的信息等。注意：具体的报警操作指导画面由人机界面组态工具或专用工具实现，这里只建立与报警操作指导画面的连接。

3) 报警监视

计算机系统一旦探测到工艺参数或状态报警，要及时通知运行人员进行处理。一般的通知方法有以下几种。

(1) 报警条显示。

在操作员屏幕上开辟报警条显示窗口，不论当时显示什么画面，只要有报警出现，都会将报警信息醒目地显示在窗口中。对于重要的报警还可配置报警音响装置，启动报警鸣笛，或者通过语音报警系统广播报警信息。

(2) 报警监视画面。

报警监视画面是综合管理和跟踪报警状态的显示画面。有的 DCS 应用系统固定一个屏幕显示报警监视画面。在报警监视画面上，可以有以下功能：

①按报警先后顺序显示报警信息，信息中按不同的颜色显示报警的优先级。

②按报警变量的实时状态更新报警信息，如以不同的颜色或信息闪烁、反显等来表示以下状态。

- 报警出现：变量发生报警后未确认前的状态。
- 报警确认：报警由运行人员确认后的状态。
- 报警恢复：变量恢复正常的状态。

在操作员确认报警恢复后，将信息从报警监视画面中删除。

4) 报警监视画面信息显示

在报警监视画面，要尽可能为操作员提供足够的报警分析信息。一般应包括以下信息。

(1) 报警时间。

(2) 报警点标识、名称。

(3) 报警状态描述。例如，模拟量，如超上限、上上限、下限、下下限；开关量，如汽轮机跳闸。

（4）当前报警状态。例如，报警激活、报警确认、报警恢复等（可以用字体、颜色、闪烁、反显等表示）。

（5）报警优先级（可以用颜色表示）。

（6）模拟量报警相关的限值（如上限、上上限、下限或下下限）、量程单位。

（7）报警状态改变的时间。

5）报警摘要

报警摘要是计算机系统管理报警历史信息的功能，可用于事故分析设备管理及历史数据分析等。常规的报警摘要可包含的信息有：报警名称和状态描述；报警激活的时间；报警确认的时间、人员；报警恢复的时间；报警恢复确认的时间、人员；报警持续的时间。

6）报警确认

报警确认是为了证明工艺报警发生后，运行人员确实已经知道了。对于什么时机进行报警确认，不同的用户有不同的方案。例如，有的用户定义“报警确认”表示运行人员已经“知道”了；有的用户定义“报警确认”表示运行人员已经“处理”了。具体如何定义，各 DCS 应用用户可根据具体情况人为确定后，通过规章制度来保证。

3. 事件顺序记录

事件顺序记录（Sequence Of Event，SOE）的功能是用于分辨一次事故中与事故相关的事件所发生的顺序，监测诸如断开装置控制反应等事件的先后顺序，为监测分析和研究各类事故的发生原因和影响提供有力根据。

事件顺序记录的主要性能是所记录事件的时间分辨率，即记录两个事件之间的时间精度。例如，如果两个事件发生的先后次序相差 1 ms，系统也能完全识别出来，其顺序不会颠倒，则这个系统的 SOE 分辨率为 1 ms。

事件顺序分辨率的精度依赖于系统的响应能力和时钟的同步精度。一般的 DCS 将 SOE 点设计为中断输入方式，并且在采集板上打上时间戳，来满足快速响应并记录时间的要求。但是，因为 DCS 的分层分布式网络体系结构，每个网络上的结点都有自己的时钟，因此保证全系统 SOE 分辨率精度的关键因素是系统的时钟同步精度。在分析 SOE 分辨率时，要按设计层次进行分析。例如，有的 DCS 分别列出 SOE 分辨率：站内 1 ms；站间 2 ms。也就是说，如果将所有 SOE 点接到同一个站，则分辨率可以达到 1 ms，如果分别接入不同的站，则最坏的情况是 2 ms。这样来设计 SOE 指标是比较科学的。

每个 SOE 事故由一个事故源开关量和若干个开关量状态变化事件组成，当事故源开关量的状态发生变化时，SOE 事件记录就自动被建立，按时间顺序记录后续发生的相关事件，直到满足结束条件为止。

4. 事故追忆

所谓事故，是指计算机系统检测到某个非正常工况的情况。例如，发电机组的汽轮机非正常跳闸，跳闸是事故的结果，但导致跳闸的原因可能有多种情况，这就需要分析跳闸前其他相关变量的状态变化情况，以及跳闸后对另一些设备和参数产生的影响。事故追忆是用于本事故发生后收集事故发生前后一段时间内相关模拟变量组的数据，以帮助分析事故产生的真正原因及事故扩散的范围和趋势等。在事故追忆中，一般模拟量按预先定义的采集周期收集开关量，按状态变化的时间顺序插入事故追忆记录。

1）事故追忆定义

一般 DCS 都会提供定义事故追忆策略和追忆数据组织的组态工具。例如，有的 DCS 可以由用户定义事故源触发条件的运算表达式，当表达式的结果为真时，触发事故追忆。

事故追忆的内容也是由用户组态定义的。数据追忆内容的定义一般包括一组追忆点、追忆时间（如事故前 30 min，事故后 30 min）、模拟量采样周期（如 1 s）等内容。

2）事故追忆的组织处理

一般情况下，事故追忆点指的是模拟量，也有的应用可定义开关量点，即开关量也按采集周期显示开关状态。这种对开关量进行追忆的情况显然不够合理，因为开关量毕竟不会反复变化，这种方式显然比较浪费。而且，开关量的状态变化要求的实时性很高，这种按周期采集的方式时间精度不够高，对分析问题不利。

5. *历史数据存储与管理*

在 DCS 中，历史数据是实时运行情况的记录，是非常重要的信息资源。早期的 DCS 受到机器性能、磁盘容量等限制，只对部分关键数据保存历史记录，以观看这些数据的变化趋势，这时历史数据库的作用就像一个趋势记录仪，不同的时期可能记录不同的数据。例如，电厂机组启停时，预先设置有关的参数到历史数据库，最后能得到完整的机组启停曲线。目前 DCS 使用的机器性能都比较高，同时对过程完整记录和对这些基础数据分析再利用的应用要求越来越高，大大丰富了历史数据库的品种和记录的内容。

由于历史数据的保存价值不同、访问的实时性和开放性，以及操作习惯等应用要求的不同，因此历史数据库在 DCS 中要分为几个不同的类别。

1）趋势历史库

趋势历史库就是为支持趋势显示曲线用的。在某些行业，趋势曲线作为对受控过程的监视手段。其特点如下：

（1）采样频率高。变化较快的过程量采样频率应为 1 s。

（2）保存时间短。由于采样快，因此历史库文件尺寸的增长速度也快。因计算机的在线存储资源毕竟是有限的，所以一段时间后旧的历史数据必须删掉或保存到后备可移动介质（如 MO、磁带等）上。而且考虑到在线数据的使用性，一般比较合理的保存时间是 1～3 天。

（3）粗时标。每一个历史数据都对应一个采样时刻的时标。如果将时标与数据一起保存，历史数据库的文件大小将翻倍增长，甚至对时标的存储比数据本身的存储量还大。考虑到在趋势应用中绝对时间的参考意义不大，所以一般采用粒度较粗的绝对时标。

趋势历史库对过程能记录得比较精确而完整，因此广泛应用在各行业 DCS 的趋势显示上，区别只是哪些过程量需要进入趋势历史库。对某些要求对完整运行记录存档的行业（如核电），就要求把所有过程量全部记录到趋势历史库中。

由于采样频率高，趋势历史库的实现一般不能基于现有的关系数据库系统，因此各

DCS 厂家都有自己特定存储格式的历史库文件，只有在归档时才做可能的格式转换。如果不做格式转换，通常就要带一个配套的查询分析工具，以便恢复历史库中的内容。

趋势历史库的采样方式既可以是周期性的，也可以是基于变化的。后一种采样方式需要在组态时设定一个历史数据采样死区，即实时数据只有在其变化超过死区时，才作为历史数据进行记录，这虽然对连续变化的量在精度上有所损失，但可以大大减少历史数据所占用的存储量。如果采用前一种方式，则历史数据库的大小将很大，而且与整个系统的时间管理有密切的关系。

2）统计历史库

统计历史库记录的是过程量在一段时间内的统计结果，用于生成报表等统计类应用。例如，记录所有模拟量在 1 min 内的最大值、最小值、平均值。

统计历史库由于有存储周期长的优势，所以可以在一定的存储资源内，其在线保存的时间长，有利于阶段性统计；也可以采用关系数据库，或以关系数据库的格式（如 DBF）存储，使用户可以用标准的办公软件读取。

3）日志（事件记录）

日志用于记录系统中各种事件变化，典型的有开关量变位、过程报警、人工操作记录、通信故障、设备故障及系统内部产生的各类事件信息。

日志一般提供一定程度的分类查询功能，典型的查询条件有时间段、事件类型、区域、事件严重级等。查询深度取决于每个 DCS 的事件处理模式和事件信息的结构化程度。日志中记录的事件都应采用绝对时标。日志和前述两种历史库是互为补充的关系，综合起来才能反映历史的过程全貌。

4）特殊事件记录

特殊事件记录保存一个特定的事件发生序列，用于记录单个事件的发生过程，如电力应用上的 SOE 和事故追忆。

特殊事件记录强调真实记录事件发生的前后顺序。

6. 日志（事件）管理服务

日志（事件）记录是 DCS 中的流水账，它按时间顺序记录系统发生的所有事件，包括所有开关量状态变化变量报警、人机界面操作（如参数设定、控制操作等）、设备故障记录软件异常处理等情况。日志记录的完整性是系统事故后分析的基础。因此，在分析 DCS 软件的性能时，日志记录的能力和容量也是重要的内容之一。

日志是按事件驱动方式管理的，当系统产生一个事件时，即由事件处理任务登录进系统事件，同时将该事件送至事件打印机打印。如果有操作员站正处在事件的跟踪显示中，则要进行信息的追加显示。

7. 二次计算

二次计算是在一次采集数据的基础上，通过预先定义的算法进行数据的二次加工和处理，如计算平均值、最大值、最小值、累计值、变化率等，也包括对数据进行综合分析、统计和以性能优化为目的的高级计算。这类计算的结果一般也以数据库记录的格式保存在数据库中，由外部应用程序（如显示报表等）使用。

如何利用计算机系统采集的数据进一步提炼出有利于高层管理人员使用的信息，是高级计算设计人员的任务，也是不同 DCS 应用设计的差别所在。高级计算设计人员必须对生产工艺非常了解。一个没有经验的 DCS 应用设计者设计的系统，可能除了提供外部采集的信号外，不能提供任何进一步的信息；而一个经验丰富的应用设计人员，除了提供外部采集信息外，还能够设计出很多有价值的高级计算信息。在传统的 DCS 应用中，一般由专业设计院来设计，有些有经验的用户也会设计自己的高级应用。近年来，不少 DCS 厂家为了更好地推广自己的产品，开始注重引进各个行业的专家。另外，随着工程经验的不断积累，有些厂家已具备相当的设计专业化高级计算的能力。

二次计算的设计可分为通用计算和专业化计算两种情况。

1）通用计算

通用计算一般利用系统提供常规计算公式即可完成。一般 DCS 都会提供常规的基本运算符元素。例如，+、-、*、/等算术运算符；与、或、非、异或等布尔运算符；大于、小于、大于等于、小于等于、等于、不等于等关系运算符；通用的数学函数运算符；等等。设计人员在算法组态工具的支持下，可利用这些算法元素设计计算公式。此外，系统还会定制一些常用公式。例如，求多个变量实时值的最大值、最小值、平均值、累计值、加权平均值等，求单个变量的历史最大值最小值、平均值、累计值、变化率等；开变量的三取一、三取二、四取二状态延迟等逻辑运算；等等。

2）专业化计算

专业化计算是根据不同的应用专业来定制不同的专用算法。专业化计算一般要经过复杂的算法组态公式来实现，有的还要编制相应的程序。例如，在一个核电站计算机监控系统中，包含回路热功率计算、汽轮机效率计算、最高安全壳温度计算、热曲线计算、模拟量测量计算、氙预测计算、堆芯径向倾斜因子计算、控制棒位置监视计算等。这些程序经调试后可纳入算法库。这就是 DCS 厂商随着工程项目的经验越来越丰富，所积累的算法就越来越多，计算功能的可重用性也越来越高的原因。这些专用算法一般是 DCS 厂商在用户的协助下不断进行二次开发并不断总结经验积累起来的。因此，一个 DCS 可提供的二次算法的数量和有效性，与其 DCS 工程应用经验的积累有关。一般来说，工程经验越丰富，所提供的算法会越多。另外，大多数 DCS 都提供用户自定义算法的组态和调试工具，这为用户自定义算法带来了极大的方便性。

8. 图形用户界面

图形用户界面是 DCS 监控软件的主要外部应用窗口，也是监控软件功能的集中体现。一般 DCS 中都可根据应用规模和专业范围配置若干台操作员站，用于操作员集中监视工业现场的状态和有关参数。操作员站的监视页面一般提供的功能有：模拟流程图显示；报警监视；变量趋势跟踪和历史显示；变量列表显示；日志跟踪和历史显示；表格监视；SOE 显示；事故追忆监视功能；等等。

人机界面是数据采集和监控系统的信息窗口。不同的厂家的不同 DCS 所提供的人机界面功能不尽相同，即使是同样功能，其表现特征也有很大差异。一个 DCS 的功能是否足够、设计是否合理、使用是否方便，都可通过人机界面提供的画面和操作体现出来。下面简要介绍人机界面软件主要功能的画面和操作。

1）丰富多彩的图形画面

DCS 的基础显示画面一般应包括模拟流程图、趋势显示图、报警监视画面、日志跟踪画面、表格信息画面、变量组列表画面、控制操作画面等内容。

（1）模拟流程图显示画面。

模拟流程图是 DCS 中的主要监视窗口。

①通过键盘自定义键、屏幕按钮及菜单等快速切换各种模拟流程图的显示。在一幅流程图上，可显示平面（或立体）图形和动态对象，可重叠开窗口，可滚动显示大幅面流程图，可对画面进行无级缩放，等等。切换图形画面所需的操作步骤越少越好，对重要的画面最好能一键出图，一般性画面最多也不要超过两步；对相关联的画面，应在画面上设置相应的画面切换按钮、返回按钮，为操作员提供多种灵活方便的图形切换方式。

②画面切换时间和动态对象的更新周期是衡量一个系统响应性的重要指标，目前很多 DCS 都可以做到从操作到显示在 2 s 内完成，有的还可以做到在 1 s 内完成。当然，切换时间与画面上的动态对象的数量、对象的类型有关。因此，在考察各 DCS 的画面响应能力时，应该以同等的画面动态对象为统一标准。

③模拟流程图中的动态变量是按显示周期更新的，一般包括各种工艺对象的动态状态或数值，如以颜色或图例区分工艺对象的状态、工艺参数的当前数值、跟踪曲线、棒图、饼图、液位填充及设备的坐标位置等。但是，显示更新并能不完全反映系统的实时响应性。实际上，一个现场工艺参数从变化到人机界面显示要经过控制器采集、网络通信到人机界面显示，操作过程能从显示画面看到。如果每个过程都是周期性执行，假如每个过程的周期为 1 s，那么一个数从变化到显示，最长可能需要 3 s。有的 DCS 为了提高数据更新的实时响应性，尽可能压缩各个阶段的周期，同时数据通信采用变化传送的模式，如采集周期为 500 ms，画面更新周期为 500 ms，即基本达到 1 s 的实时响应性。因此，用户要了解 DCS 的实时响应性，就必须知道 DCS 的采集、数据通信机制的内容，而不是简单地以画面更新周期为数据的实时响应性。

④图形画面的相关性操作。通常，在模拟流程图中还应支持一些辅助性操作，以提高系统的使用性能。例如，可以在模拟图中单击某对象，显示该对象的详细信息，如对象的名称、量程上下限、物理位置、报警定义等；对变量进行曲线跟踪，显示曲线（或变量）的报警信息等；直接对该对象的参数进行在线修改。注意：参数修改需要进行权限审查。

⑤有的 DCS 还可以提供模拟流程图的历史方式显示，即可回放以前的系统状态。这种回放是以强大的高性能历史数据库为基础的。

⑥模拟流程图可以在图形打印机上打印，还可以存为标准图形文件（如 . jpg、. bmp 等）。

（2）变量的跟踪和历史信息显示画面。

当需要监视变量的最新变化趋势或历史变化趋势时，可以调用曲线跟踪画面或数值跟踪画面。曲线跟踪画面显示宏观的趋势曲线，数值跟踪画面以数值方式提供更精确的信息。一般在曲线显示画面中，应提供时间范围选择、曲线的缩放和平移、曲线选点显示等操作。

通常，变化趋势成组显示，一般将工艺上相关联的点组在同一组，便于综合监视。趋势显示组一般由用户离线组态。操作员站也可以在线修改。

趋势画面的显示风格也可以是人机界面组态。

（3）工艺报警监视画面。工艺报警监视画面是 DCS 监视非正常工况的最主要的画面，一般包括报警信息的显示和报警确认操作。报警信息按发生的先后顺序显示，显示的内容有发生的时间、点名、点描述、报警状态等。不同的报警级用不同的颜色显示。报警级别的种类可根据应用需要设置，如可设置红、黄、白、绿 4 种颜色对应 4 级报警。有的系统提供报警组态工具，可以由用户定义报警画面的显示风格。报警确认包括报警确认和报警恢复确认，一般对报警恢复信息确认后，报警信息才能从监视画面中删除。

在事故工况下，可能发生大量报警信息，因此报警监视画面上应提供过滤查询功能，如按点、按工艺系统、按报警级、按报警状态、按发生时间等进行过滤查询。此外，受限于画面篇幅，报警信息行显示的信息有限，可通过一些辅助操作来显示更多的信息，如点详细信息、报警摘要信息及跟踪变化趋势等。

此外，有些系统还可配合警铃声、光、语音等警示功能。

（4）表格显示画面。为了方便用户集中监视各种状态下的变量情况，系统一般提供多种变量状态表，集中对不同的状态信息进行监视。

（5）日志显示画面。日志显示画面是 DCS 跟踪随机事件的画面，包括变量的报警、开关量状态变化、计算机设备故障、软件边界条件、人机界面操作等。为了从日志缓冲区快速查找当前关注的事件信息，在日志画面中一般应提供相应的过滤查询方法，如按点名查、按工艺系统查、按事件性质查等。

另外，针对事件相关的测点，在日志画面上也应提供直接查看详细信息的界面。

（6）变量列表画面。变量列表是为了满足对变量进行编组集中监视的要求。一般可以有工艺系统组列表、用户自定义变量组列表等形式。工艺系统组一般在数据库组态后产生，自定义组既可以由组态产生，也可以由操作员在线定义。

（7）控制操作画面。控制操作画面是一种特殊的操作画面，除了含有模拟流程图显示元素外，在画面上还包含一些控制操作对象，如 PID 算法，顺控、软手操等对象。不同的操作对象类型能提供不同的操作键或命令。例如，PID 算法可提供手动/自动按钮、PID 参数输入、给定值及输出值的输入方法。

组态工具生成的控制方案，可以根据系统实时运行参数进行调试，检查方案组态的正确性及方案运行的正确性。控制算法在线调试的显示画面与组态画面应保持一致。

2）人机界面设计的原则

人机界面设计关系到用户界面的外观与行为，在界面开发过程中，必须贴近用户或与用户一起讨论，通过对信息的合理组织来设计满足用户操作习惯、信息完整、视觉舒适、操作方便的人机界面，其目标是提高工作效率、降低劳动强度、减少工作失误，以提高生产率水平。人机界面的设计一般应符合以下原则。

（1）一致性原则。这是指应该要求其概念模式、显示方式等的一致性，在类似的情况下具有一致的操作序列，具体是指在不同界面中都具有相似的界面外观布局、相似的交互方式及相似的信息显示等，如在提示、菜单和帮助中采用相同的术语。界面设计应保持高度一致性，以便用户不必进行过多的学习就可以掌握其共性，还可以把局部的知识和经验推广使用到其他场合。人机界面设计的一致性要求，对易学易用是极为重要的。

（2）提供完整的信息反馈。交互系统的反馈是指用户从计算机一方得到信息，表示计算机对用户的动作所做的反应。如果系统没有信息反馈，用户就无法判断自己的操作是否被计算机接受、操作是否正确，以及操作的效果是什么。反馈信息的呈现一般分为两种情况：一种是直接响应信息，即操作结果的显示本身就是反馈信息，如画面切换等；另一种是特定的响应信息，即该操作将作用于系统内部的处理流程或参数变更等，如远程控制、在线下装等，命令操作后需要经过多个环节才能执行，是否执行成功，必须向操作者提供反馈信息。

（3）合理利用空间，保持界面的简洁。界面总体布局设计应合理。例如，应该把功能相近的按钮放在一起，并在样式上与其他功能的按钮区别，以便用户使用。在界面的空间使用上，应当形成一种简洁明了的布局。

（4）操作流程简单快捷。调用系统各项功能的操作流程应尽可能简单，使用户的工作量小，工作效率提高。例如，让用户用最少的步骤完成一项操作。

（5）工作界面舒适性设计。例如，用合适的界面主色调，让用户在心情愉快的情况下，长时间工作而不感觉疲倦。

人机界面设计并不是简单的外壳包装，一个软件的成功与其完善的功能实现是分不开的。DCS 的内在功能将是人机界面设计的关键因素之一，因此在设计人机界面的过程中，不仅要注重美观实用的表现，还要考虑产品的底层技术准则。

9. 远程控制操作

远程控制操作功能是指在距离操作对象较远的主控室（或操作站），通过 DCS 监控软件提供的控制命令，对工艺对象或控制回路执行手动操作。这种操作在常规的 DCS 中被称为软手操功能，在电力及长输管道等的监控系统中被称为遥控和遥调功能。

软手操是用 CRT 画面模拟调节仪表的手操器，通过图形用户界面对现场进行操作控制的方式。在经典 DCS 中，直接控制和软手操是系统的两大核心功能，因此各 DCS 厂家都在这两方面进行精心设计，也表现出了不同的风格和特点。系统提供的控制操作功能包括 PID 调节器、模拟手操、开关手操、顺控设备及调节门等。

7.3.2 典型的 DCS 监控软件体系结构

早期的 DCS 体系结构由一个工程师站、几个操作员站及几个控制器通过一个专用网络或通用网络连接，构成一个网络通信系统。其控制对象一般为一个或一组装置（如一个锅炉或一个发电机组），其功能局限于代替常规的仪表控制、简单的数据检测和监视画面。经过多年的发展，DCS 概念现已发生很大变化。随着网络技术、计算机软件技术、数据库技术的发展，人们对工业过程控制系统的认识不断提高，对计算机系统的依赖性越来越强，当前的自动控制系统已经不仅是针对一个装置的简单的控制系统的概念，而是面向全厂的综合自动化系统，其功能范围、系统规模、能力和复杂度已是传统的 DCS 无法比拟的。要想满足如此复杂的需求，绝非单一厂家、单一产品能够完成的，因此这种综合自动化系统的软件平台必须具备开放式的体系结构和集成异构系统的能力。下面简要介绍新一代 DCS 监督控制层软件的设计方案。

1. 多域管理结构

多域结构设计使得系统的规模几乎可无限扩大，采用“域监控”的概念，可根据对象的位置、范围、功能和操作特点等，把整个大型控制系统用高速实时冗余网络分成若干相对独立的分系统，一个分系统就构成一个域。一个域是一个功能完整的 DCS，各个域之间可以通过标准协议（或中间件）进行数据交换。例如，在城市轨道交通自动化系统中，一个车站是一个域，监控中心也是一个域，车站采集的是各个车站的现场数据，而监控中心采集的是各个车站的数据及来自其他信息系统的数据，如地理信息系统的数据、视频系统的数据、设备管理信息系统的数据等。也可以根据需要，将过程控制系统的数据发给这些系统。又如，一个火电厂有多台机组，各机组间还有一些公共设备。以前这些机组及公共设备的控制是一个个独立的 DCS，各 DCS 之间的信息互不相通，当一个 DCS 要用到另一个 DCS 的信息时，要么通过硬接线接入实现，要么通过专用通信接口实现。采用现代的开放式 DCS，可以将每个机组设计成不同的域，将公共系统也设计成一个域，各个域可以分步实施、独立运行，各域之间通过监控网络共享数据。操作级设备既可以定义成域设备，访问域内部数据，也可以定义成全局设备，访问全局各个域的数据，监视全局信息。图 7－8 所示为按域结构设计的多个发电机组的 DCS 结构示意。

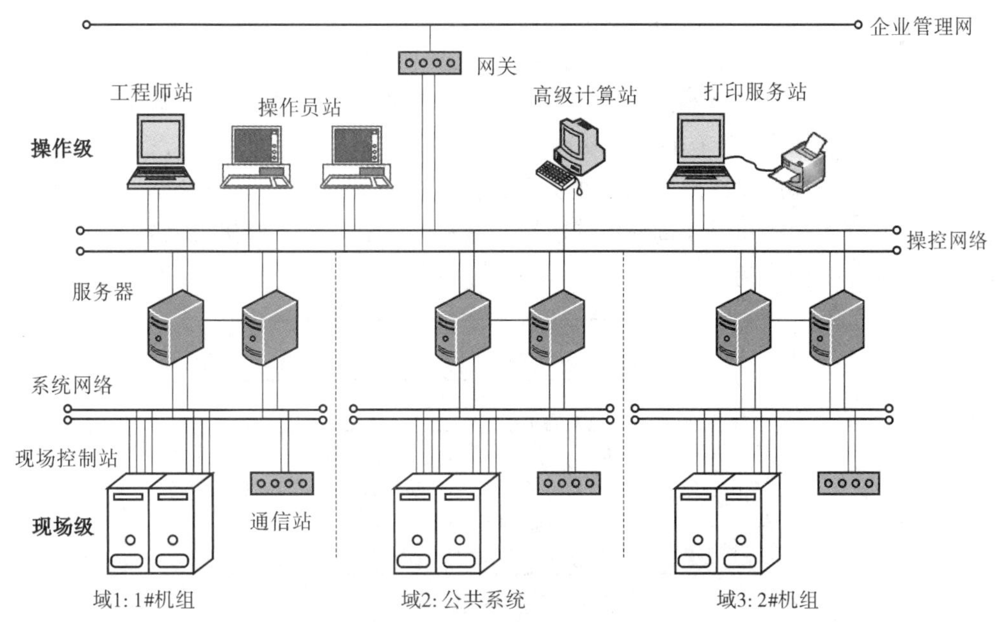

图 7－8　多域结构的 DCS 结构示意

2. 客户机/服务器结构

客户机/服务器（C/S）结构是近年来随着网络技术和数据库技术而发展起来的网络软件运行的一种形式。通常客户机/服务器结构的系统有一台（或多台）服务器、大量客户机。服务器配备大容量存储器并安装数据库系统，用于数据的存储和检索；客户机安装专用的软件，负责数据的输入、运算和输出。换句话说，当一台连入网络的计算机向其他计算机提供各种网络服务（如数据、文件的共享等）时，它就被称为服务器；那些用于访问服务器资料的计算机则被称为客户机。这种体系结构下，服务器并不知道有什么样的客户，并不需要事先规定为哪个客户提供什么样的数据，而是通过客户机的请求来建立连接，从而提供服务。因此，这种结构具有很好的灵活性和功能的可扩充性。

严格来说，客户机/服务器模型并不是从物理分布的角度来定义的，它所体现的是一种软件任务间数据访问的机制。系统中的每个任务都作为一个特定的客户（和/或）服务器模块，扮演着自己的角色，并通过客户机/服务器结构与其他任务接口，这种模式下的客户机任务和服务器任务既可以运行在不同的计算机，也可以运行在同一台计算机。换句话说，一台机器上在运行服务器程序的同时，还可以运行客户机程序。目前采用这种结构的 DCS 应用已经非常广泛。

软件体系采用客户机/服务器结构，能保证数据的一致性、完整性和安全性。多服务器结构可实现软件的灵活配置和功能分散。例如，将数据采集单元、实时数据管理、历史数据管理、报警管理及日志管理等任务均作为服务器任务，而将各种功能的访问单元（如操作员站、工程师站、先进控制计算站、数据分析站等）构成不同功能的客户机，真正实现功能分散。

举例说明：系统有 5 个基本的任务，分别用于处理与 I/O 设备的通信、对报警状态的监视报表的输出、趋势的记录及用户的画面显示，就可以分别设计成 I/O 服务器、报警服务器、报表服务器、趋势服务器及显示客户机。典型的客户机/服务器逻辑结构如图 7－9 所示。I/O 服务器，管理所有的采集和通信数据。报警服务器，监视所有报警状态，如模拟量、数字量、统计过程控制。报表服务器，控制、计划和执行报表操作。趋势服务器，收集、记录并管理趋势和统计过程控制数据。显示客户机，为人机接口与其他任务接口更新画面的数据并执行控制命令。

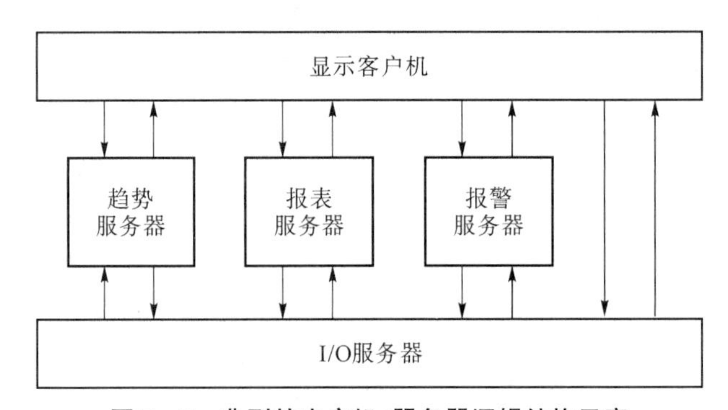

图 7－9　典型的客户机/服务器逻辑结构示意

1）单机结构

单机结构是指将所有任务运行在同一台计算机上。实际上，在逻辑上各任务之间仍然采用 C/S 通信结构。当报表中含有趋势变量和报警变量时，报表服务器实际上是趋势服务器和报警服务器的客户端。当一个报表在运行时，就会从相应的服务器请求所需的数据。

2）多客户机结构

由于服务器的设计是支持多个客户的，因此装有客户机软件的计算机只要通过网络向服务器发出请求，就可以得到服务。若要在系统中添加一个客户，则只需在新增的计算机上进行相应操作，而不会对现有的系统造成任何影响。例如，显示客户都是从相同的 I/O 服务器上得到信息的。虚拟数据在局域网中有效地扩展，而丝毫不会引起性能的降低，更重要的是，这种 C/S 结构有效地保证了全系统的数据一致性。

3）冗余服务器结构

C/S 结构支持冗余，即针对同一项功能可以配置两台服务器。例如，可以添加一台备用报警服务器，一旦主报警服务器故障，备用报警服务器就会立刻代替主报警服务器完成所有任务。即使服务器被配置在局域网中的不同计算机中，C/S 结构的关系仍然保持不变，这就是 C/S 结构的优越性所在。灵活性是用不同的方式来组织安排用户的系统，允许用户灵活选择自己的系统结构，而不是限定某一体系结构。因而能够给用户提供集中处理和分散处理相结合的最好的特性。

3. 面向对象技术

面向对象的核心是数据与方法的封装，即对一类数据结构及操作此类数据结构的接口的整合。面向对象的技术让工程师在计算机上能够按人类认知世界的相同方式进行设计和编码。虽然面向过程和面向对象都能够解决现实问题，但其解决问题的思维角度、建模层次有着本质区别。采用面向过程技术，对设计人员来说，容易陷入具体处理细节，偏离总体设计的初衷；对使用者来说，需要了解的信息过多，容易出现差错而影响效率。面向对象技术注重封装，隐蔽业务流程细节，对象内外界限清晰，不同人员可关注不同层次的问题而相互不影响，对象（即类）的设计人员只关心接口、方法的合理性，对象的实现人员负责设计合理的数据结构及接口的实现逻辑，而使用者完全不必关心这些接口的内部逻辑，也不必关心接口与复杂的数据结构是如何进行配合交互的，从而可以将精力集中在如何使用好这些底层对象接口，以完成更高层次的业务逻辑。所以，面向对象技术使得设计、实现、使用三个角色分工明确，从而使对象的设计、实现效率更高，而对象也更容易使用和重用。

采用面向对象技术改进现有 DCS 的优越性是非常明显的。例如，面向对象的“封装”特点，使得普通工程人员不必关心具体设备的一些厂家特有的技术特性，这些特性在厂家提供的设备对象中已经进行了封装处理，设备对象提供接口但隐藏具体控制算法（实际上也只有厂家才能真正将设备的潜力充分挖掘，并在控制算法中避免设备特有的缺陷），普通工程人员只需要知道这个对象提供了哪些接口，并正确使用即可。由于面向对象技术的优势明显，因此逐渐被 DCS 厂家重视。最基本的改进是在组态上，为了方便用户的使用，面向对象的 DCS 提供给工程师的组态对象是与现实设备一一对应的基本设备对象，该对象封装了设备的相应控制算法、设备的操作界面、与设备关联的 I/O 测点。而在传统 DCS 中，用户需要自己手动厘清这些 I/O 点算法、操作界面之间的关联关系，需要分别进行组态，并非常细心地建立其相互间的通信，一旦出现错位，就得不到正确的结果。另外，这种对应关系的一致性矛盾在系统变更、后期维护期间尤其突出，甚至会因不能正确处理而导致事故。

然而，面向对象远非如此简单，在 DCS 中，面向对象中的对象实际指的是被控对象，因此在理论上，对象不仅局限于前面提到的基本对象（即一个个普通的阀门、泵等），也可以是大到一个主设备，如锅炉、汽轮机这类由多个基本对象及组合对象组合而成的组合对象。虽然面向对象技术中的继承、聚合等理论可以很好地解决这些问题，但在实施中涉及现有不同厂家的配合、设计规范的修订、技术人员思维习惯的调整及现有系统的平稳过渡等问题。真正意义上的面向对象的 DCS 还停留在理论阶段和局部实现的阶段，它的全面实现还需要各设备厂家、用户、设计院标准制定单位共同推进。

4. 分布对象技术

目前在自动化领域广泛采用分布对象技术（或称组件技术）来实现多任务之间的通信。分布对象技术随着网络和面向对象技术的发展而不断成熟与完善，它采用面向对象的多层客户机/服务器计算模型，该模型将分布在网络上的全部资源都按照对象的概念来组织，每个对象都有定义明晰的访问接口。创建和维护分布对象实体的应用称为服务器，按照接口访问该对象的应用称为客户。服务器中的分布对象不仅能够被访问，而且自身也可能作为其他对象的客户。因此在分布对象技术中，分布对象往往又被称为组件，组件既可以扮演服务器的角色，又可以作为其他组件的客户。组件是具有预制性、封装性、透明性、互操作性及通用性的软件单元，使用与实现语言无关的接口定义语言（IDL）来定义接口。IDL 文件描述数据类型操作和对象，客户通过它来构造请求，服务器则为指定对象的实现提供这些数据类型操作和对象。支持客户访问异地分布对象的核心机制称为对象请求代理（Object Request Broker，ORB），ORB 如同一条总线（Bus），把 DCS 中的各类对象和应用连接成相互作用的整体。采用组件技术（或组件技术与面向对象技术有机结合）可以实现灵活的接口定义语言，执行代码运行时刻的联编/载入及通信网络协议，支持异构分布应用程序间的互操作性及独立于平台和编程语言的对象重用，以这种技术构造的软件系统在体系结构上具有极大的灵活性和可扩展性。

在自动化领域普遍采用的分布式对象技术是 COM/DCOM 和 COBRA。

1）COM 介绍

COM（组件对象模型）定义组件程序之间进行交互的标准规范和组件程序运行所需的环境。因为组件对象之间交互的规范不依赖于任何特定的语言，所以 COM 也可以是不同语言协作开发的一种标准。

在 COM 标准中，一个组件程序或一个可执行程序也被称为一个模块，可以是一个动态链接库（DLL）进程外组件或一个可执行程序（EXE）进程外组件。一个组件程序可以包含一个或多个组件对象。由于 COM 是以对象为基本单元的模型，因此在程序与程序之间进行通信时，通信双方应该是组件对象（又称 COM 对象），而组件程序（COM 程序）

是提供组件对象的代码载体。

微软公司最初为了解决多个应用任务之间的数据交换和剪贴板技术，于1992年在Windows 3.1操作系统中发布了OLE（Object Linking and Embeding，对象连接与嵌入）。OLE的原始思想是为处理复合文档提供的一种改进机制，智能的复合文档可以被方便地连接或嵌入不同的应用任务。1993年发布的OLE2进一步提炼了对象的连接与嵌入技术，并为其扩展了在线激活功能（即可视化编辑），允许应用程序展现其他应用程序的外观，用户不离开单一窗口环境就可以编辑复合文档内包含的数据。

虽然COM是在OLE的发展过程中产生的，但其所定义的组件标准的广泛性远远超过OLE所具有的能力。由于OLE的技术复杂性，COM的发展过程并不一帆风顺。但最终人们还是意识到了COM标准的广泛性符合当前软件业的发展需要，用COM进行软件架构是一种理想的应用方案。于是，OLE的通信标准已从最初的DDE（动态数据交换）机制改为COM标准，OLE也因为使用COM接口作为程序之间的通信标准，其模块定制和扩展都变得非常方便。在COM标准中，比较重要的概念有COM组件、COM对象、COM接口。

（1）COM组件：有一定功能独立性的软件模块，独立于使用它们的应用程序和创建它们的编程语言之外。COM组件可以单独开发、单独编译，甚至单独调试和测试。应用组件的程序不需要知道COM组件的内部实现，可通过接口来调用组件所提供的所有功能。

（2）COM对象：类似于一个类对象，但用COM标准实现。

（3）COM接口：COM组件提供给外界的一种服务方式，每个COM接口都提供一种功能。COM接口的实现是在二进制级，COM的语言无关性也正源于此。

2）DCOM介绍

分布式COM（DCOM）是COM的扩展，可以支持不同计算机上的组件对象与客户程序之间或者组件对象之间的通信。这些不同的计算机可以通过局域网、广域网，甚至Internet连接。对客户程序而言，组件程序所处的位置是透明的，DCOM会处理底层的一切实现，包括底层网络传输的细节及相应实现。

（1）DCOM基本通信模型。

COM通过屏蔽底层的跨进程通信细节来提供对客户程序和组件对象的进程透明性。在DCOM中，这种进程透明性得到了进一步扩展。虽然客户程序和组件对象运行在不同的计算机上，但DCOM用网络协议代替了本地跨进程通信协议，扩展实现了不同机器上的进程透明性。如图7－10所示为DCOM组件对象与客户程序之间的通信。

COM对象的定位是依靠128位的全局标识符（CISID），DCOM对象通过计算机的IP地址组件对象的CLSID来唯一定位。

（2）DCOM特性。

DCOM由COM扩展而来，除了具有COM的可伸缩、可配置等优点外，还具有以下特性。

①安全性。DCOM使用了Windows NT操作系统提供的可扩展安全性框架，即使在非Windows NT操作系统，也包含一个能与Windows NT操作系统兼容的安全提供器，其安全目标主要是实现访问安全和激活安全。

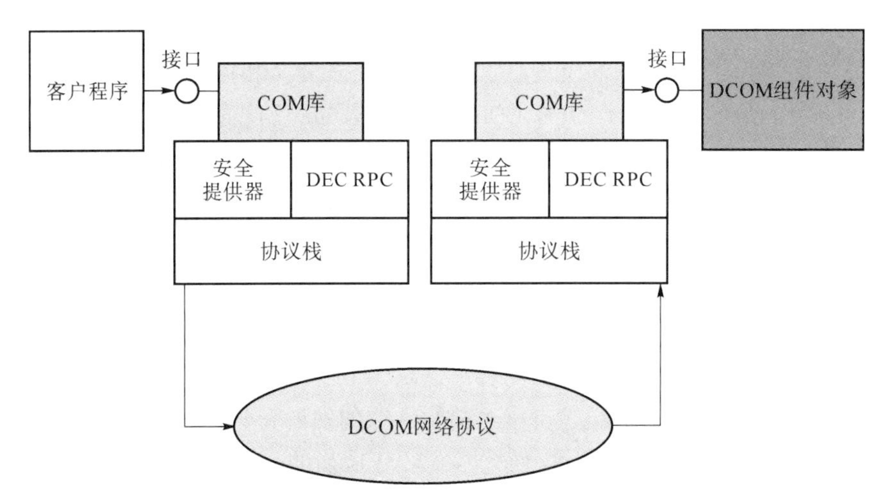

图 7-10　DCOM 组件对象与客户程序之间的通信

②协议无关性。DCOM 协议建立在 DEC RPC 协议的基础上，可用于各种基于组件的 DCS，且并不要求有专门的协议。目前在 Windows 操作系统上，TCP/IP、UDP、IPX/SPX、NetBIOS 等协议都适用。

③平台无关性。因为建立在 DEC RPC 的基础上，所以 DCOM 能适应不同的系统平台，如 Windows、MAC OS 及 UNIX 的一些版本。

总之，DCOM 本身已经提供了分布式环境所需的各种支持，把与环境有关的要素与组件代码隔离，建立了分布式应用系统的基础结构。随着软件组件化技术的发展和网络技术的发展，DCOM 在软件开发世界必将有越来越大的空间。

3）OPC 服务器的实现

OPC 是建立在 COM/DCOM 技术基础上的工业标准接口，专用于过程控制和制造自动化等应用领域。OPC 规范包括 OPC 服务器和 OPC 客户机两部分。硬件供应商实现 OPC 服务器，应用软件开发商实现 OPC 客户机，从而在两者之间建立一套完整的“规则”，只要遵循这套规则，数据交互就是透明的，硬件供应商无须考虑应用程序的多种需求和传输协议，软件开发商也无须了解硬件的实质和操作过程。OPC 服务器完全映射硬件设备的物理信号或数据区，实时数据库通过 OPC 服务器的数据交互来实现与外部设备的 I/O。

目前，有许多商用的 OPC 开发包（Tool Kit）。这些开发包可实现 OPC 服务器和 OPC 客户的代码框架的多个工程，可编译形成多个组件，各组件采用面向对象的设计方法。一个典型的 OPC 服务器结构如图 7-11 所示。

I/O 服务器组件是程序的核心，它实现与通信调度管理有关的大部分对象。OPC 服务器内部数据的存取和共享是通过内存组件进行的。内存组件管理一个数据缓冲区，负责最新的数据值、数据状态值和时间值的更新及有效性检查等。与硬件的通信通过 I/O 驱动程序实现，可以针对不同的通信途径更换相应的驱动程序，而不影响整个 OPC 服务器的对外服务。OPC 服务器为了适应不同需要而提供多个接口，OPC 标准接口则通过 OPC 驱动

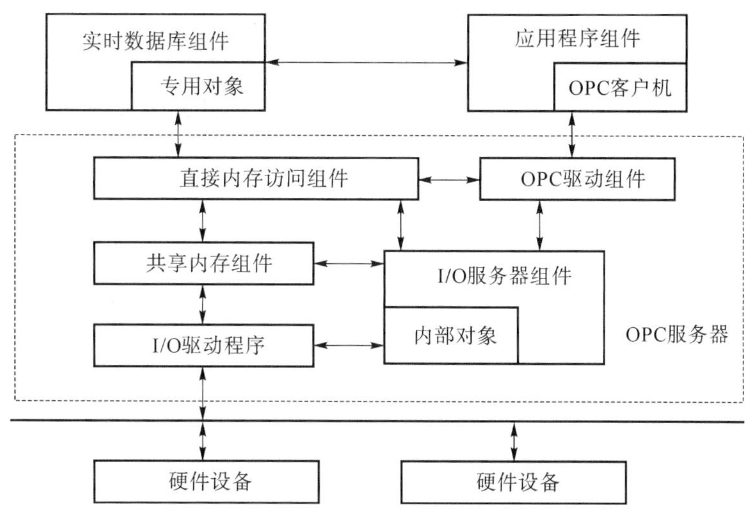

图 7－11　一个典型的 OPC 服务器结构

组件提供，此组件的作用就是建立 OPC 标准接口和内部 I/O 服务器接口之间的联系，以同时实现 OPC 标准的 COM 接口和自动化接口。例如，一个 ActiveX 控件的 OPC 客户端，可以用于管理层通过 Web 方式浏览全厂的生产实时数据。

另外，OPC 也可以同时提供直接内存访问组件，某些应用程序（如实时数据库组件）采用共享内存映像方式，通过直接内存访问组件对 OPC 服务器中的数据缓冲区进行读/写，以提高数据访问速度。

4）CORBA 在实时系统中的应用

由对象管理组织 OMG（Object Management Group）推出的公共对象请求代理（Common Object Request Broker Architecture，CORBA），是国际上一个最主要的应用的分布式软件组件对象标准之一。CORBA 提供的数据库系统可以在多平台上移植，并可以被其他 CORBA 对象调用，具有开放性、可重用性，而且具有良好的可扩充性，增加一个服务功能，只需增加一个接口。

CORBA 中间件技术广泛应用于大型 DCS，特别是在以 UNIX 服务器为中心的系统中，组件被封装到 CORBA。一个典型的 SCADA 系统采用 CORBA 中间件技术的数据访问方案如图 7－12 所示。

7.3.3　人机界面软件

DCS 包括三大基本组成部分：带 I/O 部件的控制器；通信网络；人机接口。控制器 I/O 部件与生产过程相连接，人机接口与人联系，通信网络把这两部分连成系统。所以人机接口是 DCS 的重要组成部分。早期的人机接口功能主要由操作站实现。

20 世纪 80 年代以前的操作站一般为专用显示终端，没有硬盘；画面显示数据一般在 EPROM 中保存，能保存的画面数量很少（50～100 幅）；画面信息由手工编辑，修改非常麻烦，也不能显示动态流程图；能显示的标签数也比较少，如 500 个标签（标签指的是

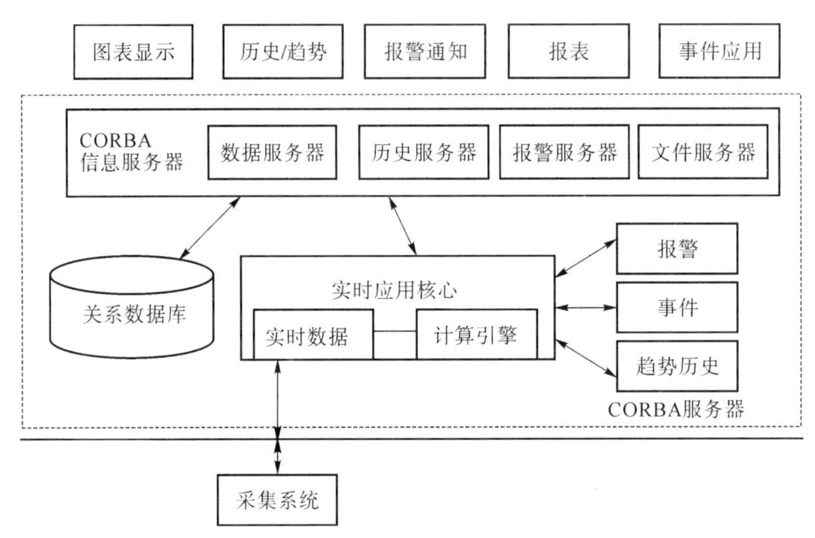

图 7－12　采用 CORBA 中间件技术的数据访问方案

AI、DI、回路、开关量的逻辑关系等）。

20 世纪 90 年代开始，一些 DCS 厂家纷纷推出自己可组态的操作站。可组态的操作站可以按照客户的要求，通过人机界面来生成模拟流程图、控制算法、物理标签点、历史库、报表等，不仅能提高用户的可使用性，还能提高 DCS 厂家的生产效率。由于不用编程，因此大大提高了 DCS 软件的可靠性。

与此同时，一些软件公司也开始开发通用的监控软件，且很快就被 PLC 制造厂家所采用。由于市场前景较好，所以软件开发商又开发了许多 PLC 的驱动软件，接着又开发了 DCS 的驱动软件。

通用操作站与 DCS 厂家可组态的操作站的区别是：通用操作站可提供与不同 DCS 厂家产品的接口，产品化程度高，费用一般较低；DCS 厂家的可组态操作站一般只针对自身的产品而设计，成本比较高。通用操作站具有更好的开放性，但因为通用操作站的适用面广、灵活度大，相对来说用户掌握起来比较困难，即易用性差。通用操作站一般是面向 DCS 产品的平台，不与最终用户打交道，难以了解最终用户的需求，对用户要求的特殊功能难以实现，而 DCS 厂家可组态的操作站是面向应用的，容易实现客户的专业化定制版本。客户不直接与通用操作站的产品提供商发生联系所带来的问题是：如果产品在应用中发生问题，解决的效率会比较低。

1. 人机界面软件体系

早期的人机接口功能分为操作站和管理站两部分。操作站一般针对控制器实现回路调试和控制操作，以及现场运行工况的监视。管理站一般实现数据采集二次运算、工艺显示、报警监视、事件记录、历史数据存储等高层功能，又称 SCADA 功能或 DAS 功能。另外，系统还需要有专门的人机界面工作站来进行系统的组态和在系统运行期间对 DCS 本身各部分运行状态进行监视，这类工作站一般称为工程师站。

随着客户机/服务器软件结构的出现、管理站软件功能的不断扩展，各厂家的 DCS 产品开始模糊操作站、管理站的概念，取而代之的是工程师站功能、操作员站功能和服务器功能。其中，服务器功能可分为实时数据库服务器功能、报警服务器功能、事件服务器功能、历史服务器功能、打印服务器功能等。这种设计成为采用C/S结构的操作站、管理站的一体化设计。工程师站、操作员站（客户端）功能和各服务器功能既可以安装在同一个物理站，也可以安装在不同的物理站。

2. 操作系统

人机界面软件、应用软件一般建立在操作系统平台上。早期的DCS人机界面软件基本都是基于DOS、UNIX和实时操作系统的。随着计算机的普及发展，企业网（Intranet）和国际互联网（Internet）的商业化，Windows操作系统受欢迎的程度与日俱增，这大大增加了工业控制领域对Windows操作系统开发的普遍要求。各大DCS厂商开始将他们的系统全部（或部分）向Windows操作系统转移。例如，Foxboro的I/A系列把Windows NT和OPC的台式环境用于过程控制系统；Honeywell的TPS使用了具有OLE（Object Linking and Embedding）和OPC（OLE for Process Control）功能的Windows NT操作系统；Rosemount的RS3操作站也选用Windows NT操作系统。此外，北京和利时、浙大中控和上海新华等国内知名DCS厂家也纷纷推出Windows操作系统的DCS。DCS运用Windows操作系统的视窗技术、开放式互连技术等，使用户连接更方便；现场装置接入DCS后，取得数据更容易，图形显示三维化，使系统更加开放。

当今基于Windows网络操作系统环境下的控制系统软件（或应用程序）与一般环境下的应用程序相比，其功能已经发生了质的变化。例如，DCS网络下的控制系统软件能够调用、执行DCS网络中其他计算机上的某个程序，并与之交互，这是其他环境下的应用程序无法实现的。另外，DCS网络系统将整个系统的任务分散进行，然后集中监视、操作、管理，这些应用程序由于工作于网络环境下，因而分布极广，可以被配置在网络中的10台、100台、1000台甚至更多机器运行。Windows网络操作系统环境为企业实现真正的管控一体化奠定了基础。

3. DCS操作员站软件

操作员站软件的主要功能是人机界面（即HMI的处理），包括图形画面的显示、对操作员操作命令的解释与执行、对现场数据和状态的监视及异常报警、历史数据的存档、报表处理等。为了实现这些功能，操作员站软件主要由以下几部分组成。

（1）图形处理软件。该软件根据由组态软件生成的图形文件进行静态画面（又称背景画面）的显示、动态数据的显示，并按周期进行数据更新。

（2）操作命令处理软件。其中，包括对键盘操作、鼠标操作、画面热点操作的各种命令方式的解释与处理。

（3）历史数据和实时数据的趋势曲线显示软件。

（4）报警信息与事件信息的显示、记录与处理软件。

（5）报表打印软件。

（6）系统运行日志的形成、显示、打印和存储记录软件。

（7）对控制器的操作软件，如回路调试PID调节、模拟手操、开关手操等。

思 考 题

1. DCS 的软件包括哪几层?
2. 控制层软件的主要功能包括哪些?
3. 简述监控层软件的体系结构。

第8章

IEC 61131 –3 控制编程语言及DCS的组态

DCS 控制器对现场信号进行采集并对采集的信号进行预处理后，即可将这些数据用于控制运算，控制运算的运算程序根据具体的应用而有所不同。在 DCS 中，首先在工程师站软件上通过组态来完成具体应用需要的控制方案，编译生成控制器需要执行的运算程序，下装给控制器运行软件；然后通过控制器来运行软件的调度，实现运算程序的执行。本质上，控制方案的组态过程就是一个控制运算程序的编程过程。以往，DCS 厂商为了向控制工程师提供一种比普通软件编程语言更简便的编程方法，发明了多种不同风格的组态编程工具；后来这些组态编程方法逐渐统一到 IEC 61131 –3 控制编程语言标准中。风格相同的编程方法为用户、系统厂商及软件开发商都带来了极大的好处。

IEC 61131 –3 控制编程语言，产生于传统意义上的 PLC 厂商。制定该标准的 IEC（国际电工技术委员会）的 SC65BWG7 工作组，由来自于不同 PLC 厂商的代表、控制编程软件厂商和用户代表共同组成。这样的组成结构带来的好处是，制定的标准虽然并不一定是技术上的最优方案，往往是各种方案的妥协，但能得到最广泛的接受。只有能够被广大制造厂商接受并自觉推广的标准，用户才能从中获益，才能发挥出标准的实际价值。

IEC 61131 –3 控制编程软件和 HMI 软件一样，是计算机技术和开放性理念不断发展的结果。

早期的控制系统，无论是 DCS 还是 PLC，在技术上都是封闭的。在硬件方面，制造厂各有各的规格、标准，互不通用；在软件方面，各有各的风格和方法，缺乏兼容性。这为用户的应用带来很大的麻烦，用户一旦选用了某公司的产品，就相当于被该公司“绑定”，无论硬件还是软件，后期的维护都离不开该公司。如果想用另一家公司的产品替换原来的系统，就意味着原来投资的硬件设备报废，更让用户头疼的是，原来开发的应用软件也随之作废，需要重新开发。原来的熟练工程师，因为更换了系统，也需要重新培训，以掌握新系统的编程方法。这对用户来说往往是艰难的抉择。随着开放性理念的深入人心和用户需求的压力，这种情况渐渐有了改变，基本硬件部件（如工程师站、操作员站）开始采用通用 PC，不能互换的设备（如控制器、I/O 设备）也尽量提供现场总线这样标准的通信接口，以便用户在系统中根据实际需要合理配置来自不同厂商的部件设备。在软件方面，如果能将各种风格的编程方法统一，也会为用户带来价值：不必针对不同的控制系统参加不同的培训，可减少对特定的系统应用专家和人员培训的要求；可加强原有应用程序的重复利用，或加大在不同系统间移植应用程序的可能性，至少可降低移植的难度。

统一的编程标准对设备制造厂商也会带来好处。随着 PLC、DCS 等控制系统复杂程度的提高，尤其是软件功能和规模的不断扩大，软件的成本和重要性在一个控制系统中所占的比例越来越大。对厂商来说，设备制造厂商独自开发所有软件，还要快速响应市场不断增加的需求，难度越来越大，软件开发的投入成本也非常不经济，如果几家厂商能共同投资联合开发，各取所长、优势互补、优化配置资源，不仅能节约软件开发的成本、缩短开发周期，还能给产品带来新的特性，提高产品在市场上的竞争力。

8.1 IEC 61131 -3 简介

1993 年，国际标准化组织 IEC（国际电工技术委员会）的 SC65BWG7（其前身为 SC65AWG6）工作组，制定发布了控制编程软件的第一个国际标准 IEC 1131 -3 标准，后来 IEC 组织对原有的编号系统进行了升级，将该标准号重新编号为 61131 -3。从 IEC 1131 -3到 IEC 61131 -3，只是标准号的变化，标准中的内容没有变化。期间增加过一些对原 IEC 1131 -3 标准的勘误和附录。

IEC 61131 -3 标准并不是一个完全创新的标准，其软件思想和技术基础来源于 IT 软件领域的进步，其中的部分内容也是组合和延续了以前相关标准的成果，参考了其他国际标准，如 IEC 50、IEC 599、IEC 617 -12、IEC 617 -13、IEC 848、ISO/AFNOR、ISO/IEC 646、ISO 8601、ISO 7185、ISO 7498 等。

IEC 61131 -3 是 IEC 61131 标准的第三部分，它是控制领域的第一种国际标准，通过使用 IEC 61131 -3 软件，可以最大限度地满足应用程序的移植性要求。一个应用工程师可以将在某公司控制器上组态的应用程序导入另一个公司的控制器，只需做最小限度的修改。应用程序的可移植性目标虽然在 IEC 61131 -3 标准中解决得还不彻底，但其努力尝试的成果已经为跨平台移植提供了最大的可能。

目前，IEC 61131 标准包含以下 7 部分。

• 第一部分：概述与定义（General Information）

这部分内容包含通用信息定义、标准 PLC 的基本特征及区别于其他系统的典型功能特征。

• 第二部分：硬件要求与测试（Equipment Requirements and Tests）

这部分定义了 PLC 硬件指标的要求，包括电气指标（如 EMC）、机械指标（如振动），以及硬件的存储、运输的条件，还包括硬件指标的测试方法和兼容性测试的程序。

• 第三部分（即 IEC 61131 -3）：编程语言（Programming Languages）

IEC 61131 -3 组合了世界范围已广泛使用的各种风格的控制编程方法，并吸收了计算机领域最新的软件思想和编程技术，其定义的编程语言可完成的功能已超出传统 PLC 的应用领域，扩大到所有工业控制和自动化应用领域，包括 DCS。

• 第四部分：用户导则（User Guidelines）

用户导则部分试图作为一个导则，为选购自动化系统的客户提供从系统设计、设备选型到设备维护等方面的帮助。

- 第五部分：通信规范（Messaging Service Specification）

通信规范部分是关于不同厂商之间的 PLC，以及 PLC 与其他设备之间的通信规约。该部分是 IEC 与 ISO 9506（制造业信息规范，MMS）协作制定的。随着现场总线技术和标准的发展（IEC 61508 标准），以及以太网技术在工业领域中的应用，该部分标准基本已失去实际意义。

- 第六部分：模糊控制编程（Fuzzy Control Programming）

2000 年发布的 IEC 61131 -7 将模糊控制功能带进了 PLC。

- 第七部分：编程语言的应用与实现导则（Guidelines for the Application and Implementation of Programming Languages）

编程语言的应用与实现导则部分于 2003 年发布，主要为第三部分定义的语言在可编程控制器系统及其编程环境（PSEs）中的实现提供导则。

【注意】

现在的 IEC 61131 没有第六部分，这是因为标准开始启动时，原计划安排第六部分的内容是关于 PLC 利用现场总线与现场总线设备（如传感器、执行器）进行通信方面的，目前已经并入 IEC 61508 现场总线标准。

8.2　编程基础与编程过程

DCS 作为一种控制系统，其主要功能是完成对特定工艺对象的自动控制。控制方案与现场的对象模型密切相关，而控制方案的具体实现则由运行于控制器中的运行软件完成。由于涉及软件程序，因此必然带来编程方法问题。

计算机编程语言是一个随着计算机应用领域的拓展、对编程要求的不断提高，而创新不断、技术发展迅速的领域。软件程序设计所用的编程语言从简单到复杂，从低级到高级，从专用到通用，大致可分为以下几个阶段。

早期，面向机器的软件编程。在计算机问世的初期，用二进制代码表示计算机指令系统，用二进制代码编写程序，这就是机器语言。机器语言使用很不方便，编写这种程序极其烦琐。为此，人们用一些简单而形象的符号来代替每条具体的指令，而这些指令又对应于具体机器的二进制指令码，这就形成了符号语言。在此基础上，把一些子程序、存储器地址等也用符号表示，这就是汇编语言。从汇编语言到机器语言，中间要有一个翻译过程，这便是翻译程序——汇编程序，简称“汇编”。机器语言和汇编语言都与具体所用的计算机（确切地说是与计算机指令系统）相关，是为特定的机器服务的，所以称为面向机器的语言。

20 世纪七八十年代，高级语言阶段。人们在汇编语言的基础上，设想出能否避开具体的机器，用一些符号来描述自己的解题意图，尽量接近于数学公式的原始描述，而能够通过各类机器对应的翻译程序即可在各类机器上运行。这便出现了各种高级语言，应用得最普遍的有 BASIC、FORTRAN、ALGOL、COBOL、PL，以及 Pascal、C 等。在多数系统中，BASIC 语言的源程序通过 BASIC 解释程序来一边解释一边执行，而其他几种语言要经过各自的编译程序编译后才能正常运行。因为计算机本身是不懂得这些语言的，所以要通过一段翻译工作才能把用一种语言写成的源程序与机器语言对应起来，这段翻译工作就是这种语言的编译程序。如果换了另一型号机器，则编译程序就不一样了，因为不同类型的机器其指令系统多不相同，但在用户编写的源程序级别上，则几乎不用做多少修改就可以实现不同型号计算机间的移植。高级语言在编程方法上还有一大进步，即所谓的结构化程序设计思想，它将原来平铺直叙的程序模块化、结构化，使大型软件程序的开发更容易，软件的可读性、可维护性大大加强，软件的复用、移植成为可能。

20 世纪 90 年代以来，面向对象、面向网络编程，从最初的 C ++ 语言，到现在常用的可视化面向对象编程语言 VC ++ 、VB、Java 等，中间还有许多流行范围不是很广、知名度不高或专用的编程语言。总之，该领域几乎隔三五年就有新的编程语言和编程方法出现，以后也还会继续下去。

IEC 61131 -3 标准中的控制编程语言主要是借鉴了高级语言的技术，即吸收了高级语言的模块化、结构化程序设计思想。

DCS 或 PLC 控制系统是计算机应用领域中的一个重要门类，其控制方案的实现也要通过程序编程。直到现在，市场上还存在利用通用程序语言（如 C 语言、汇编语言）来实现控制方案的产品。当然，绝大部分系统已经采用了特殊的、更适合工业领域的编程语言，如梯形图、功能块图、顺序功能图等，我们可以将这些看成特殊应用领域的特殊编程方法，只是以一种简化的、比通用程序语言更直观的、图形化的，且符合工业技术传统的方式完成控制程序。在我国，普遍将控制系统的软件编程称为组态。

接下来，以 C 语言为例，比较通用软件程序结构与 IEC 61131 -3 程序结构。

C 语言程序的一般形式如下，其中 main( )是主程序，f1( )至 fn( )代表用户定义的函数。

```
全局变量说明
main()
{
  局部变量程序段
}
f1()
{
  局部变量程序段
}
f2()
{
  局部变量程序段
}
 ⋮
fn()
{
  局部变量程序段
}
```

一段含有两个资源，每个资源包含两个任务的 IEC 61131 -3 完整程序的结构示例如下：

```
CONFIGURATION station_10                    (*10 站的配置*)
```

```
    VAR_GLOBAL                                  (*该配置的全局变量声明*)
            …
    END_VAR
    RESOURCE 001                                (*资源 001*)
    VAR_GLOBAL                                  (*该资源的全局变量*)
            …
    END_VAR
    TASK 001(任务属性,优先级,调度周期)           (*任务 001*)
    TASK 002(任务属性,优先级,调度周期)           (*任务 002*)
    PROGRAM 001 WITH TASK 001                   (*任务 001 定义的程序*)
    VAR_INPUT                                   (*局部变量声明*)
            …
    END_VAR
    VAR_OUTPUT
            …
    END_VAR
    VAR
            …
    END_VAR
    程序体                                      (*程序代码*)
END_PROGRAM
FUNCTION XXX                                    (*程序中调用的函数*)
    VAR_INPUT                                   (*局部变量声明*)
            …
    END_VAR
    VAR_OUTPUT
            …
    END_VAR
    VAR
            …
    END_VAR
    程序体                                      (*程序代码*)
END_ FUNCTION
FUNCTION_BLOCK                                  (*程序中调用的功能块*)
    VAR_INPUT                                   (*局部变量声明*)
            …
    END_VAR
    VAR_OUTPUT
            …
```

```
    END_VAR
    VAR
            …
    END_VAR
    程序体                                          (＊程序代码＊)
END_ FUNCTION_BLOCK
PROGRAM 002 WITH TASK 002                       (＊任务 002 定义的程序＊)
    同上
END_ PROGRAM
END_RESOURCE
RESOURCE 002                                    (＊资源 002＊)
    同上类似
END_RESOURCE
VAR_ACCESS                                      (＊访问变量＊)
            …
END_ACCESS
END_CONFIGURATION
```

从以上比较可以看出，IEC 61131－3 的结构在程序、函数及功能块方面与 C 语言类似，同时 IEC 61131－3 具有一些特殊点，如 CONFIGURATION、RESOURCE 及 TASK，这些都是与控制系统相关的特殊之处。

下面再比较 C 语言和 IEC 61131－3 控制编程过程。

C 语言执行程序的生成过程如图 8－1 所示。程序员在 C 程序编辑器中编辑程序源代码文件（扩展名为 . c），用编译器（Compiler）编译源代码，编译是一个翻译过程，它将程序员编写的类自然语言的源程序文件翻译为机器指令，并以目标文件（扩展名为 . obj）的形式存储在磁盘中。目标文件不能装入内存运行，还必须使用“连接程序”（Linker）连接为可执行程序文件（扩展名为 . exe）。

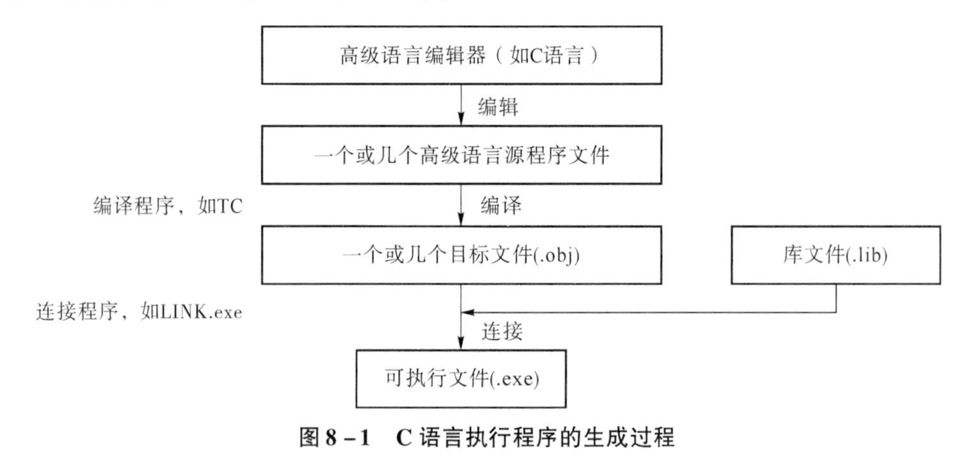

图 8－1　C 语言执行程序的生成过程

IEC 61131－3 的控制编程也有类似的过程，如图 8－2 所示。

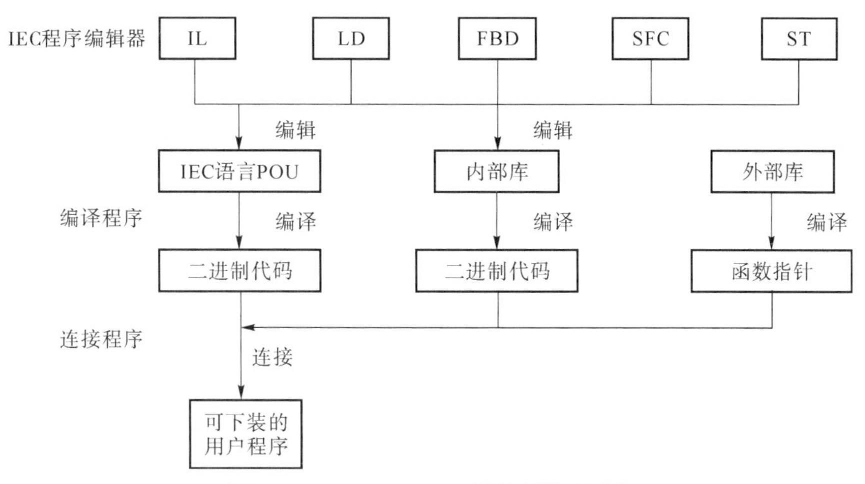

图 8 -2　IEC 61131 -3 的控制编程过程

从上面的比较可以看出，生成一个 IEC 61131 -3 的控制程序与用 C 语言生成执行程序的过程基本相同，原理是一样的。

IEC 61131 -3 与 C 语言最大的不同在于，其定义了 5 种编程语言。一般一个符合 IEC 61131 -3 标准的控制编程软件为了方便用户使用习惯，往往同时提供 5 种语言的编辑器。本质上，编辑器只是提供给用户的编程界面，采用不同的编辑界面生成的程序代码完全可以是相同的，这就如同要生成一个 .txt 文档，可采用多种编辑工具。在许多 IEC 61131 -3 软件中还支持语言间的切换，如西门子的 STEP 7 即支持 IL、LD、FBD 程序语言间语义无损的相互切换，实际用这三种语言编写保存的程序代码具有一致性。

IEC 61131 -3 编程与 C 语言编程还有一个不同点，C 语言程序经过编译、连接后即生成可直接运行的程序，而 IEC 61131 -3 程序由于还支持多任务、中断事件、通道的输入/输出、与其他系统的通信等复杂功能，往往还需要一个起管理调度作用的控制器运行程序，以接受、调度、运行 IEC 61131 -3 的执行程序。图 8 -3 所示为一个监控程序功能的简单示例。

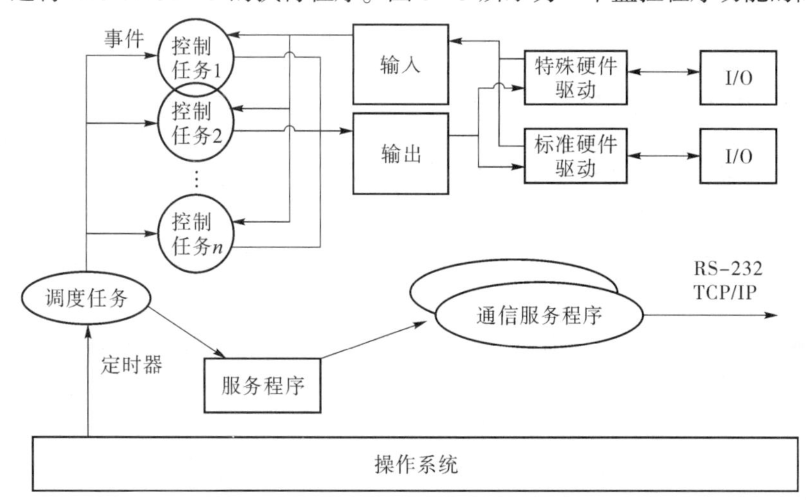

图 8 -3　IEC 61131 -3 监控程序功能的简单示例

8.3　IEC 61131 -3 的基本内容

IEC 61131 -3 标准可以看作由两大部分内容组成：公共元素（Common Elements）；编程语言（Programming Languages）。

公共元素（Common Elements）定义了 IEC 61131 -3 所有编程语言都用到的公共特征和元素，包括名词定义及基本语法和语义，具体有以下内容。

1. 字符的使用原则

（1）字符集：所有文本语言和图形语言中的文本描述部分，其字符来自ISO/IEC 646 标准字符集中的基本代码表（Basic code table），字符编码原则与 ISO/IEC 646 标准一致。

（2）标识符：由字符、数字和下划线组成一组字符串，用于编程语言中变量、新数据类型、功能块、程序的命名，并且应以字母或下划线字符开头；标识符不允许以多个下划线开头或有多个内嵌的下划线，不允许以下划线结尾。

例如，以下都是 IEC 61131 -3 接受的标识符：

```
_ABCde123
AB_Cde123
```

而下面的字符串不被允许作为标识符：

```
123abc
AB Cde123
AB_C_de123
```

（3）关键字：IEC 61131 -3 为编程语言定义了一组关键字，关键字为程序语言所保留，不能当标识符使用。关键字不区分字符的大写、小写，在编程过程中，关键字应高亮显示。例如，以下都是标准保留的关键字：

```
VAR_INPUT
END VAR_INPUT
FUNTION
RETAIN
```

保留的关键字还有：基本数据类型的名称；标准功能块名；标准功能名；标准功能的输入参数名；标准功能块的输入参数名；图形编程语言中的 EN 和 ENO 变量；指令表（IL）语言中的运算符；结构化文本（ST）语言中的语言元素；顺序功能图（SFC）语言中的语言元素。

（4）空格的使用：在程序中，除了关键字、标识符、变量、组合分界符外，在其他位置可以插入任意空格。

（5）注释：允许在程序任何位置插入用户的程序注释，注释必须由特殊的字符开始和结尾，以区分程序其他部分。例如：

```
* A framed comment *
```

（6）数据的表示方法：数字表示；字符串数值表示；时间数值表示。表 8 -1 所示为几个典型示例。

表 8 –1　数据表示方法的几个典型示例

数据类型	数据表达	说明
二进制	1	一位
布尔	FALSE（真），TRUE（假）	布尔表达式
字节	11，16#0B，2#0000_1011	数字 11 的十进制、十六进制和二进制表示
整数	+3829， –45	整数，有符号或无符号
浮点数	567. 82， –0. 03	实数
	667E +4	带指数的实数
字符串	" "	空字符串
	"this is a text"	非空字符串
持续时间	t#1d2h7m19s45. 7ms time#2h_7m_19s TIME# –22s150ms	日（d）、小时（h）、分（m）、秒（s）和毫秒（ms）的规范，也可以有负值
日期	d#1994 –09 –23	年、月、日的规范
一天中的时间	tod#12：16：28：44	时：分：秒：微秒的规范
日期和时间	dt#1994 –09 –23 –12：16：28：44	用“ –”组合的日期和时间

2. 数据类型（Data Types）

大多数传统的编程系统使用 BIT、BYTE、WORD、DWORD 等数据类型，但是，即使是简单的整型数值，不同厂商的系统之间仍会出现细微的区别（如有符号/无符号），因此，在大多数情况下，要想移植有不兼容的数据类型的程序，需要做大量改动。由此，IEC 61131 –3 定义了控制编程最常用的数据类型，将数据类型的含义和使用统一，为实现控制程序的可移植性打下基础。

（1）基本数据类型：表 8 –2 是标准定义的基本数据类型。

表 8 –2　标准定义的基本数据类型

布尔数/位	有符号整型数	无符号整型数	浮点数（实型数）	时间，持续时间日期和字符串
BOOL BYTE WORD DWORD LWORD	INT SINT DINT LINT	UINT USINT UDINT ULINT	REAL LREAL	TIME DATE TIME_OF_DAY DATE_AND_TIME STRING

（2）自定义数据类型：IEC 61131 –3 除了定义基本数据类型外，还定义了利用基本数据类型来实现用户自定义数据类型的方法。

自定义数据类型可用以下方式定义：

```
TYPE
…
END_TYPE
```

利用基本数据类型可以自定义出的数据类型如表 8 - 3 所示。

表 8 - 3　自定义的数据类型

特性	含义
初始值	赋予变量一个特定的初始值
枚举	可以假设变量以特定名称表中的一个名称作为其数值
范围	可以假设变量值位于特定范围内
数组	相同数据类型的多个元素组合成一个数组；当存取该数组时，不能超过注脚（索引）中最大允许的数据
结构	组合几个数据类型，以形成一个数据类型；使用一个圆点和部件名称，以存取一个结构化的变量

3. 变量（Variables）

变量定义将数据对象与特定的变量名对应，任何数据在计算机中都存储在特定地址的内存中，故该变量名存储的是指向该内存的地址指针（可以是输入/输出地址或内存地址）。

（1）局部变量（Local Variable）：变量一般被声明为局部变量，该变量只在声明该变量的程序组织单元（POU）中有效，这些局部变量的变量名就不会与别的 POU 中相同的变量名发生冲突。

（2）全局变量（Global Variable）：当变量与实际物理点相连或者希望变量可以在多个 POU 中使用时，将这些变量声明为全局变量。例如：

```
VAR_GLOBAL
F101_SETPOINT_001:REAL;
F101_SETPOINT_002:REAL;
F101_SETPOINT_003:REAL;
F101_SETPOINT_004:REAL;
F101_SETPOINT_005:REAL;
F101_SETPOINT_006:REAL;
F101_SETPOINT_007:REAL;
F101_SETPOINT_008:REAL;
Trend_Data_1:Scada_Array;
Trend_Data_2:Scada_Array;
Totals_Data:Totals_Array;
END_VAR
```

【注意】

全局变量将出现在应用程序的系统资源中。

(3) 外部变量 (External Variable)：一旦变量在配置中被声明为全局变量，则它们在别的 POU 中使用时需要被声明为外部变量。例如：

```
VAR_EXTERNAL
F101_SETPOINT_001:REAL;
F101_SETPOINT_002:REAL;
F101_SETPOINT_003:REAL;
F101_SETPOINT_004:REAL;
F101_SETPOINT_005:REAL;
F101_SETPOINT_006:REAL;
F101_SETPOINT_007:REAL;
F101_SETPOINT_008:REAL;
END_VAR
```

(4) 输入/输出变量 (Input/Output Variable)：输入/输出变量是一种特殊的全局变量。当函数或功能块被创立后，必然有一些输入端和输出端，这些输入端和输出端就属于输入/输出变量。例如：

```
VAR_INPUT
   Input:REAL;
   Reset:BOOL: =FALSE;
END_VAR
VAR_OUTPUT
   Output_Current:REAL;
   Output_Previous:REAL: =1.0e+30;
END_VAR
```

【注意】

输入/输出变量可以被赋初值。上例中的输入变量 “Reset” 被赋予 FALSE 初值，如果在使用过程中，输入端 “Reset” 是浮空没有连线的，则值为 FALSE；输出变量 “Output_Previous” 被赋予一个初始值，初始值将在功能块第一次执行时起作用。

变量声明时，还可给该类型的变量定义属性，如 RETAIN、PERSISTENT 属性。

变量名在变量声明时还可被定义变量的数据类型和初始值，变量的数据类型既可以是基本数据类型，也可以是自定义的数据类型。例如：

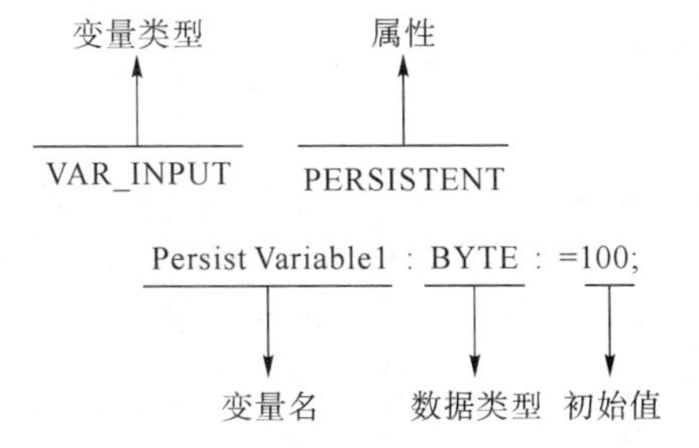

(5) 直接地址访问变量：除了上述通过变量定义访问数据的方法外，IEC 61131 -3 还保留了传统 PLC 的直接地址访问方式。它们以“%”起始，后面紧跟字母“I”（代表输入)、“Q”（代表输出）或“M”（代表标志/内存变量)，然后为另一个指示数据长度的字母，有的还有“X”(代表位地址)。例如：

```
% IW7:输入区第 7 字地址中的数
% QD3.1:输出区第 3 模块中第 1 双字地址的数
% MB3:内存区第 3 字节地址的数
% MX3.1:内存区第 3 字节第 1 位的数
% IX80:输入位 80
% QB4:输出字节 4
```

从以上这些公共元素的介绍可以看出，IEC 61131 -3 对字符、注释、关键字、数据类型及变量等的定义与普通的计算机编程语言（如 Pascal、C 语言）对上述元素的定义没有本质的区别，在原理、方式和风格上都很接近，从中也可以看出，IEC 61131 -3 虽然是一种工业控制编程语言，但其技术来源还是计算机的编程技术。

除了上述与普通计算机编程语言接近的公共元素外，下面这些概念就与控制器密切相关，而且隐含着 IEC 61131 -3 编程的软件模型，体现了 IEC 61131 -3 结构化编程的特点。

4. 配置（Configuration)

IEC 61131 -3 使用配置来定义控制系统的所有资源（Resources)，并为资源之间的数据交换提供手段。在物理上，一个配置对应一个 PLC 系统或 DCS 的一个控制站，包括 CPU 处理器和 I/O 通道对应的内存地址。例如，该项目选用的控制器型号；具体 I/O 的配置；I/O 模件上直接地址访问的变量定义。

在一个配置内，可以定义对所有程序有效的全局变量（VAR_GLOBAL)，配置与配置之间的通信则通过 VAR_ACCESS 定义的存取路径进行，IEC 61131 -3 定义了用于配置之间进行通信的通信功能块。

在 IEC 61131 -3 中，一个配置可以含有多个资源。

5. 资源（Resources)

一个配置可以有一个或多个资源。物理上，我们可以将资源看成控制器中的一个 CPU，它可以运行 IEC 任务。

在资源中也可定义自己的全局变量（即只在该资源中有效的变量)，资源中还可进行直接地址访问变量定义。

在 IEC 61131 -3 中，一个资源可以含有多个任务。

6. 任务（Tasks)

任务是控制器中一组完成特定功能的软件程序。例如，可以定义任务 A 完成回路控制，任务 B 完成运动控制，任务 C 完成中断事件的响应。

定义任务的目的是给不同的任务定义不同的调度周期。例如，可以将任务 A 的运算调度周期定义为 1 s；将任务 B 的定义为 50 ms；将任务 C 定义为事件驱动运行方式。

IEC 61131 -3 的任务不仅支持周期调度和事件驱动（需要硬件提供中断）方式，还可以定义优先级（需要操作系统支持抢占式任务调度方式)，以保证任务执行的次序。

非抢占式与抢占式任务调度的比较如图 8 -4 所示。

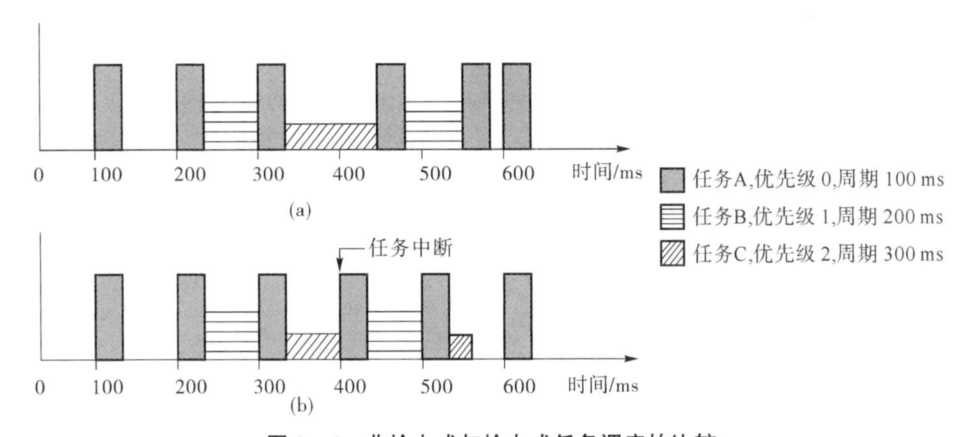

图 8 -4　非抢占式与抢占式任务调度的比较

（a）非抢占式；（b）抢占式

7. 程序组织单元（Program Organization Unit，POU）

IEC 61131 -3 引入程序组织单元（POU）的概念，POU 对应于传统 PLC 编程中的程序块、组织块、顺序块和功能块。标准统一并简化了块的类型和用法，如图 8 -5 所示。

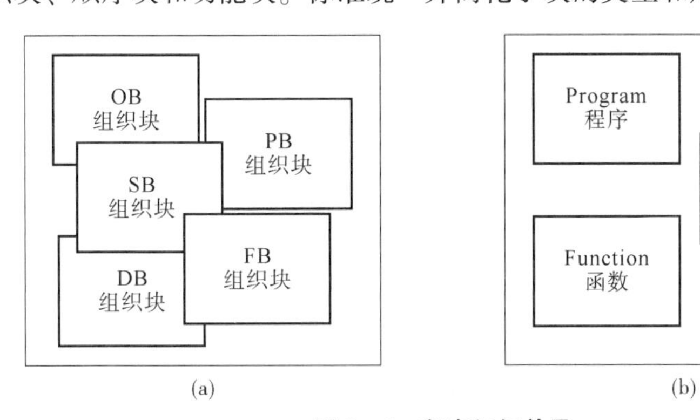

图 8 -5　程序组织单元

（a）DIN 19239 使用的块类型；（b）IEC 61131 -3 的 POU

在 IEC 61131 -3 中，程序组织单元（POU）有三类，函数（Function）、功能块（Function Block，FB）、程序（Program）。

1）函数

函数是预先编好的程序，它可以有多个输入，但只有一个输出。函数体必须被声明一种变量类型，实质是定义函数输出的变量类型。函数可以用 IEC 61131 -3 的 5 种编程语言中的任何一种创建，也可以被任何编程语言调用。调用时，使用函数名即可。

一个函数在被使用时，不需要消耗额外的内存，只是执行一个已经存在的公式的调用。下面就是一个调用了用 ST 语言写就的函数的示例：

```
Error: =Error_calc(IN1,IN2);
```

IEC 61131 -3 标准中定义了标准函数，如各种算术运算函数：ADD（加）、ABS（绝对值）、SQRT（开方）、SIN、COS 等。另外，用户也可以自定义函数，供应用程序调用。

2）功能块

功能块是预先编好的程序，可以有多个输入，也可以有多个输出，这与函数是不同的。同样，功能块可以用5种编程语言中的任一种创建，也可以被任何语言调用。调用功能块时，要定义一个该功能块的实例（Instance）。每个实例必须定义一个在该 POU 中唯一的名字。另外，功能块与函数的一个显著区别是：每个功能块在使用前都需要实例化，在执行完成后都保持唯一值。图 8-6 中的例子混合了梯形图和 IEC 标准库中功能块“TON”。注意：“TON”在该例中被定义了一个实例名“On_Delay_Timer”。

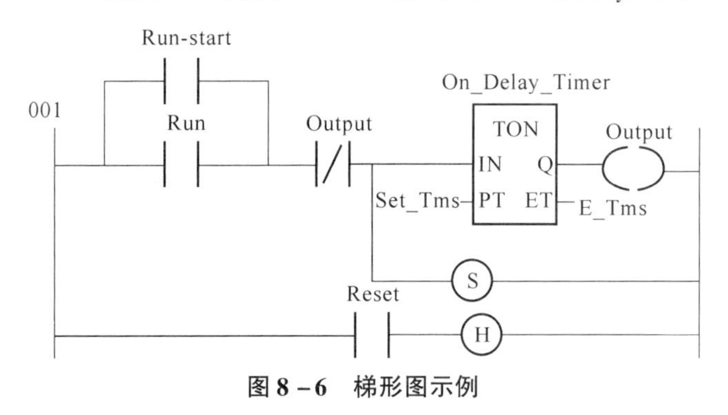

图 8-6　梯形图示例

上面的程序用功能块来表达则如图 8-7 所示。

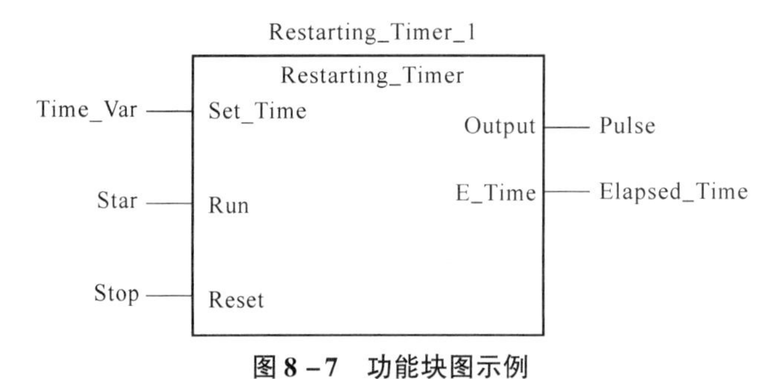

图 8-7　功能块图示例

若将该程序用 ST 来表达，则如下：

```
Restarting_Timer1(Start:=Run,SetTim:=Time_Var);
Pulse:=Restarting_Timer1.Output;
Elapsed_Time:=Restarting_Timer1.ETime;
```

3）程序

程序是所有编程语言元素和结构的一个逻辑集合。程序的说明、用法与功能块的说明、用法基本相同，一个显著的区别在于程序只能在资源内实例化，而功能块只能在程序或其他功能块内实例化。

8.4　IEC 61131-3 的软件模型

一个配置对应一个 PLC 系统或 DCS 的控制站；一个资源对应一个控制处理机及它的

人机接口和 I/O 信号接口；一个配置可以有一个或多个资源，每个资源可以执行一个或多个程序任务；任务程序可以是函数、功能块、程序或它们的组合。函数、功能块和程序可以由 IEC 61131 –3 的任意一种或多种编程语言编制。IEC 61131 –3 基本概念之间的相互关系可以用如图 8 –8 所示的软件模型表示。

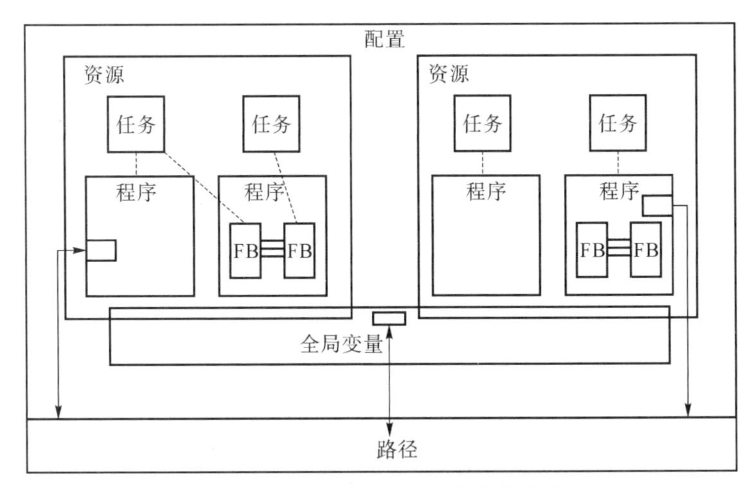

图 8 –8　IEC 61131 –3 的软件模型

配置和资源可以通过操作接口、编程接口或操作系统的系统功能启动和停止，配置启动时先初始化全局变量（Global Variables），而后激活资源中的任务。停止一个资源将挂起该资源中所有的任务，而停止配置则将停止所有的资源。

接下来，列举变量值在程序间的 3 种通信方法。

（1）在一个程序中，通过直接连接即可将一个功能块的输出传递给另一个功能块的输入，如图 8 –9 所示。

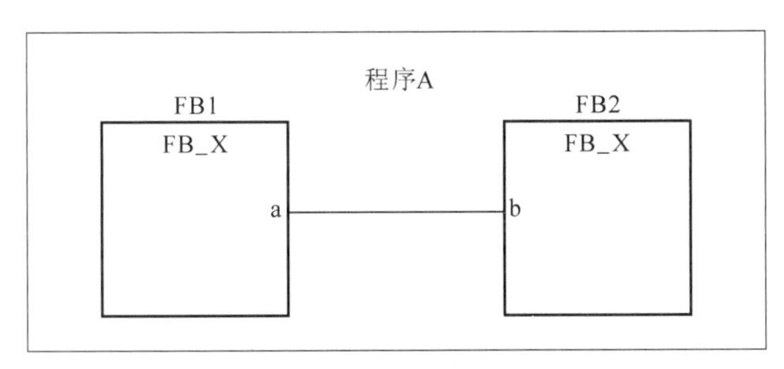

图 8 –9　程序内的通信

（2）在同一配置中，不同程序间的变量通信可以通过全局变量实现，在配置中定义全局变量 GLOBAL，而在程序中定义外部变量 EXTERNAL，如图 8 –10 所示。

（3）利用 IEC 61131 –5 定义的通信功能块，可实现一个程序的不同部分之间、相同（或不同）配置的程序之间、PLC 与其他设备之间的变量值通信，如图 8 –11 所示。

另外，PLC 或 DCS 的控制器与其他设备间的数据通信，还可以利用 IEC 61131 –5 的机制通过存取路径（Access Paths）访问，如图8－12所示。

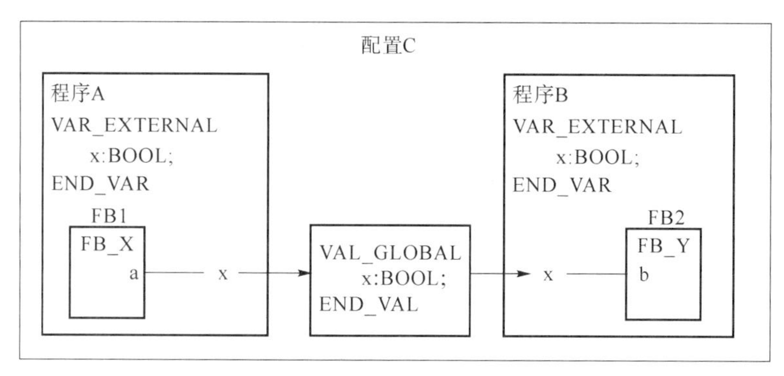

图8－10　程序间通过全局变量通信

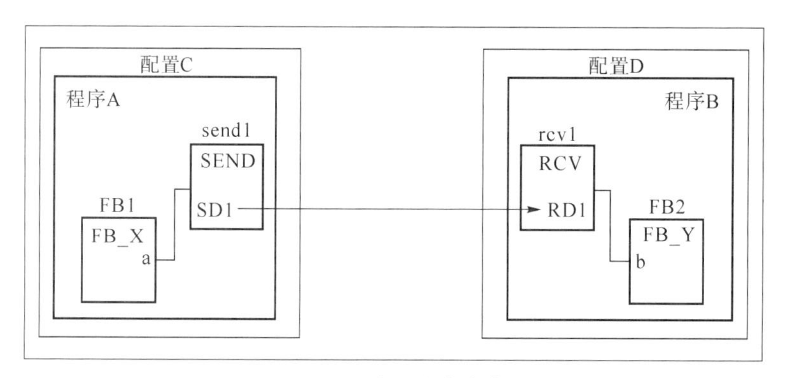

图8－11　通过通信功能块通信

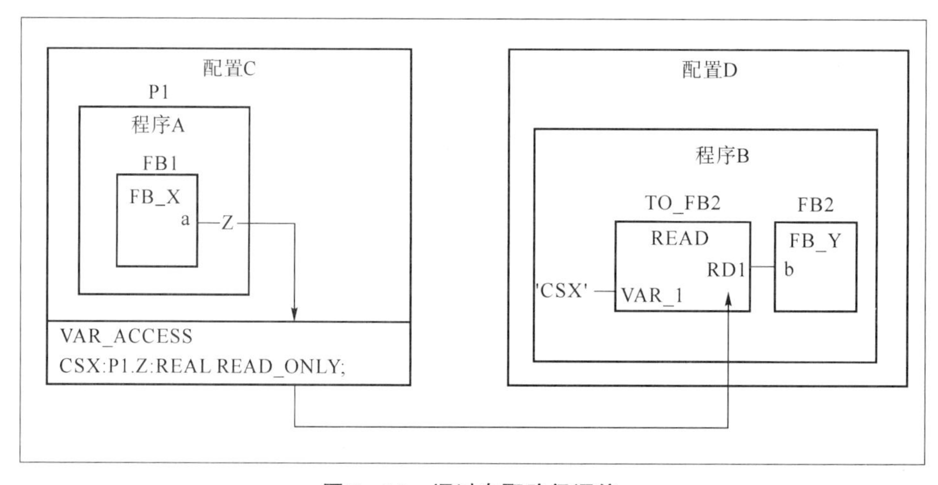

图8－12　通过存取路径通信

IEC 61131－3的基本原则是：应用工程编程（组态）者可以自由地组合使用语句表（Instruction List，IL）、结构化文本语言（Structured Text，ST）、梯形图（Ladder Diagram，LD）、功能块（Function Block Diagram，FBD）、顺控图（Sequential Function Chart，SFC）5种

控制语言编程，完成控制运算。这些控制运算包含在可重复使用的 POU 中，POU 可以是函数、功能块和程序。这些 POU 在组态程序中可以被复用或被保存在用户自定义的算法库中，并且可以被导入别的组态程序中使用。

IEC 61131 –3 还定义了一个标准函数和功能块算法库，这些函数和功能块算法的程序被预先编好并保存在控制器的 EPROM 或 FLASH ROM 中，任何与 IEC 兼容的控制器都支持这样的基本算法库。另外，用户也可以建立自己的算法库并加入系统，新算法可以调用 IEC 标准库或自定义库中的算法。

所有 POU 都可以用 5 种编程语言中的任何一种编程，也可以混合编程。例如，一个功能块程序中就可以有梯形图逻辑。

一个组态程序还应包括任务（Task），每个任务可以包含一个或多个 POU，每个任务的属性可以是固定周期的巡检（Cycle）或事件驱动（Event），或特殊的系统功能触发（Trigger）类型。一个 PLC 或控制器可能包含多个 CPU，这些 CPU 在 IEC 61131 –3 中称为资源（Resource），若干个程序能运行在同一个资源上。优先级执行的类型（Cycle、Event、Trigger）不同，程序的运行方式也不同。每个程序与一个任务（Task）关联，由该任务调度程序的启动、执行。

在下载程序到 PLC 或控制器以前，需要确定以下内容。

- 程序运行于什么类型的 PLC（控制器）？运行于哪个资源？
- 程序如何执行？它有什么样的优先权？
- 是否需要给 PLC（控制器）物理地址变量赋值？
- 是否有调用其他程序的全局变量或有外部变量需要说明？

以上信息作为配置（Configuration）进行保存。

IEC 61131 –3 定义的程序结构如图 8 –13 所示。

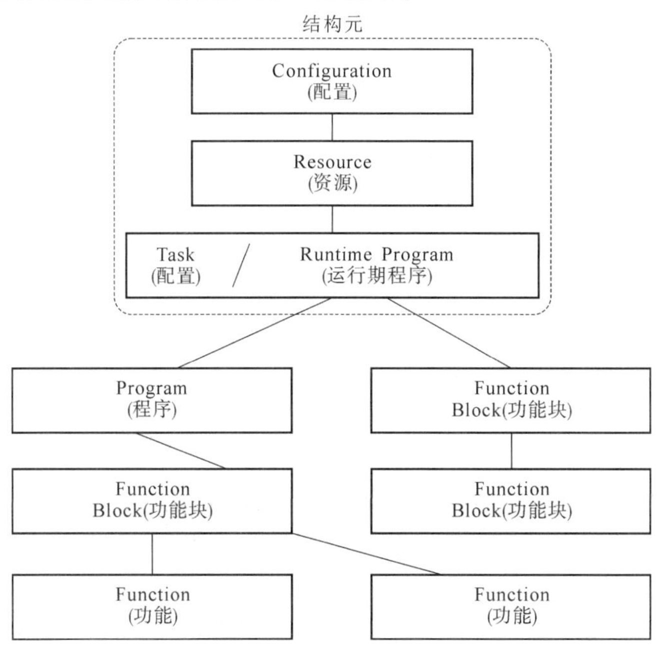

图 8 –13　IEC 61131 –3 定义的程序结构

8.5　五种编程语言简介

下面介绍 IEC 61131－3 的五种编程语言。

8.5.1　语句表

语句表（Instruction List，IL）是一种汇编语言风格的编程语言。由于 IL 程序高效、执行速度最快，因此受到软件工程师或高级专业工程师青睐。但是，IL 是最低调、最沉闷的编程语言，IL 程序的可阅读性差，不利于非计算机专业工程师的理解和使用。IL 在五种编程语言中的地位就如同计算机汇编语言在程序设计语言中的地位，它是一种底层编程语言，在 IEC 61131－3 软件结构中的作用不可替代。因此，IL 不仅是 5 种编程语言中的一种，而且在软件结构的内部还是其他文本语言和图形语言编译生成或相互转换的公共中间语言。

IL 是面向行的编程语言，一条指令对应 PLC 或 DCS 控制器可执行的一项命令，其指令结构如图 8－14 所示。

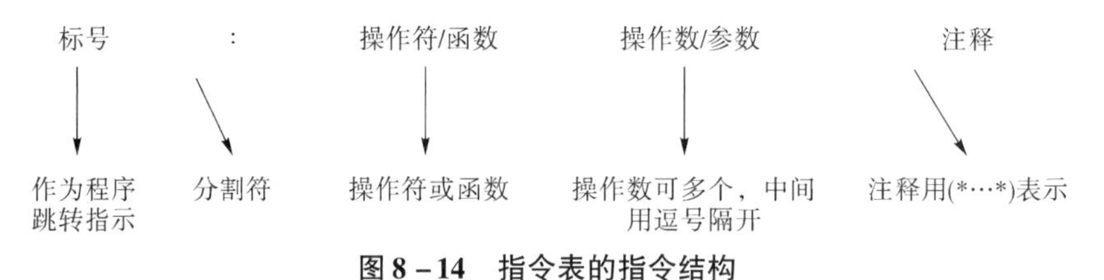

图 8－14　指令表的指令结构

下面是一段计算两个变量 IN1 和 IN2 的绝对差值的程序：

```
LD    IN1
SUB   IN2
ABS
ST    Error_Calc
```

IL 语句中可以带修饰符，修饰符有 4 种。

（1）C：支持的指令有 JMP、AL、RET，含义是只有前一个表达式为真（TRUE）时，指令才被执行。

（2）CN：支持的指令有 JMP、CAL、RET，含义是只有前一个表达式为假（FALSE）时，指令才被执行。

（3）N：操作数取反（不是指累加器取反）。

（4）（：嵌套。

带修饰符的指令语句，如下面是带跳转和函数调用的程序：

```
Main:LD      % IX3.0       (＊从 I/O 模块取数)
    AND      Timer1        (＊与上变量 Timer1)
    ST       Timer2        (＊值存储到 Timer2)
                           (＊空指令)
```

```
CALC    Function1       (* 如果 Timer2 = TRUE,则调用函数 Function1)
JMPCN   Main            (* 如果 Timer2 = FALSE,则跳回第一行程序)
```

IEC 61131 -3 中的 IL 常见指令如表 8 -4 所示。

表 8 -4　IEC 61131 -3 中的 IL 常见指令

运算符	修饰符	意义
LD		将操作数赋予当前值
ST		将当前值赋予操作数
S		如果当前结果是 TRUE，把布尔型操作数置为 TRUE
R		如果当前结果是 TRUE，把布尔型操作数置为 FALSE
AND	N，(	位逻辑运算符 AND
OR	N，(	位逻辑运算符 OR
XOR	N，(	位逻辑运算符 XOR
ADD	(	加
SUB	(	减
MUL	(	乘
DIV	(	除
GT	(	>
GE	(	>=
EQ	(	=
NE	(	<>
LE	(	<=
LT	(	<
JMP	CN	转移到标签
CAL	CN	调用程序功能块
RET	CN	退出 POU 并且返回到调用者
)		计算延迟操作

在 IL 中，如果在运算之后插入括号，那么括号的值当作一个操作数考虑。例如：

```
LD    2
MUL   2
ADD   3
ST    ERG
```

这里 ERG 的值是 7。如果加入一对圆括号，即

```
LD    2
MUL   2
(
ADD   3
)
ST    ERG
```

则 ERG 的结果是 10，因为 MUL 运算符只有到“)”才被执行。

```
LD    TRUE     (*在累加器中装载 TRUE*)
ANDN  BOOL1    (*BOOL1 变量取负后与上值执行 AND 命令*)
JMPC  mark     (*如果结果是真,那么跳转到标签“mark”*)
LDN   BOOL2    (*取负后保存*)
ST    ERG      (*BOOL2 放入 ERG*)
mark:
LD    BOOL2    (*保存值*)
ST    ERG      (*BOOL2 放入 ERG*)
```

8.5.2 结构化文本语言

结构化文本语言（Structured Text，ST）是一种高级程序语言。ST 的风格类似 Pascal 程序语言，程序设计结构化，灵活而易读，有逻辑分支语句 IF…THEN，多分支语句 CASE，循环语句 FOR…TO、WHILE…THEN、REPEAT 等。通常，由于 ST 语言的灵活性和易学易用，工程师都喜欢用 ST 来编制函数和功能块，然后用 5 种语言中的任意来调用它们。ST 程序由一组语句组成，语句与语句之间由分号（;）隔开，而在 IL 程序中换行即表示语句结束，这是 ST 与 IL 语法上一个很大的不同。

ST 的运算符见表 8-5。

表 8-5 ST 的运算符

运算	符号	运算	符号
放入圆括号	(表达式)	加	+
函数调用	函数名（参数列表）	减	-
求幂	EXPT	比较	<、>、<=、>=
求负	-	相等	=
求补	NOT	不等	<>
乘积	*	逻辑与	AND
除	/	逻辑异或	XOR
取模	MOD	逻辑或	OR

ST 的指令如表 8 -6 所示。

表 8 -6　ST 的指令

指令类型	示例
赋值	A: = B;CV: = CV + 1;C: = SIN(X);
调用功能块并且使用功能块输出	CMD_TMR(IN: = %IX5,PT: = 300); A: = CMD_TMR. Q
返回	RETURN

IF	D: = B * B;
	IF D <0. 0 THEN
	C: = A;
	ELSEIF D =0. 0 THEN
	C: = B;
	ELSE
	C: = D;
	END_IF;

CASE	CASE INT1 OF 1:BOOL1: = TRUE; 2:BOOL2: = TRUE; ELSE BOOL1: = FALSE; BOOL2: = FALSE; END_CASE

FOR 循环	J: =101;
	FOR I: =1 TO 100 BY 2 DO
	IF ARR[I] =70 THEN
	J: = I;
	EXIT;
	END_IF;
	END_FOR;

WHILE 循环	J: =1; WHILE J <= 100 AND ARR[J] <> 70 DO J: = J +2; END_WHILE;
REPEAT 循环	J: = -1; REPEAT J: = J +2; UNTIL J = 101 OR ARR[J] =70 END_REPEAT;
退出程序	EXIT;

结构化文本这个名字就已经表明它是用于结构化编程的。

接下来，比较分别用 IL 和 ST 实现相同结果的程序。

用 IL 实现 2 的乘幂，循环语句如下：

```
Loop:
LD Counter
JMPC end
LD Var1
MUL 2
ST Var1
LD Counter
SUB 1
ST Counter
JMP Loop
End:
LD Var1
ST ERG
```

用 ST 编程实现相同的功能，循环语句如下：

```
WHILE Counter <>0 DO
Var1: =Var1 *2;
Counter: =Counter -1;
END_WHILE
Erg: =Var1;
```

可以看出，用 ST 实现的循环不但实现较快，而且比较容易阅读，对于大型构架中令人费解的循环尤其方便。

下面具体介绍 ST 的指令。

（1）赋值运算符。在赋值运算符的左边是操作数（变量，地址），在它的右边是被赋予的表达式的值。例如：

```
Var1: =Var2 *10;
```

这行运行完成后，Var1 是 Var2 的 10 倍。

（2）调用功能块。通过写入功能块实例的名字，然后在圆括号中赋给参数值来调用功能块。在下面的例子中，赋给参数 IN 和 PT 值来调用时钟。结果：

```
CMD_TMR(IN: =% IX5,PT: =300);
A: =CMD_TMR.Q
```

运行完成后，变量 Q 赋给变量 A。

（3）返回指令。返回指令可以根据一个条件退出一个 POU。

（4）IF 指令。使用 IF 指令可以检查一个条件，然后可根据这个条件执行相应的指令。

语法：

```
IF <逻辑表达式1> THEN
 <IF 指令>
{ELSE <逻辑表达式2> THEN
 <ELSEIF 指令1>
ELSEIF <逻辑表达式n> THEN
 <ELSEIF 指令n-1>
ELSE
 <ELSE 指令>}
END_IF;
```

其中，在括号{}的部分是可选择的。

如果<逻辑表达式1>返回TRUE，那么只有<IF指令>被执行，其他指令不被执行。从<逻辑表达式2>开始，相继执行逻辑表达式，直到其中一个表达式返回TRUE为止。返回TRUE的逻辑表达式对应的指令被执行。如果没有逻辑表达式返回TRUE，那么只有<ELSE指令>被执行。

例子：

```
IF temp<17
THEN heating_on: =TRUE;
ELSE heating_on: =FALSE;
END_IF;
```

该程序可用于控制：如果温度低于17 ℃，则打开加热器；反之，则保持关闭状态。

（5）CASE指令。使用CASE指令，可以在结构中用一个相同条件变量来表示几个条件指令。

语法：

```
CASE <Var1> OF
 <Value1>: <指令1>
 <Value2>: <指令2>
 <Value3,Value4,Value5>: <指令3>
 <Value6,…,Value10>: <指令4>
                    …
 <Valuen>: <指令n>
ELSE <ELSE 指令>
END_CASE;
```

CASE指令根据下面的模型来执行：

①如果变量<Var1>有值<值i>，那么<指令1>被执行。

②如果变量<Var1>没有任何指定的值，那么<ELSE指令>被执行。

③如果变量的几个值都需要执行相同的指令，那么可以把这几个值按顺序写在一起并且用逗号分开。这样，就会有相同的执行指令。

④如果对于变量的一个范围需要执行相同的指令，则可以写入初值和终值，中间用点分开。这样，条件就会有相同的执行。

例子：

```
CASE INT1 OF
1,5:BOOL1:=TRUE;
BOOL3:=FALSE;
2:BOOL2:=FALSE;
BOOL3:=TURE;
10…20:BOOL1:=TRUE;
BOOL3:=TRUE;
ELSE
BOOL1:=NOT BOOL1;
BOOL2:=BOOL1 OR BOOL2;
END_CASE;
```

（6）FOR 循环。使用 FOR 循环，可以编写循环过程。

语法：

```
INT_Var:INT;
FOR <INT_Var>:= <INT_VALUE> TO <END_VALUE>
{BY <步长>}
DO
<指令>
END_FOR;
```

在 {} 中的部分是可选的。

只要计数 <INT_Var> 不比 <END_VALUE> 大，<指令> 就会被执行。<指令> 执行之前，首先检查这个条件，如果 <INIT_VALUE> 比 <END_VALUE> 大，<指令> 就永远不会被执行。

当 <指令> 被执行时，<INT_Var> 总是增加 <步长>，步长可以是任意的整数值。如果不写步长，则默认值是 1。当 <INT_Var> 大于 <END_VALUE> 时，循环结束。

例子：

```
FOR Counter:=1 TO 5 BY 1 DO
Var1:=Var1*2;
END_FOR;
Erg:=Var1;
```

假定 Var1 的默认值是 1，那么循环结束后，Var1 的值为 32。

（7）WHILE 循环。WHILE 循环用起来很像 FOR 循环，但其结束条件可以是任意的逻辑表达式。指定一个条件，当条件满足时，循环被执行。

语法：

```
WHILE <逻辑表达式>
 <指令>
END_WHILE;
```

只要 <逻辑表达式> 返回 TRUE，<指令> 就会被重复执行。如果在第一次计算时，<逻辑表达式> 的值已经是 FALSE，那么 <指令> 永远不会被执行。如果 <逻辑表达式> 的值永远不会是 FALSE，那么 <指令> 将被无休止地执行，形成死循环。

【注意】 程序员必须确保不会导致死循环。通过改变循环指令的条件可以做到这点，如通过增加或者减少计数。

例子：

```
WHILE Counter <>0 DO
      Var1: =Var1 *2;
      Counter: =Counter -1;
END_WHILE;
```

在一定意义上，WHILE 循环和 REPEAT 循环比 FOR 循环的功能更强大。由于我们不需要在执行循环之前计算循环次数，因此在有些情况下，用这两种循环就可以了。然而，如果知道循环次数，FOR 循环更好。

(8) REPEAT 循环。REPEAT 循环不同于 WHILE 循环，因为只有在指令执行以后，才检查中断条件。无论结束条件怎样，循环至少执行一次。

语法：

```
REPEAT
 <指令>
UNTIL <逻辑表达式>
END_REPEAT;
```

直到 <逻辑表达式> 返回 TRUE，<指令> 才停止执行。

如果在第一次计算时，<逻辑表达式> 产生 TRUE，那么 <指令> 只被执行一次，如果 <逻辑表达式> 不会产生 TRUE，那么 <指令> 将无休止地循环，形成死循环。

例子：

```
REPEAT
Var1: =Var1 *2;
Counter: =Counter -1;
UNTIL
Counter =0
END_REPEAT;
```

(9) EXIT 指令。如果 EXIT 指令出现在 FOR、WHILE、REPEAT 循环中，那么不管中断条件如何，执行到 EXIT 指令时，都循环终止。

8.5.3 梯形图

梯形图（Ladder Diagram，LD）是一种来源于继电逻辑的编程语言，为广大的电气工程师所熟悉和喜欢。在主要处理开关量逻辑的 PLC 领域应用非常普遍，图形化表示方法使得程序易于理解、方便阅读。

由于没有模拟量元素，因此梯形图不适合用于连续过程的模拟控制。

梯形图中包含一系列网络，通过左右垂直线将网络限制在左边和右边；在中间是由触点、线圈和连接线组成的电路图。

每个网络包含一系列触点，从左到右的状态是“开”或“关”，对应于逻辑值 TRUE 和 FALSE。每个触点属于一个逻辑变量。如果变量是 TRUE，则状态沿着连接线从左到右传递；反之，右连接接收 FALSE 值。

由触点和线圈构成的梯形图典型网络如图 8－15 所示。

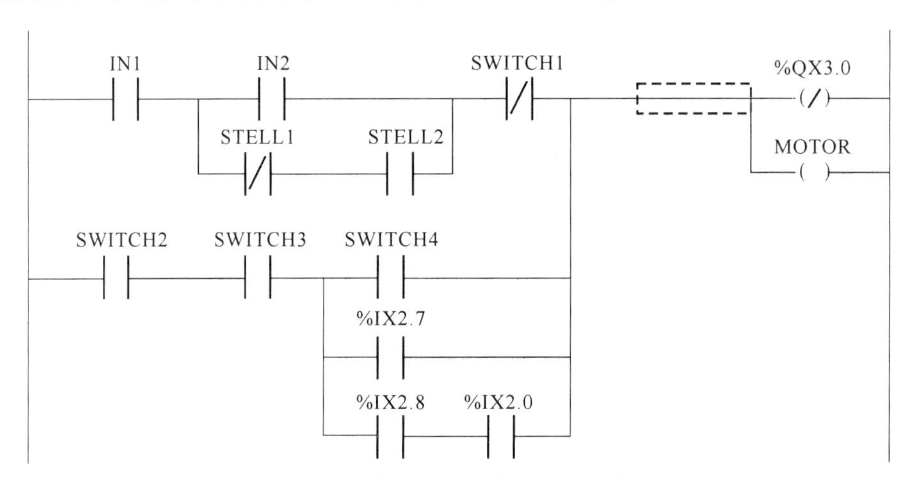

图 8－15　由触点和线圈构成的梯形图典型网络

（1）触点。在 LD 中，每个网络均包含网络左边的触点（触点由两条并行线“|／|”表示）从左到右表示触点的状态“开”或“关”。

这些状态对应于逻辑值 TRUE 和 FALSE。每个触点包含一个逻辑变量。如果这个变量是 TRUE，那么逻辑值从左向右沿连接线进行传递。

触点可以并行连接，那么并行分支之一必须传送“ON”值，以便并行分支总体传送“ON”或者触点按串联连接，那么全部触点必须传送状态“ON”，以便最后的状态传送“ON”状态。这与并联或者串联电路一致。

触点可取非，由触点符号“|／|”识别，如图 8－15 中的 STELL1 SWITCH1。如果触点取非，那么只有合适的逻辑值是 FALSE 时，才能接通。

（2）线圈。在 LD 网络右边有一些用（）表示的线圈。这些线圈只能并联连接。线圈从左向右传递连接的逻辑值，并且把该值复制到合适的逻辑变量中，可以预置 ON（对应逻辑变量 TRUE）或者 OFF（对应 FALSE）。

线圈可以取非，如图 8－15 中的 MOTOR。如果线圈取非（由线圈符（/）斜线识别)，那么线圈将取非后的值复制到合适的逻辑变量中。

(3) 梯形图中的功能块。在网络中，它们必须有逻辑类型的输入和输出，且可以像触点一样在 LD 网络的左边使用，如图 8 -16 所示。

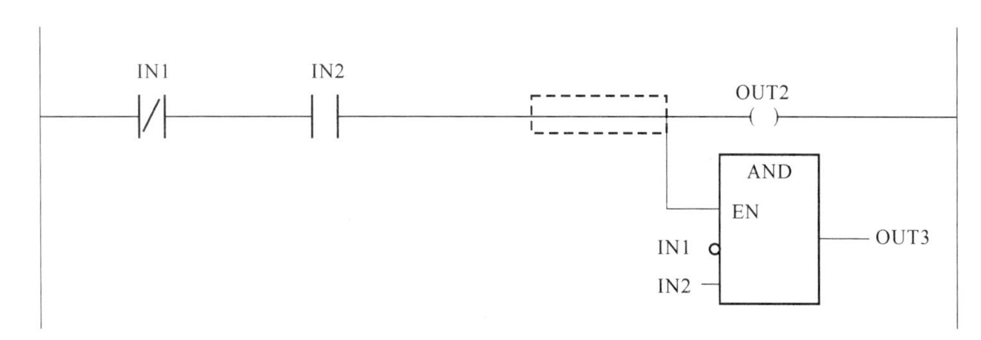

图 8 -16　梯形图中的功能块

(4) 置位/复位线圈。线圈可以定义成置位线圈或复位线圈。通过线圈符号（S）可以识别一个置位线圈。一旦设置为 TRUE，置位线圈将一直保持为 TRUE。

通过线圈符号（R）可以识别复位线圈。它从不改写逻辑变量中的 FALSE。如果变量设置为 FLASE，复位线圈将一直保持为 FALSE。用 LD 工作时，很可能需要使用触点开关的结果来控制其他 POU，可以使用线圈，把结果放在全局变量中，这个全局变量可以用在其他位置，也可以在 LD 网络中直接插入可能的调用。这时，需要一个带使能端 EN 的 POU，这种 POU 可包括正常的运算符、函数、程序、功能块。它们有一个带有 EN 标志的额外输入：EN 输入总是布尔型，即当使能端 EN 为 TRUE 时，POU 被执行。由于一个带使能端 EN 的 POU 和线圈并联，因此 EN 输入连接在触点和线圈之间的连接线上。

如果通过该连接线传递了 ON 信息，则 POU 被完全正常执行。从这样一个 ENPOU 开始，会创建一个很像功能块图（FBD）的段。

设一个控制线路的控制程序用 LD 描述如图 8 -17 所示。

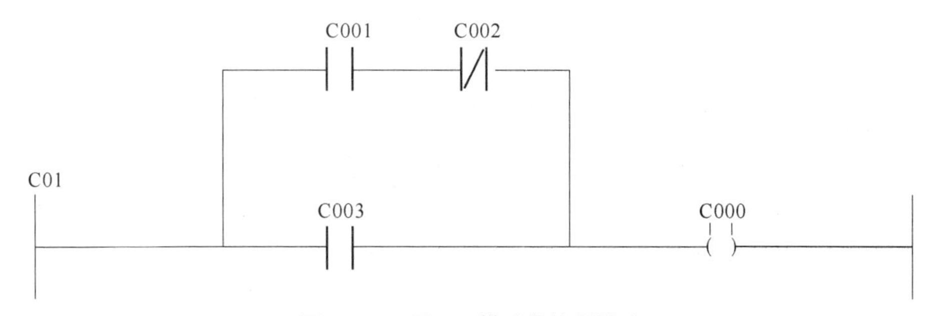

图 8 -17　用 LD 描述的控制线路

8.5.4　功能块图

功能块图（Function Block Diagram，FBD）也是一种图形化的控制编程语言，它通过调用函数、功能块来实现程序，调用的函数和功能块既可以定义在 IEC 标准库中，也可以定义在用户自定义库中。这些函数和功能块可以由任意五种编程语言完成（包括功能块图本身），块和块之间用连线建立逻辑连接。FBD 编程语言的形式如图 8－18 所示。

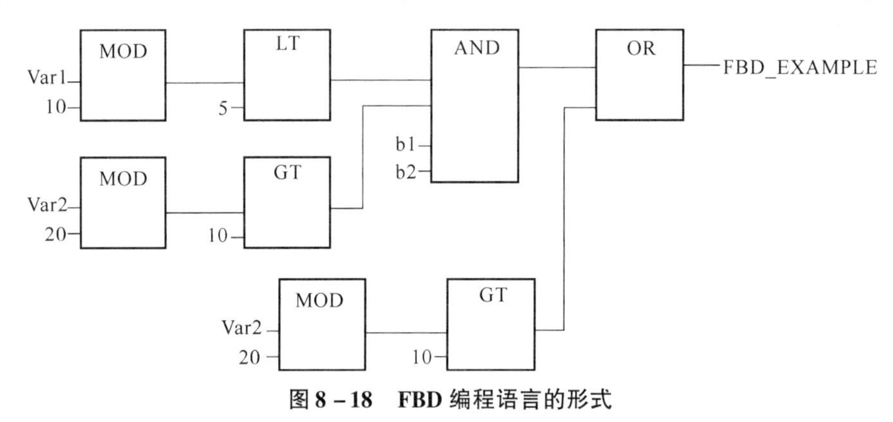

图 8－18　FBD 编程语言的形式

8.5.5　顺序功能图

顺序功能图（Sequential Function Chart，SFC）用一系列的“步”（Step）和“转换”（Transition）来完成复杂的运算，示例如图 8－19 所示。“Start”块是起始步，程序停止在此处，直到状态位“T1”为真（TRUE），程序转入下一步（Step1）；“st_action_1”块是执行块（Action Block），代表一个计算过程，它被连续执行，因为这时程序停在了 Step1 步，直到“T2”为真（TRUE），程序转入下一步（Step2），并连续运行执行块“st_action_2”；直到左边的梯形图逻辑结果为真（TRUE），程序才跳转回“Start”块。复杂的运算可以用多分支来实现，每步都可以有多个执行块，每个执行块在一步中可以设成循环运行、单循环运行或中断运行方式。

SFC 中用到的一些基本概念如下。

（1）步（Step）：一步代表一种状态，在该状态中，程序组织单元的行为特性相对于其输入和输出遵守一套由步的相关动作定义的规则。

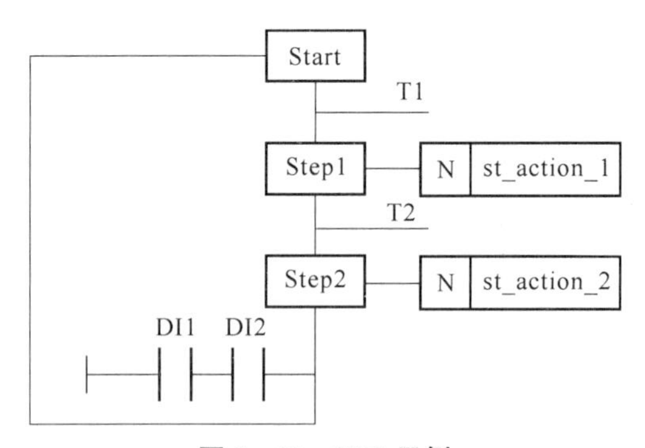

图 8－19　SFC 示例

（2）动作（Action）：用其他语言实现的一系列指令。一步可以有任意多个动作，且这些动作可以被多步重复使用。

- 入口动作：只在步为活动状态时，立即执行一次。
- 出口动作：与入口动作类似，出口动作只在步不活动前执行一次。

（3）转换/转换条件（Transition）：步之间的切换就是转换。只有当步的转换条件为真（TRUE）时，步的转换才进行，即前步的动作停止执行。若有出口动作，则执行一次出口动作；后步若有入口动作，则执行一次后步的入口动作。然后，按照控制周期执行该活动步的所有动作。

在 IEC 标准中，一个完整的动作块除了动作（程序）本身外，还可以有该动作执行的条件（动作限定），以及一个用于指示该动作结果的动作指示变量（布尔型），如图 8 -20 所示。

图 8 -20　动作块的格式

动作指示变量是在一个动作中写入的特殊变量，用于反映当前动作的状态。例如，动作处于活动时，则该变量值为 TRUE。不过，目前绝大部分 IEC 61131 -3 编程系统没有实现动作的指示。

标准定义的动作限定符的含义如表 8 -7 所示。

表 8 -7　标准定义的动作限定符的含义

限定符	解释
（空）	默认动作，非存储动作，与限定符 N 相同
N	非存储动作，当相关步处于活动状态时，执行动作程序
R	复位存储动作
S	将动作置位为活动的动作
L	有限定时间的动作，当限定期满时，动作停止
D	有延时的动作，当延时时间到时，启动动作
P	脉冲动作，当动作进入（或退出）活动状态时，执行一次动作。其中：P1 为进入活动脉冲动作，即入口动作；P0 为退出活动脉冲动作，即出口动作
SD	存储延时动作，动作在延时一段时间后置为活动，与正常的步退活动条件无关
DS	延时存储动作，动作在指定的时间间隔后置为活动
SL	存储时间限定动作，活动直到限定的时间

限定符 SD 和 DS 的区别在于步标示的影响：对于 SD，在该步被激活后，即使该步又被解除激活，在预设时间段已消逝时，动作被存储，且布尔变量被置为真（TRUE），此状态一直保持，直到动作被复位；对于 DS，DS 定义的动作在时间延迟期间其对应步必须保持激活状态。

各种限定符动作的时序如图 8 -21 ~ 图 8 -29 所示。其中，Step*N*. X 表示步 *N* 处于活动。

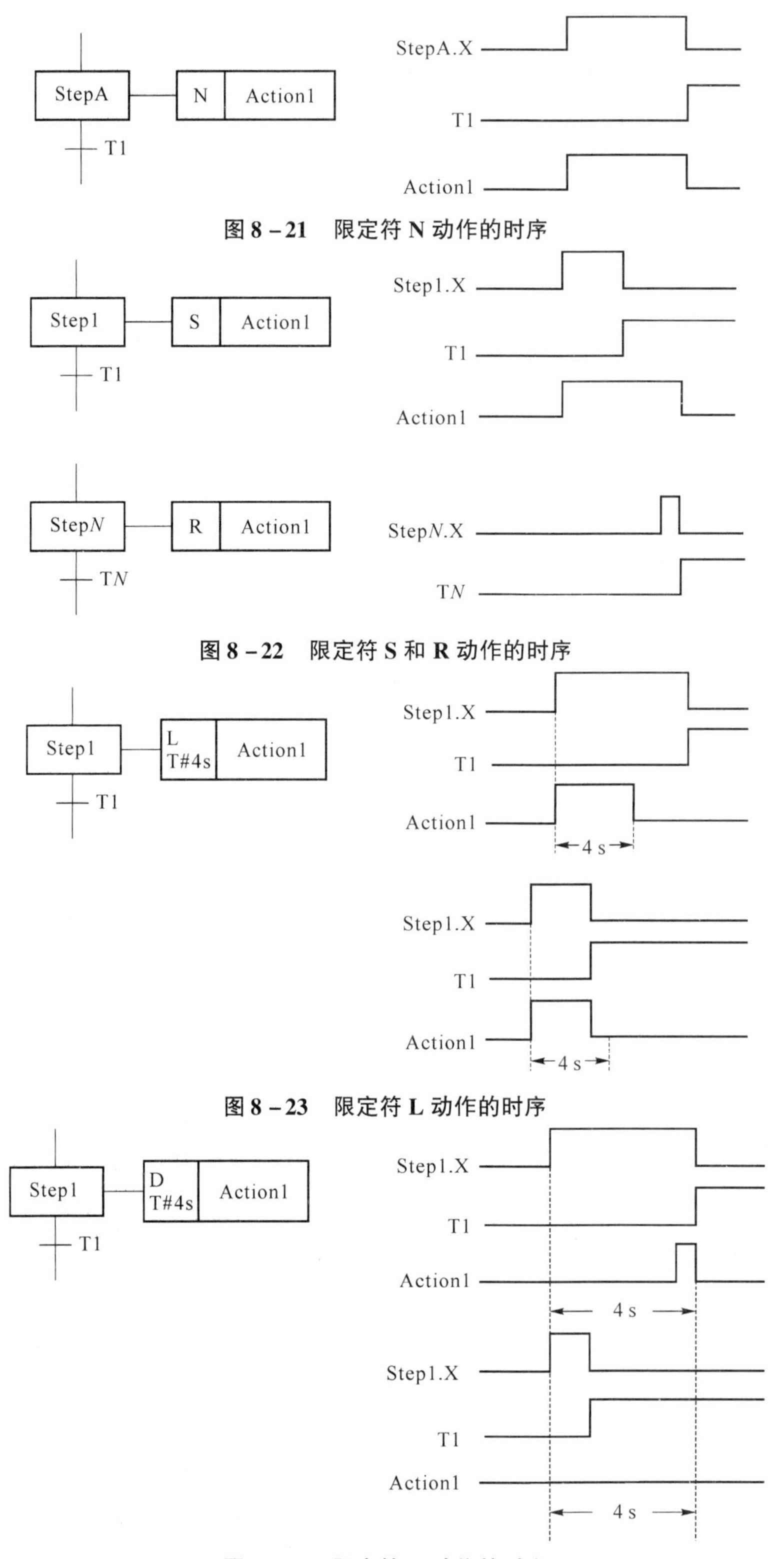

图 8－21　限定符 N 动作的时序

图 8－22　限定符 S 和 R 动作的时序

图 8－23　限定符 L 动作的时序

图 8－24　限定符 D 动作的时序

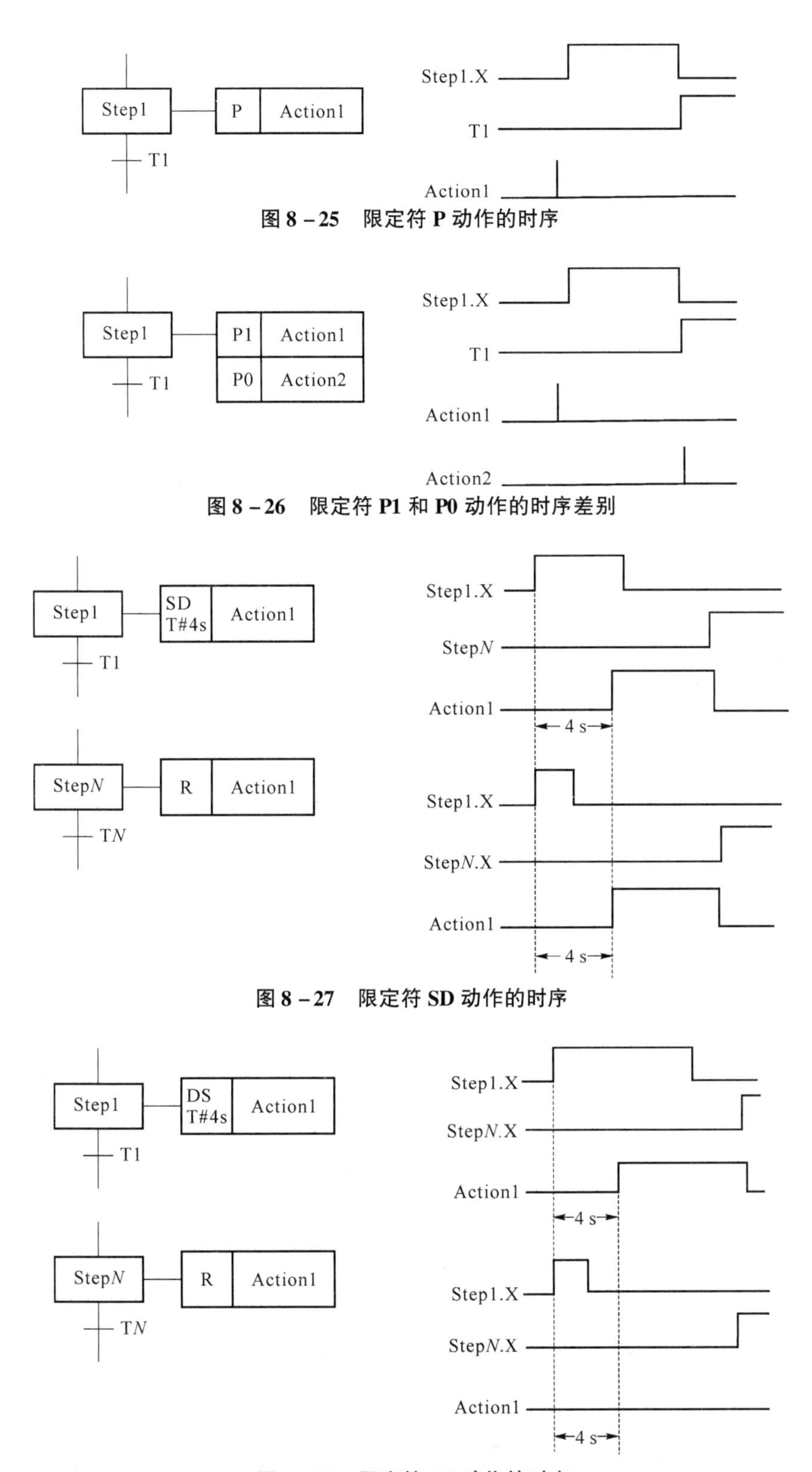

图 8 - 25　限定符 P 动作的时序

图 8 - 26　限定符 P1 和 P0 动作的时序差别

图 8 - 27　限定符 SD 动作的时序

图 8 - 28　限定符 DS 动作的时序

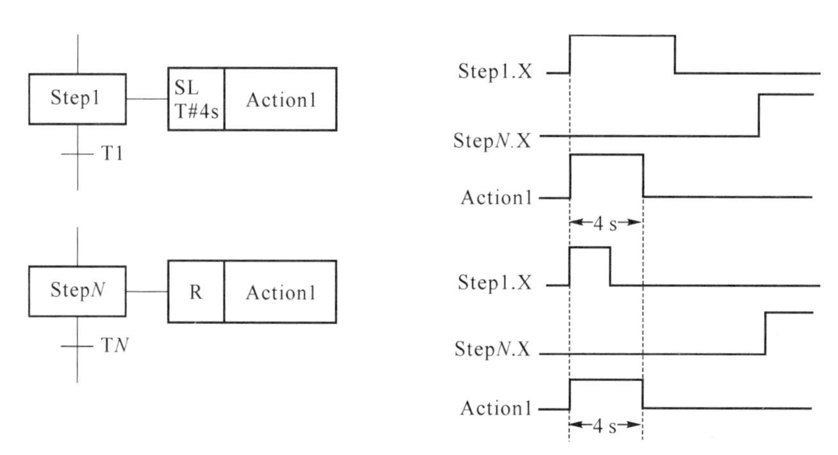

图 8－29　限定符 SL 动作的时序

除 IEC 标准中定义的 SFC 之外，有些编程系统还提供简化的 SFC 块定义方法，如图 8－30所示，将步与动作集成为带动作的特殊步，其中动作程序可采用 IEC 的任何一种语言编程实现。

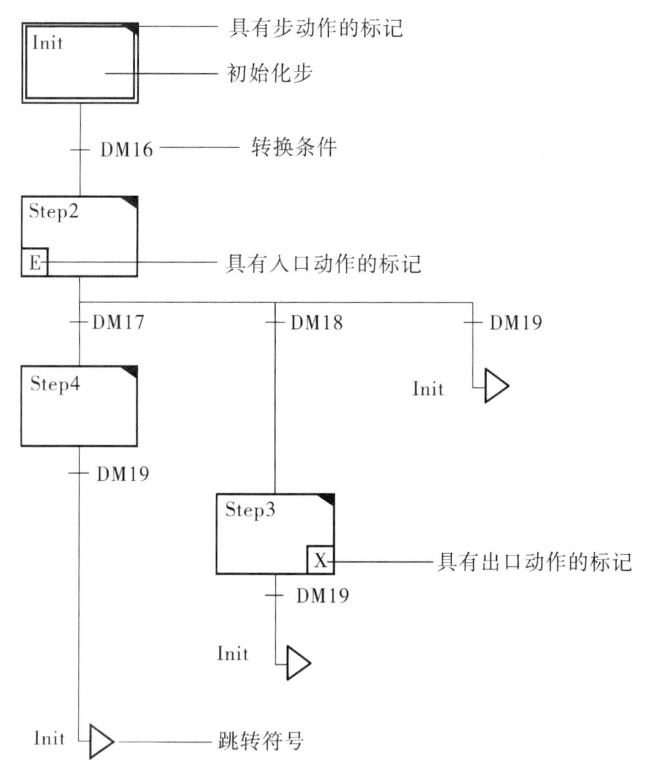

图 8－30　简化的 SFC 块定义方法

IEC 61131－3 是一个强有力的、灵活的、可移植的工业编程标准，它包含多种工业编程习惯和风格，应用工程师可以用 5 种语言混合编程。开发的程序作为 POU 可在一个工程中复用，而且 POU 可保存在库中供其他工程项目使用，使应用工程师开发的程序可被延续、继承、复用。

8.6　应用举例

基于 IEC 61131 - 3 系统对具体控制问题进行设计，应包含以下几方面：

（1）外部接口的定义。

（2）对控制问题进行分析与分类。软件上，将一个控制问题分解成便于管理的部件——定义程序、功能块。

（3）对运行在不同的控制器（PLC 或 DCS）资源上的控制软件进行分配。

（4）选定最合适的编程语言。

（5）定义总体配置。

本节以锅炉给水的控制作为应用实例进行介绍。

8.6.1　锅炉给水的工艺要求

在燃油发电站或燃煤发电站使用的大型锅炉中，汽包由给水泵进行水位控制。锅炉的汽包水位必须被控制在安全运行限度之内。

这一水位会随着汽轮机或其他设施所使用的锅炉蒸汽的用量大小而上下波动。如果水位下降，就可能导致锅炉内水冷壁出现过热和变形的危险。如果水位太高，则水滴会进入过热蒸汽，损坏汽轮机叶片。

小型机组的给水泵是电动的，而 300 MW 以上机组的给水泵由主蒸汽之外的其他抽气驱动，锅炉给水泵抽吸除去空气的水（通常以浓缩蒸汽再循环）在高压下进入汽包，以维持水位。在本示例应用中，将考虑汽轮机给水泵的控制问题，以及给水控制系统与机组内其他系统的相互作用方面的某些问题。锅炉给水系统如图 8 - 31 所示。

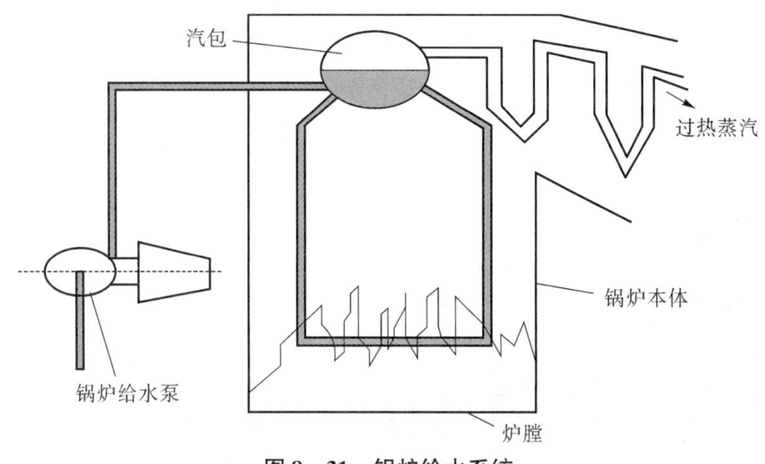

图 8 - 31　锅炉给水系统

锅炉给水泵的控制系统如图 8 - 32 所示。给水泵汽轮机与给水泵连接在相同的轴上，它不仅为给水泵提供动力，还带动为给水泵轴承提供润滑油的主油泵，并为液压速度调节器提供动力。

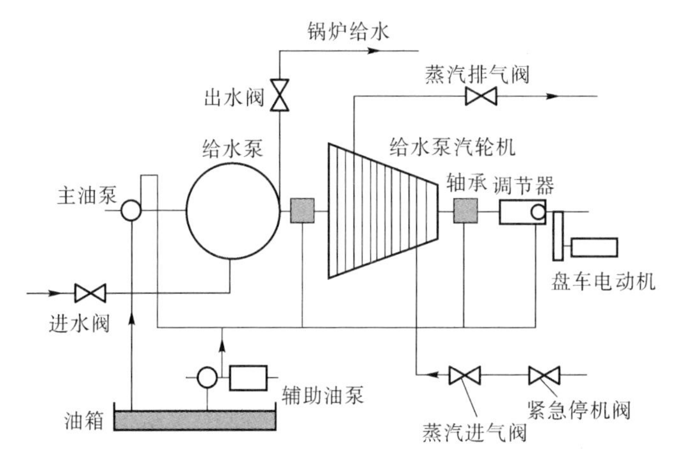

图 8－32　锅炉给水泵的控制系统

操作员可以从控制中心启动给水泵，定义给水泵从启动到额定转速的时间和初始化操作速度。汽轮机通过打开蒸汽的入口阀门和出口阀门升速。为了使汽轮机转速和排气稳定，首先将汽轮机的转速升到一个中间转速，且在释放的气体达到蒸汽入口的温度之前一直维持这个转速；然后，缓慢打开蒸汽入口阀门，增加蒸汽供应，直到汽轮机达到工作转速。

当给水泵处于工作转速（约 3000 r/min）时，给水泵的入口阀门和出口阀门被打开，将给水输送到汽包。这时，控制系统切换到“调制控制”，根据某些重要的过程值（如汽包的水位、给水流量和给水阀门位置等），调制控制算法产生所需要的速度信号，通过液压速度调节器来控制汽轮机的转速。

若操作员在紧急关闭条件下停泵，则应先关闭蒸汽进气阀，再关闭排气阀，停止蒸汽供应。随着汽轮机转速放慢并停止转动，电动盘车电动机开始运行，以使汽轮机以低速转动。这可以保护轴不会因冷却而变形。

当汽轮机转速太低而无法有效带动主油泵时，或轴承油压过低时，辅助油泵会启动，以维持轴承内的油压。

8.6.2　设计方法

给水泵所使用控制系统的设计可以按以下几个阶段考虑。

（1）控制系统外部接口的识别，也就是定义所有传感器和执行器的输入/输出信号。

（2）定义控制系统和机组其余装置之间交换的信号。

（3）定义所有操作员的人机对话和监控数据。

（4）编写 IEC 程序、组织设备，也就是 IEC 程序和功能块。

（5）所需要的底层功能块的界定。

（6）不同程序和功能块的扫描周期的需求界定。

（7）程序和功能块的详细设计。

锅炉给水泵控制系统与机组之间的主界面如图 8 - 33 所示，锅炉给水泵控制系统的主要功能是调节给水泵的速度以没吃汽包水位。

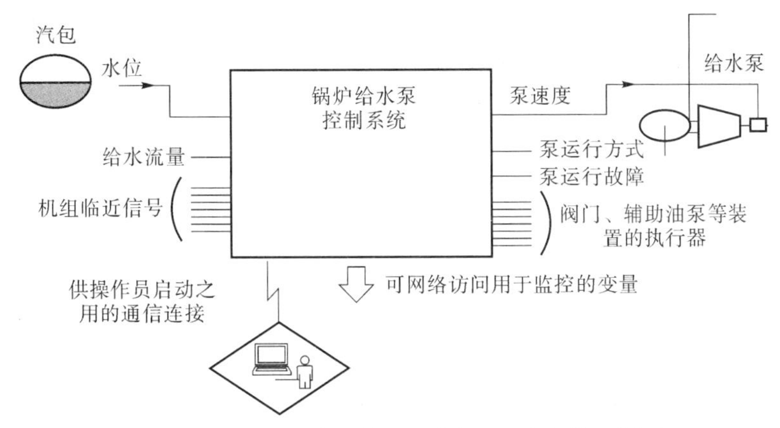

图 8 - 33　锅炉给水泵控制系统与机组之间的主界面

1. 定义特定数据类型

在一个项目中，可能需要对实际应用数据定义特定的数据类型，定义的特定数据类型适用于整个项目。

例如：

```
(＊泵运行方式的类型定义＊)
TYPE Pump Mode:(
Not Available,(＊泵无法运行＊)
Stopped,(＊泵停止＊)
Barring,(＊泵以启动速度旋转＊)
Ramping,(＊速度发生变化＊)
Running(＊以运行速度＊)
)
END_TYPE
(＊速度变化定义＊)
TYPE Ramp Spec
Target:REAL;(＊目标转速＊)
Duration:TIME;(＊变速持续时间＊)
END_TYPE
```

2. 设备输入/输出信号的定义

所有与泵运行有关的输入传感器，包括阀门位置、油压传感器、开关设备和温度信号，都应该被定义。同样，所有需要用来驱动执行机构的主要输出信号也需要进行定义。主要的输入/输出信号在设计开始时即可确定，随着控制方案的细化，还会产生大量的中间信号（变量）。

事先定义信号的命名规则是一个相当好的方法，这样就可以使每个信号的来源和目的地都可以从信号名称上区分。每个信号都需要定义成某种数据类型，并定义到控制系统的具体 I/O 通道。在一个大型项目中，可能需要数据库来存储所有 I/O 信号的信息。在本例中，假设 I/O 硬件已被配置，因此输入/输出值可在从预先定义的存储内存中获得。

例如：

```
(*系统输入*)
P1_Local AT %IX10:BOOL;(*就地控制*)
P1_PumpSpeed AT %ID50:REAL;(*泵转速*)
P1_FlowRate AT %ID51:REAL;(*水流速度*)
P1_DrumLevel AT %ID52:REAL;(*汽包水位*)
P1_CasingTemp AT %ID53:REAL;(*罩壳温度*)
…
(*系统输出*)
P1_SteamIV AT %QD80:REAL;(*汽轮机进气阀位置*)
P1_SteamEV AT %QX81:BOOL;(*排气阀*)
P1_SuctionV AT %QX10:BOOL;(*给水入口阀*)
P1_DischgV AT %QX11:BOOL;(*给水出口阀*)
…
```

前缀“P1_”表示信号与泵 1 相关，这是为未来可能的扩展做准备，即如果有第 2 个泵，则其控制信号可使用前缀“P2_”命名，以保持信号命名风格的一致性。

3. 外部接口的定义

尽管本例集中在给水泵的控制方面，但与机组其他部分或其他控制系统接口的定义也是系统设计的一部分。泵控制系统与其他系统既有直接硬接线信号，也可能存在一个或多个通信接口问题。

所有这些通信接口的信号和相互作用都需要定义。被允许通过机组控制系统网络访问的变量可以用 VAR_ACCESS 来说明。

例如：

```
(*直接主控制 1 输入*)
P1_StartPermit AT %IX200:BOOL;(*允许主启动*)
P1_PumpTrip AT %IX201:BOOL;(*紧急停泵*)
…
(*主控制 1 输入*)
P1_PumpMode AT %QW400: PumpMode;(*泵运行方式*)
P1_PumpFault AT %QX401:BOOL;(*泵运行故障*)
…
(*获取通信网络的路径*)
```

```
(＊通往锅炉给水泵1的路径名称,速度＊)
A_BFP1Speed:P1_PumpSpeed:REAL READ_ONLY;
(＊通往锅炉给水泵1的路径名称,运行方式＊)
A_BFP1Mode:P1_PumpMode: PumpMode READ_ONLY;
…
```

4. 操作人员接口的定义

操作人员通过硬接线连接开关和指示器进行的操作，可以被看作正常的输入信号和输出信号。

不过，通过通信接口进行的操作需要使用特殊的通信功能块。如果使用了一个专用的串行通信接口，就必须开发一个底层功能块。串行通信的操作不属于 IEC 61131 - 3 的范围。

在本例中，假设已开发“操作人员—数据—请求”（Operator_ Data_ Request）功能块。该功能块有两种标记——信息准备（Message_ Ready）、数据有效（Data_Valid），这在操作员信息被更新或当操作员所输入的数据有效时作为信号的信号灯。如图 8 - 34所示的“操作人员—数据—请求”功能块用在汽轮机启动顺序控制中，用来请求升速速度和时间。

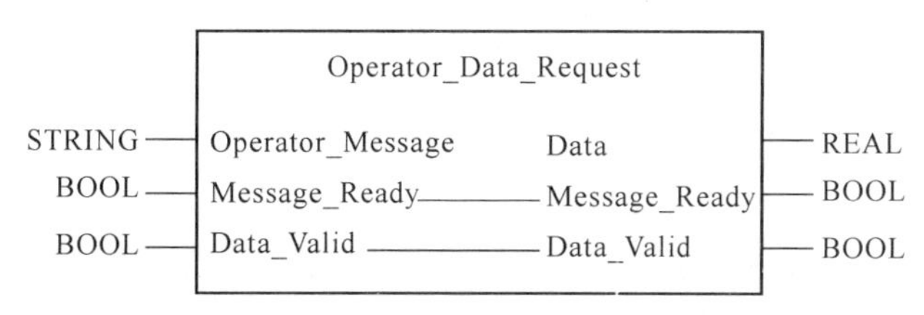

图 8 - 34 “操作人员—数据—请求”功能块

8.6.3 控制问题分解

在给水泵例子中，主要的控制功能分为顺序控制、辅助控制、调节控制。

假设系统配置提供了两种处理器（CPU）资源：一个资源用于执行汽轮机启动的顺序控制及控制所有辅助功能；另一个资源用于调节控制，以扫描模拟输入信号，以及运行调节控制算法。给水泵主要控制功能如图 8 - 35 所示。

这两种资源的控制逻辑分别打包在程序 MainControl1 和 ModeControl1 中。整个控制软件被包含在一个配置 BFP1_Control 中。

两个资源内的软件所使用的全局变量被定义在配置级。这些全局变量对于系统来说既可以是输入类型也可以是输出类型。两个资源中的程序都可以使用配置级的全局变量，用于实施两个资源间的信息交换。例如，当泵的转速达到工作速度时，启动调节控制。这可以由 MainControl1 程序将一个布尔型的全局变量 P1_Auto 置 1 来完成。

仅在特定资源中用到的全局变量在资源级上声明。例如，最大泵速（MaxPumpSpeed）仅与 MainControl1 程序相关，因此可以在主资源中作为全局变量定义。定义全局变量可以简化整体设计，预防程序变量使用不当方面的错误。由于全局变量可以被所有程序使用，

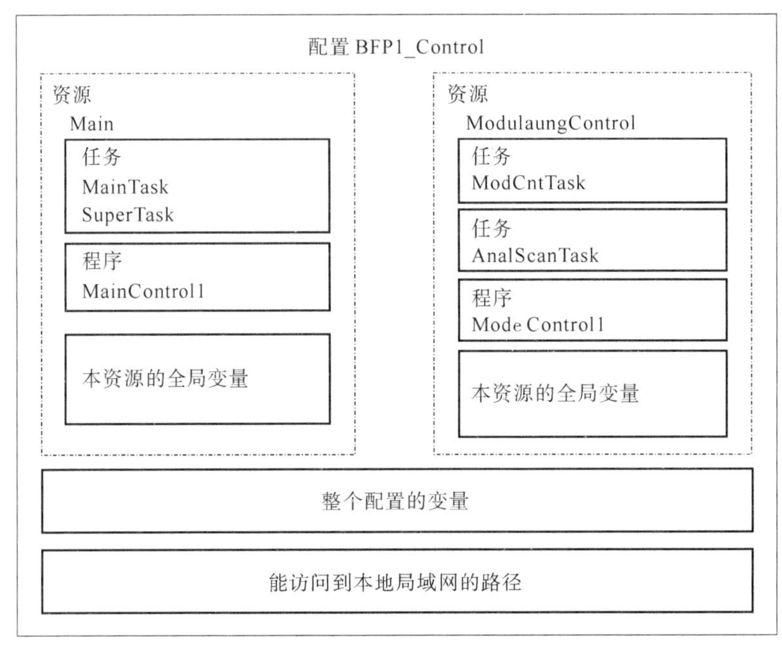

图 8－35 给水泵主要控制功能

因此应该尽可能地减少全局变量的数量。在本例中，所有关键变量都可定义为输入/输出变量。

声明存取路径，以便为所选择变量提供外部访问路径。在本例中，通信存取被限制在很少的一些主要变量上，如泵速和运行方式。此外，还提供了其他变量的只读方式用于监视，如报警监视。

每个资源包含一个（或多个）任务定义。MainTask 任务运行 MainControl1 资源内的主程序块和大多数功能块。SuperTask 任务运行泵监视功能块。由于这一模块监控的输入信号（如温度）变化相对较慢，因此以较低的速度运行。

在 ModulaungControl1 资源中有一个任务 ModCntTask，主要负责运行调节控制功能块和模拟输入信号调节的功能块。

本配置部分变量的定义如下：

```
CONFIGURATION BFP1_Control
(＊配置等级的全局变量＊)
VAR_GLOBAL
(＊系统输入＊)
P1_Local AT %IX10:BOOL;(＊就地控制＊)
P1_PumpSpeed AT %ID50:REAL;(＊泵转速＊)
P1_FlowRate AT %ID51:REAL;(＊水流量＊)
…
(＊MainControl 直接地址输入变量＊)
```

```
P1_StartPermit AT %IX200:BOOL;(*允许主启动*)
P1_PumpTrip AT %IX201:BOOL;(*紧急停泵*)
P1_StartUp AT %IX202:BOOL;(*启动泵运转*)
…

(*系统输出*)
P1_StramIV AT%QD80:REAL;(*进气阀位置*)
…
(*MainControl 直接地址输出变量*)
P1_PumpMode AT %QW400: PumpMode;(*泵运行模式*)
P1_PumpFault AT %QX401:BOOL;(*泵运行故障*)
…
(*配置等级,共享全程变量*)
P1_Auto:BOOL;(*调节控制自动*)
END_VAR
RESOURCE MAINCONTROL
VAR_GLOBAL CONSTANT
(*定义所有全局常量*)
Seq_Scan_Period:TIME:=T#100Vms;
MaxPumpSpeed:REAL:=4000
…
END_VAR
VAR
(*资源等级的变量*)
(*系统输入*)
P1_AOP_Press AT %ID533:REAL;(*辅助油泵压力*)
…
(*系统输出*)
P1_StreamEV AT %QX81:BOOL;(*排气阀*)
P1_SuctionV AT %QX10:BOOL;(*入口阀*)
P1_DischgV AT %QX11:BOOL;(*出口阀*)
…
END_VAR
(*任务定义*)
TASK MainTask(INTERVAL:=Seq_Scan_Period,PRIORITY:=5);
TASK SuperTask(INTERVAL:=T#500ms,PRIORITY:=10);
(*MainControl1 程序*)
```

```
PROGRAM MainControl1 with Maintask:
MainControl(
(＊输入变量表＊)
StartUp:=P1_Startup,(＊泵提速＊)
Local:=P1_Local,(＊就地控制模式＊)
PumpSpeed:=P1_PumpSpeed,
FlowRate:=P1_FlowRate,
PumpTrip:=P1_PumpTrip,
…
(＊输出变量列表＊)
Auto=>P1_Auto,
PumpMode=>P1_PumpMode,
PumpFault=>P1_PumpFault,
SteamEV=>P1_SteamEV,(＊排气阀＊)
SuctionV=>P1_SuctionV,(＊入口阀＊)
P1_DischgV=>P1_DischgV,(＊出口阀＊)
…
(＊监视功能由 SuperTask 任务完成＊)
);
END_RESOURCE
RESOURCE ModulatingControl
…
END_RESOURCE
VAR_ACCESS
(＊通过通信网络可获得的变量＊)
A_BFP1Speed:P1_PumpSpeed:REAL READ_ONLY;
A_BFP1Mode:P1_PumpMode:PumpMode READ_ONLY;
A_BFP1Suction:MainControl.P1_SunctionV:BOOL READ_ONLY;
…
END_VAR
END_CONFIGURATION
```

8.6.4 编程分解

接下来，对本系统中的程序之一进行更深入的分解。注意：MainControl1 是 MainControl 类型的程序实例。可以通过建立第二个程序实例来控制第二个泵，如 MainControl2。

MainControl 类型由功能块实例组成，其分解如图 8－36 所示。图中的每个功能块都与控制锅炉给水泵的一个特定部件相关，特定部件的所有逻辑都被包含在特定的功能块内。

为避免图表出现混乱，图中只显示了主信号以阐述主程序结构，未标示功能块输入信号和输出信号名称。

MainControl 程序每个高级功能块的性能如下所述。

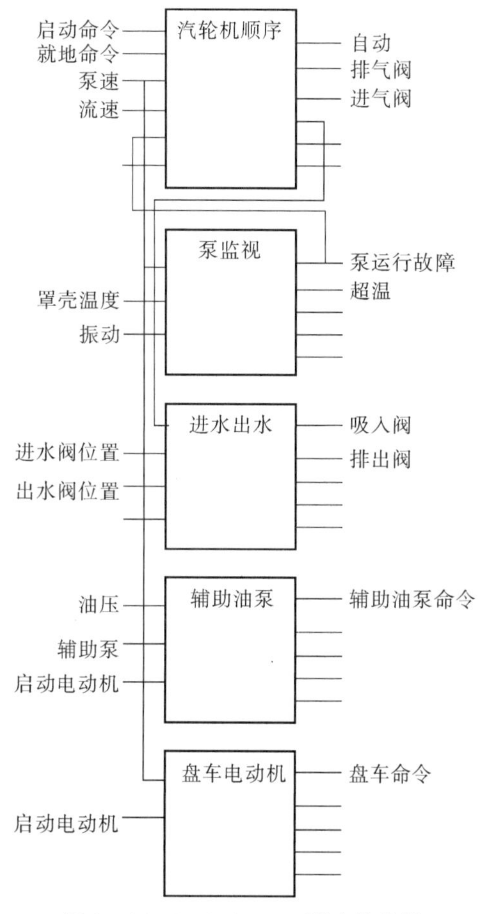

图 8 -36　MainControl 程序的分解

（1）汽轮机顺序功能块。汽轮机顺序功能块包括主汽轮机提速顺序。当接到启动信号时，程序按顺序通过不同的步骤来将泵的转速提高到工作转速，包括向操作人员请求升速时间和目标速度；打开蒸汽进气排气阀，以某一中间速度保持升速，直到汽轮机罩壳温度稳定，且当泵达到运行转速时，将自动信号置 1。自动信号可以使调节控制程序接管汽轮机的速度控制，其功能可以用一个连续功能图 SFC 进行描述。汽轮机启动顺序的部分如图 8 - 37 所示。

顺序功能图所调用的动作可以用任一种 IEC 语言进行描述。例如，图 8 - 38 所给出的梯形图描述了 A3_ RampSpeed 动作模块的逻辑，其使用 Operator_Data_Request 功能块来提示操作人员提供汽轮机运转的目标速度，StartRamp. X 信号的上升沿（当步 StartRamp 动作时变为真）用来置信息已准备好的信号（Msg_Rdy），它触发 Operator_Data_Request 功能块来向操作人员发送“Ramp_Speed”的提示。

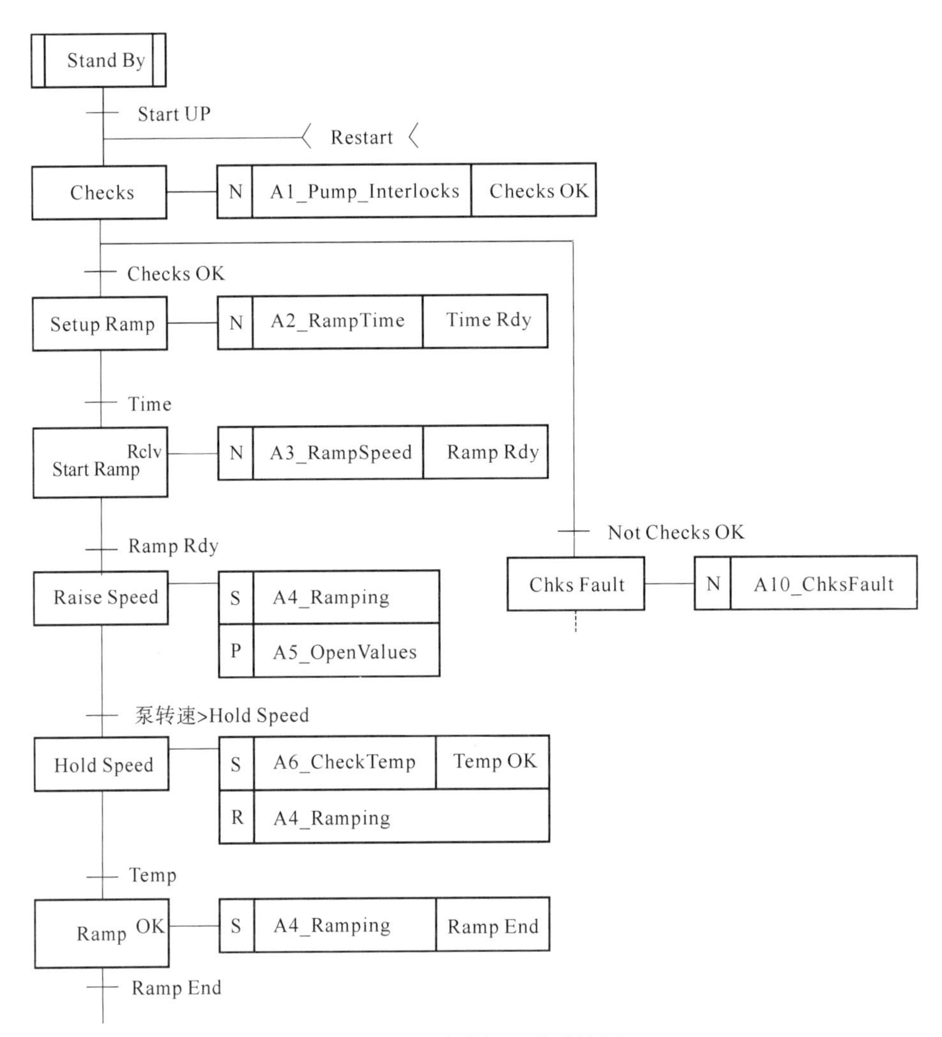

图 8-37　汽轮机顺序功能图

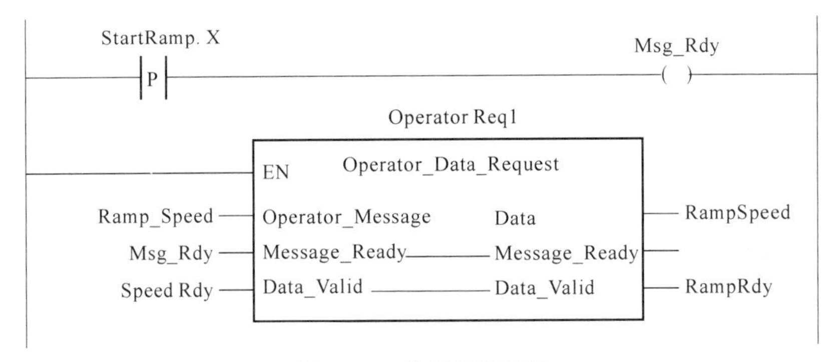

图 8-38　汽轮机梯形图

当速度值被接受后，功能块置升速准备信号（RampRdy），该信号为向后续步骤的转换的指示变量。

作为进一步举例，用结构文本描述 A5_OpenValues（开阀）动作块如下：

```
ACTION A5_OpenValues
  StEmergStopCtl(Position:=OPEN;=T#15s)
  StExhaustCtl(Position:=OPEN;=T#15s)
END_ACTION
```

这一动作块访问两个功能块，StEmergStopCtl 和 StExhaustCtl。它们打开蒸汽紧急停止阀和排气阀，用以汽轮机升速。它们都是阀门控制器功能块的实例，阀门控制功能块在后面有描述。

（2）泵监视功能块。泵监视功能块主要用于检查汽轮机和泵的功能是否处于正常工作范围。它持续运行并检查轴承温度、振动等级和罩壳温度是否正常。异常时，产生泵运行故障输出，汽轮机顺控模块检查到该信号就会使汽轮机提速中止。

由于这个模块用于监控变化相对较慢的输入，因此它的扫描速度可以比主控制程序中的其他模块慢。在配置定义中，泵管理功能块放在 SuperTask 任务中，每 500 ms 扫描一次。

在图 8 -39 中部分描述了泵监视功能块的逻辑。强振动信号进入一个延迟定时器，这样在过度振动和泵运行故障信号出现前就能够有 5 s 的稳定时间（滤波）。

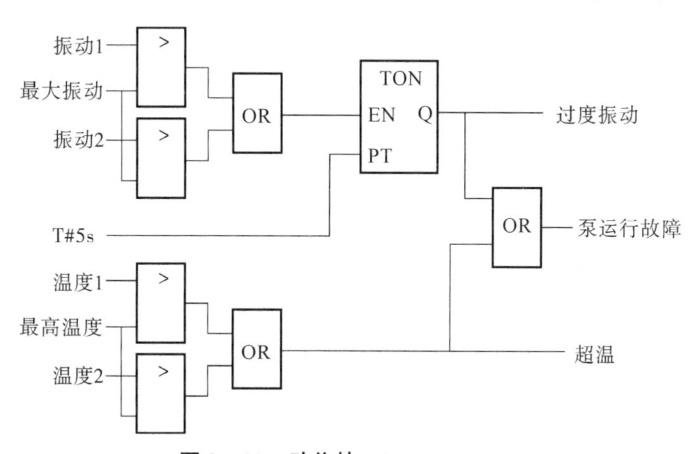

图 8 -39　动作块 A3_RampSpeed

（3）进水出水功能块。当泵速接近工作速度时，进水阀和出水阀可被打开。这一模块保证这些阀门都只在正确的条件下打开。它还检查阀门位置传感器，以反馈阀门实际开度。

（4）辅助油泵功能块。辅助油泵功能块在轴承内维持一个合适的油压对保证泵和汽轮机的安全非常重要。这个功能块会不断检查油压是否高于一个最低值。如果油压降低到最低值以下且持续数秒，辅助电动油泵就立刻被启动。功能块还会检查发动机开关设备，以确定其是否需要运行，并能查看辅助油泵在运行时是否能按预期的压力输送油料。

（5）盘车电动机功能块。当泵不再运行时，汽轮机被减速直到停止，盘车电动机以低转速保持汽轮机轴转动。该功能块确保盘车电动机在接收到汽轮机顺序功能块的信号请求后，能够吸合并启动。这个功能块还能保证当汽轮机速度随着正常提速而提高时，盘车电动机的电源被断开。

8.6.5 底层功能块

到目前为止，讲述的内容主要集中于将系统设计从上至下地分解为更小的软件单位，也就是说，分解到资源、程序和功能块上。分解的功能块也可应用在其他类似设备上。在本例中，要控制大量阀门，除了蒸汽进气阀（调节阀）外，其他阀门都可以用相同的阀门控制器功能块来进行控制。

当来自控制系统的信号使阀门执行器打开或关闭阀门时，需要检查阀门是否在指定的时间内到达了所需要的位置。每个阀门都安装有限位开关，用以指示阀门是否完全打开或闭合。

阀门控制功能块为阀门开关提供所有逻辑，并检查阀门是否到位，如果没有，功能块将产生故障信号，提示未检测到所要求的阀门动作。

如图 8－40 所示的泵管理功能块，描述了为阀门控制功能块如何与阀门执行器相连接的情况。阀动装置上的限位开关能够反馈所监测到的阀门位置。

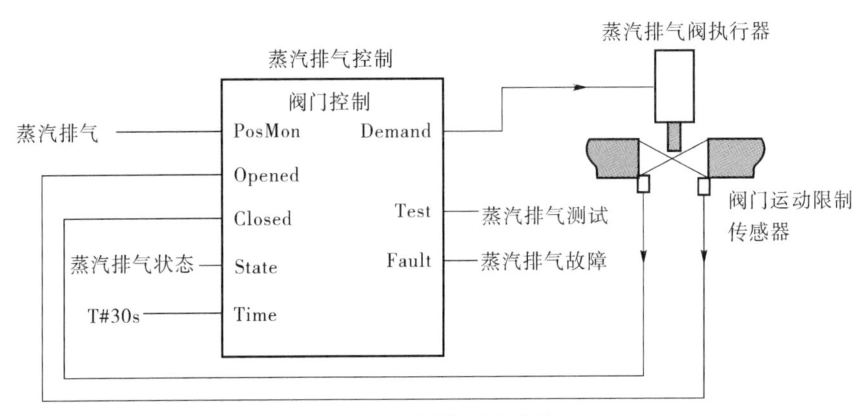

图 8－40 泵管理功能块

在系统中还需要考虑其他功能块，如用于启动电气设备（如辅助油泵和盘车电动机等）的开关设备控制块。从长远来看，这些功能块应该设计成能够在其他系统中使用。

8.6.6 信号流

由于以 IEC 为基础的软件可以嵌套，因此信号的数值可能以不同的名称出现在不同的层次上。以蒸汽排气阀（是阀门控制功能块的实例，StExhaustCtl）的 Demand 信号为例。这个功能块在 TurbineSequence 功能块内，并从其输出 Demand 直接驱动 TurbineSequence 的输出 SteamEV。TurbineSequence 功能块又是程序 MainControl1 的一个实例。TurbineSequence 的输出 SteamEV 直接驱动程序输出 SteamEV。最终，程序输出 SteamEV 的数值被写成一个资源级变量 P1_SteamEV。

如图 8－41 所示为从功能块输出 StExhaustCtlDemand 到资源级变量 P1_SteamEV 的信号流。

类似的信号流存在于从输入信号到内部功能块的输入中。

在大型软件系统中采用分层设计，有利于简化逻辑、使程序结构化，既方便编程也方便维护，并不会降低软件系统的性能。

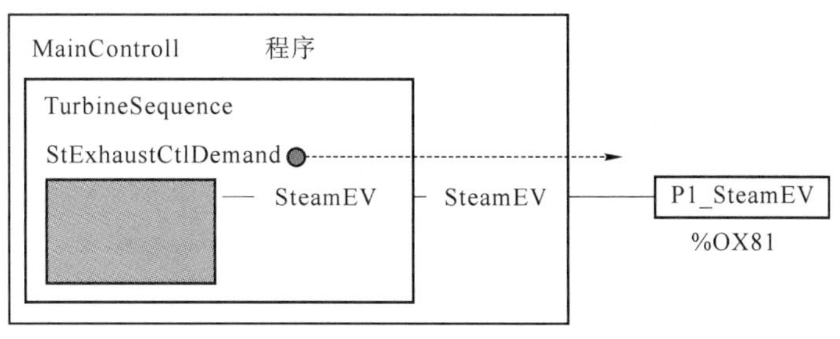

图 8 -41　信号流示例

【注意】

在调试 IEC 程序时，必须非常仔细。通常，需要确定每个变量的范围。例如，作为 TurbineSequence 输出的 SteamEV 就不能与作为 MainControl1 程序输出的 SteamEV 混淆。

8.7　IEC 61131 -3 在 DCS 中的实际运用

当前，国外主流的控制系统厂商在其最近推出的控制系统中，已纷纷采纳IEC 61131 -3标准。尤其对于一些自动化巨头，他们既有针对离散过程控制的 PLC 产品，又有针对连续过程控制的 DCS。以往，这两种产品的控制编程方法往往不同，随着技术和开放理念的进步，这些巨头们纷纷开始从技术上融合 PLC 和 DCS，控制编程软件上的融合就非常明显。例如，德国 Siemens 新一代针对过程控制的 PCS7 系统就一反传统的 TELEPERM 的风格，控制编程软件采用了原用于 S7 系列 PLC 的 Sep7 软件，采用了IEC 61131 -3 标准；美国 Moor 公司在其四重化冗余的安全 PLC（QUADLOG）控制系统中采用了 4 - mation 组态软件，该软件符合 IEC 61131 -3 标准中的 4 种编程语言——梯形图、顺序功能图、功能块图、结构文本，而在该公司 APACS DCS/PLC 混合控制系统中也采用了4 - mation 软件；日本 Yokogawa 公司传统的 DCS 产品 CENTUM 系列在石油化工行业非常著名，其新推出的网络控制系统（NCS）也一反日本公司的传统，采用了符合 IEC 61131 -3 标准的软件；EMERSON 公司最新一代的现场总线控制系统 DeltaV 也采用了 IEC 61131 -3 标准组态。在国内电力市场上比较活跃的 Metso Automation 公司的 MAX1000 DCS 在其组态工具 MAXVUE 中，集成了法国 CJ International 公司的 ISaGRAF 软件，并做了相应的扩充，可提供 IEC 61131 -3 标准的五种编程功能；ABB 公司的 Freelance 2000 DCS 的组态软件 DigiTool 支持 IEC 61131 -3 标准中的 4 种编程语言——梯形图、顺序功能图、功能块图、指令表，它还可以提供多于 190 个经过现场检验的功能块子程序和多于 200 个用户自定义组态的图形符号。国际现场总线基金会为实现各公司产品的互可操作性，制定了几十种常用的标准功能块及其参数，基金会声称这些功能块是遵循IEC 61131 -3标准的功能块图。

国内 DCS 产品在这方面并不落后，如北京和利时公司就比较早地认识到 IEC 61131 -3 标准的重要性，从其开发的第一套 DCS 产品 HS 1000 系统中即支持梯形图和功能块图语言，在 HS 2000 DCS 保留梯形图、功能块图的基础上增加了算法公式，在 1999 年推出的 FOCS 带现场总线的控制系统和 MACS 先进控制系统中，支持了 IEC 61131 -3 标准 5 种编程语言中的 FBD、LD、SFC、ST 和算法公式，在最新的开放式 DCS 中全部支持IEC 61131 -3 标准的 5 种语言。

综上所述，采用 IEC 61131 –3 标准的编程语言方便实用，标准化程度高，用户很快就可熟悉组态工作，并把原先所掌握的知识用于新的系统；对制造厂来说，可以把人力、物力投入 DCS 的硬件、网络或其他方面。由此看来，DCS 的控制组态软件采用 IEC 61131 –3 标准已是 DCS 走向开放、标准化的主要方向之一。

思 考 题

1. IEC 61131 –3 编程语言的公共元素与控制系统相关的有哪几个？
2. IEC 61131 –3 标准的 5 种语言是哪几种？
3. 比较 IEC 控制语言与其他高级语言的特色之处。

第 9 章

分布式数据库

9.1 数据库和数据库管理系统

数据库技术是在文件系统基础上发展起来的，是计算机系统软件的一个很重要的分支。在现代计算机的控制与管理系统中，数据库及其管理系统往往占有非常重要的地位。

1. 数据库系统

数据库（Data Base，DB）是供多个用户存取的、与应用程序彼此独立的、有组织的信息集合。数据库的主要特点有：

（1）数据的共享性：数据库中的数据能为多个用户服务。

（2）数据的独立性：用户的应用程序与数据的逻辑组织、物理存储方式无关。

（3）数据的完整性：数据库中的数据在修改、维护中始终保持其正确性。

（4）数据的冗余性：数据库中的数据具有一定的冗余性，但冗余数据的数量相对较少。

数据库的管理通常用专门的系统软件来实现，这种软件称为数据库管理系统（Data Base Management System，DBMS）。数据库和数据库管理系统合称数据库系统（Data Base System，DBS）。

数据结构是指数据的组织方法和形式（如堆栈、队列等），它是建立数据库的基础，在一个数据库中可采用多种不同的数据结构对其数据进行组织和管理。

文件系统也是对数据进行管理的一种重要方式。但它不是专门用于数据管理的大型、综合性的软件系统，而通常作为一个程序模块附加在操作系统上，或作为操作系统的一部分来编排。在文件系统中，数据仍然对应用程序有一定的依赖性，数据的共享性较差、冗余性较强。因此，数据库系统与文件系统的主要区别是，数据库系统通过对数据的分级组织，实现了数据的充分共享、交叉访问和应用程序的高度独立性。

2. 数据库的结构

现代数据库为了实现数据的独立性，通常采用三层体系结构。如图 9－1 所示，数据库系统从逻辑上可分为用户级、概念级、物理级三级。

用户级数据库又称数据库的外模型，是从用户观点看待的数据库。例如，人事管理数据库对用户来说，可看作若干工作人员档案记录的集合。通常，用户级数据库可由多种外部记录组成，用户可通过数据语言对外部记录进行操作。描述用户级数据库中各种外部记录的模型称为外模式，也称为子模式。例如，人事档案记录可包含6个数字的工作号码段、若干个符号的名字段及其他字段，这就是子模式的一种结构。

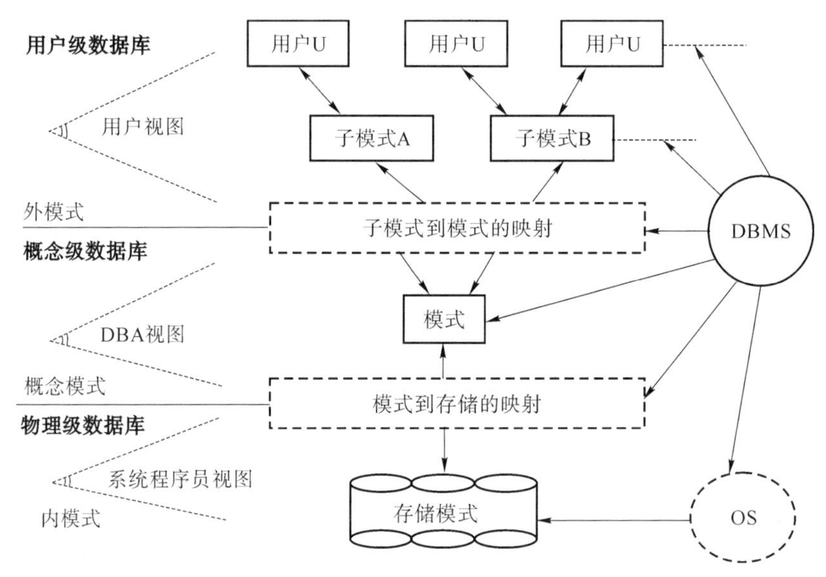

图9－1　数据库系统的三层体系结构

概念级数据库又称数据库的概念模式，它是数据库管理员（Date Base Administrator，DBA）看到的数据库，它由多种概念记录组成，这些概念记录可以用概念模式（简称“模式”）来描述，它是用户视图中对数据提出的概念要求（即子模式），经归纳集中后形成的“共同”的数据库管理员所看到DBA视图更具有一般性和通用性，便于数据库管理系统操作和管理。但模式不应涉及具体的存储结构和访问策略等问题。

物理级数据库又称数据库的内部模型，它由多种类型的内部记录组成，由内模式（或称为存储模式）来描述，它不仅定义各种类型的存储记录，还描述索引的类型、信息段的存储表示以及存储记录的物理顺序等问题。

由图9－1可见，三级数据库结构之间的联系通过二级映射（Mapping）或变换来实现，即模式→存储模式之间的映射和子模式→模式之间的映射。模式→存储模式之间的映射表达了概念数据库与物理数据库之间的对应关系，它指出了概念记录、概念数据项与物理记录、物理数据项之间的对应关系。如果存储结构的变化导致物理数据库随之发生变化，则模式→存储模式的映射也要做出相应的变化，以保证模式依旧不变，从而达到概念级数据的独立性。与此相类似，子模式→模式之间的映射则指出了用户数据库与概念数据库之间的关系。它也要保证在概念级数据库发生某种变化时，用户级数据库仍然保持不变，即保持用户级数据的独立性。这就是现代数据库及其管理系统与其他数据管理系统（如一般的文件管理系统）之间的最主要区别，现代数据库及其管理系统实现了数据库的三级结构和两级数据的独立性。

应当指出，对于一个数据库系统来说，实际上存在的只是物理级数据库，它是实现数据存取的基础。概念级数据库只不过是物理级数据库的一种抽象描述。用户级数据库是用户与概念级数据库之间的接口。用户根据子模式进行数据库的操作，先通过子模式→模式的映射与概念级数据库联系，再通过模式→存储模式的映射来实现对物理级数据库的管理。而数据库管理系统（DBMS）的主要工作之一就是完成三级数据库之间的转换，把用户对数据库的操作转化到物理级去执行。

3. 数据模型与数据库的分类

当前比较流行的有三种数据模型，与之对应的有三种数据库系统，即关系模型和关系数据库系统、层次模型和层次数据库系统、网络模型和网络数据库系统。

1）关系模型和关系数据库系统

关系模型比较简单、直观，也是唯一一种可以直接数学化的数据模型，因而应用非常广泛。数据的关系模型是由若干关系框架组成的集合，一个框架可用一张二维表格来表示，表中的每列对应实体的一个属性，每行形成由多种属性组成的多元组，并与特定的实体相对应。关系框架之间通过相同的数据项连接，这种相同的数据项称为公共域。公共域可将多个关系框架连接，构成数据的关系模型，并在此基础上建立关系数据库。

2）层次模型和层次数据库系统

数据的层次模型是树状结构，在一个树状结构中，总结点所表示的总体与子结点所表示的实体必须是一对多的关系，即一个总记录对应于多个子记录，而一个子记录只能对应一个总记录。由多个树可构成数据的层次模型，在此基础上即可建立层次数据库系统。

3）网络模型和网络数据库系统

数据的网络模型是以记录类型为结点的网络结构，对于网络中的每个子结点来说，都可以有多个与它连接的父结点，此外，在两个结点之间可以有两种或多种联系。网络模型反映了实体之间多种多样错综复杂的联系。例如，某些实体的多归属性；某些实体属性的多依赖性；实体之间的多方面联系；某些实体间的映射有赖于附加数据补充；等等。以网络模型为基础，即可建立网络数据库系统。网络模型的建立有利于描述现实世界中数据之间的复杂联系，但网络模型的建立、数据管理与查找都相当复杂。

4. 数据库管理系统的主要功能

数据库管理系统是整个数据库系统的核心和枢纽，是一个大型、复杂的系统软件，它不仅提供面向应用、面向用户的功能，而且提供面向数据库系统本身的功能。

（1）定义功能：包括数据库文件的逻辑结构定义、存储结构定义、子模式定义、格式定义、保密定义等。DBMS 提供了进行定义的语言形式的工具及其支持软件，并能将它们存储在系统中。

（2）装入功能：在数据库已定义的前提下，把实际的数据逐一装入，并存储在物理设备中。装入过程和数据物理布局必须严格遵守数据库定义的规定。所存储的“定义信息”称为“描述数据库”或“数据字典”，它也是一种数据库，但其中存储的不是实际数据，而是“数据的数据”，即有关实际数据来源、描述、与其他数据的关系、用途、责任、格式等信息。

（3）建立或生成功能：包括各种文件的建立与生成。

（4）操作功能：主要是面向用户的应用功能，如接收、分析、执行用户提出的存取数据库的各种要求，完成对数据库的检索、插入、删除、更新以及各种控制操作。

（5）管理控制功能：包括安全性控制、完整性控制、并发控制等。

（6）维护功能：这也是面向系统用户的功能，它包括数据库的重新定义、重新组织、结构维持、故障恢复、性能监视。

（7）通信功能：用户可经过通信联系，应用远程终端来使用数据库中的数据。

9.2 分布式数据库系统

在分布式计算机控制系统中，为了提高对网络内数据管理的效率和保证数据的共享性与正确性，已设计和开发了各类分布式数据库系统。

1. 分布式数据库系统的定义

对于分布式数据库系统，目前还没有统一的定义。计算机网络中的多机数据库系统可分为以下三类。

（1）主从式数据库系统：完整的数据库只设在主机一个结点上，因此存储开销较小，数据修改较方便，但危险集中。从机仅复制主机的一部分数据，要保证整个系统对数据的共享性，就必须依靠良好的通信支持。从数据库的管理来看，这类数据库与单机的集中式数据库没有本质上的区别，只不过在数据通信的支持下，将它扩展到网络上，使各从机的结点能存取（或复制）主机的数据。

（2）复制式数据库系统。这种方式要求网络上各结点均复制完整的数据库。这类数据库的存取和维护开销较大，但可靠性较高、检索方便。系统内的数据必须保证同步修改，各结点的数据要求保持严格的一致性，这在技术上有较大的难度。不过单独从一个结点来考虑，它所管理的数据库与单机的集中式数据库并没有本质上的不同，只是对数据的修改及同步要在网络范围内进行而已。

（3）分布式数据库系统。下面将着重介绍这类数据库系统。

分布式数据库系统通常可采用的定义：分布式数据库系统是在物理上分布在计算机网络不同结点上的数据库，但在逻辑上属于同一系统，即在整体逻辑上是一个统一的数据库。这就说明，分布式数据库系统从逻辑上看是属于整个系统的、统一的全局数据库，而从物理分布上看，则由多个局部数据库组成。这种全局和局部的关系，在如图 9－2 所示的分布式数据库体系结构中已清楚表示。

分布式数据库与集中式数据库十分类似，它也具有三级数据库结构和两级数据独立性的特点。在每个网络结点内，数据存储在物理级的局部数据库中，由局部内模型（即局部的存储模式）来表示。通过一次映射，将它转换为局部逻辑模型。由于整个网络数据库是一个统一的数据库系统，因此还必须将局部逻辑模型转换为全局逻辑模型，全局逻辑模型和局部逻辑模型合在一起构成了数据库管理系统所面对的概念级数据库。再经过一次映射，即可将全局逻辑模型表示的概念级数据库转换为全局用户外模型（即子模式）表示的用户级数据库。在整个分布式数据库系统中，应当允许各结点的局部内模型所反映的局部数据库相异，还允许局部逻辑模型不同，但经过转换后必须保证全局逻辑模型一样，即为整个系统的公共数据模型。在图9－2所示的结构中，这种局部到全局的转换可以在某台主机中进行，通过网络通信联系，可传送到各从机中去，供用户使用。在有的系统中，将这种映射和转换分散到各网络结点内去进行。不管采用哪种方式，都必须保证网络内的每个用户都能按照用户级数据库的要求，很方便地访问网络内任一结点的数据。

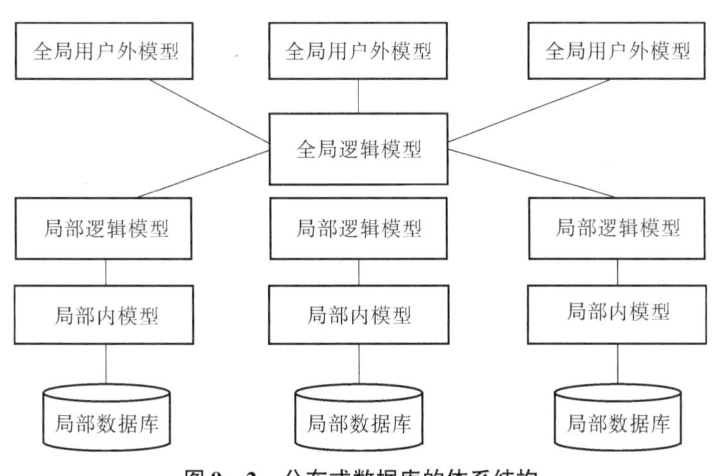

图9－2　分布式数据库的体系结构

2. 分布式数据库系统的结构

分布式数据库系统是基于网络连接的集中式数据库系统的逻辑集合。从整体上可以分为两部分（六层），如图9－3所示。下面两层是集中式数据库原有的模式结构，上面四层是分布式数据库系统增加的结构。其中全局概念模式、分片模式、分配模式是与场地特征无关的，是全局的。在低层次上，物理映像映射成由局部DBMS支持的数据模型。六层结构的3个显著特征如下：

（1）数据分片和数据分配概念的分离，形成了数据分布独立型。

（2）数据冗余的显式控制。

（3）局部数据库管理的独立性（无须考虑数据类型，即可进行数据库管理）。

3. 分布式数据库系统的特性

1）数据独立性

与一般集中式数据库类似，数据独立性主要是指用户级中的数据相对其逻辑结构与物理结构是独立的，即概念级和物理级数据库对用户是透明的，用户可以不了解它们。而在分布式数据库系统中，数据独立性的要求更高，用户级数据相对于数据存储的地理位置和数据存储的副本应该是独立的。对用户来说，除了要求数据的存储格式、组织方法具有透明性外，还必须保证位置透明性与副本透明性。分布式数据库必须对用户提供统一的公共数据模型，以屏蔽各局部数据库的局部数据模型。用户对网络内任何结点的任何数据副本所进行的操作，就像对其本地计算机上的无副本数据文件进行操作一样。

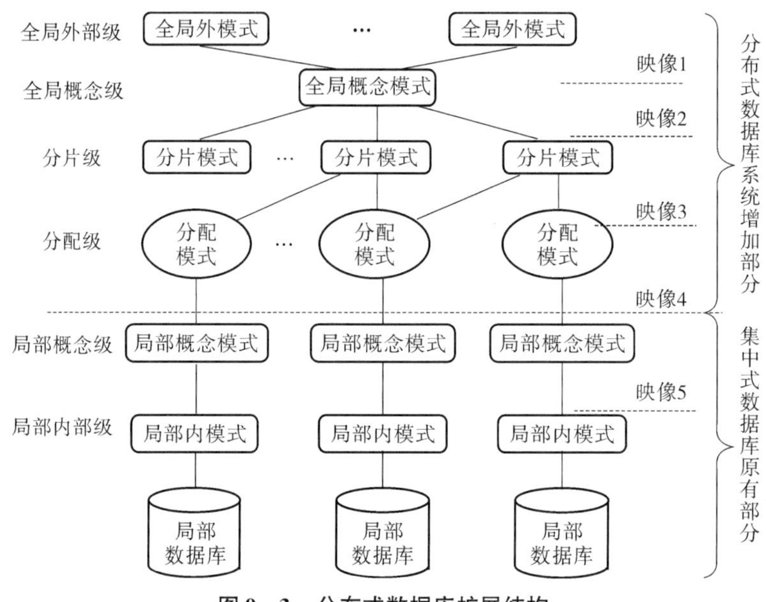

图 9－3　分布式数据库扩展结构

2）自治性与共享性

局部数据库作为某个结点的专用资源，应当具有某种自治性。不过，这种自治是有控制的，也是相对的。数据充分共享是现代数据库的基本特点。对于分布式数据库系统来说，要求对用户提供整个系统数据资源的全局共享。仅通过网络通信来实现各结点间的数据交换虽然也是某种意义上的数据共享，但远没有达到分布式数据库的要求。在分布式环境下的数据充分共享，应不仅包括数据交换，还应对数据进行共同管理与控制，以及对数据"集成"（按应用需要来组织数据），这就要求各局部数据库在逻辑上充分协调，以实现对数据的全局管理。

3）冗余数据的全局控制

数据共享将减少数据冗余，并节省存储空间，容易保持数据更新时的一致性。然而，增加冗余将不仅提高可靠性，还提高结点的自治性。这显然是矛盾的。随着硬件技术的发展和成本的降低，节省存储空间并不十分重要，因此分布式数据库都应当设置冗余副本。为了保证数据更新时的一致性，冗余数据必须由全局控制。

4）并行性、一致性和可恢复性

这些要求在集中式数据库中也是必需的，在分布式数据库中，全局用户程序不仅涉及本结点，还涉及其他结点，所以应保证整个数据库的全局并行性、全局一致性和全局可恢复性。

5）查询优化特性

查询优化特性可以缩短处理时间、提高响应速度。对于分布式数据库系统来说，除考虑 I/O 代价外，还应考虑通信开销，可利用语义规则来提高响应速度。

4. 分布式数据库系统的分类

（1）同构同质型 DDBS：各个场地都采用同一类型的数据模型（如都是关系型），并且是同一型号的 DBMS。

（2）同构异质型 DDBS：虽然各个场地都采用同一类型的数据模型，但是 DBMS 的型号有多种，如 DB2、ORACLE、SYBASE、SQL Server 等。

（3）异构型 DDBS：各场地的数据模型的型号不同，甚至类型也不同。随着计算机网络技术的发展，异种机联网问题已经得到较好的解决，此时依靠异构型 DDBS 就能存取全网中各种异构局部库中的数据。

5. 分布式数据库系统中数据的分片与分布

1）分布式数据库中的数据分片

数据分片也叫数据分割，是分布式数据库的特征之一。

数据分片有以下 3 种基本方法：

（1）水平分片：按特定条件把全局关系的所有元素分成若干个互不相交的子集。每个子集为全局关系的一个逻辑片段，它们通过对全局关系施加选择运算得到。

（2）垂直分片：把全局关系的属性集分成若干个子集。对全局关系作投影运算，要求全局关系的每个属性至少映射到一个垂直片段中，且每个垂直片段都包含该全局关系的键。

（3）混合分片：以上两种方法的混合。

数据分片应遵守以下规则：

（1）完备性条件：必须把全局关系中的所有数据映射到各个片段中。

（2）可重构条件：必须保证全局关系中的各个片段重构全局关系。水平分片可以采取并操作，垂直分片可以采取连接操作。

（3）不相交条件：各个数据片段互不重叠。

2）分布式数据库中的数据分布

（1）集中式：所有数据安排在一个站点，数据的控制和管理比较容易，但是容易出现瓶颈，而且系统的可靠性比较差。

（2）分割式：数据只有一份，被分隔开存放在不同站点，从而提高了系统可靠性，加大了数据存储量，发挥了系统的并发操作能力，但在进行全局查询和修改时，耗费的时间比较多（需要进行通信）。

（3）复制式：全局数据在各个站点上都有复制样本。这种系统可靠性高，数据恢复也容易，但是全局数据的修改和更新将会花费昂贵的代价，而且整个系统的数据冗余很大。

（4）混合式：全部数据被分成若干个子集，每个子集安置在不同的站点上并没有保存所有数据，同时根据数据的重要性来决定各个子集的副本的数量。这种方式虽然提高了复杂性，但是综合了上述的优点。如图 9－4 所示为一个全局关系 *R* 分片的例子，*R* 划分成 4 个逻辑片段——*R*1、*R*2、*R*3、*R*4，并以冗余方式将这些片段分配到网络的 3 个场地上，生成了 3 个物理映像——*S*1、*S*2、*S*3。

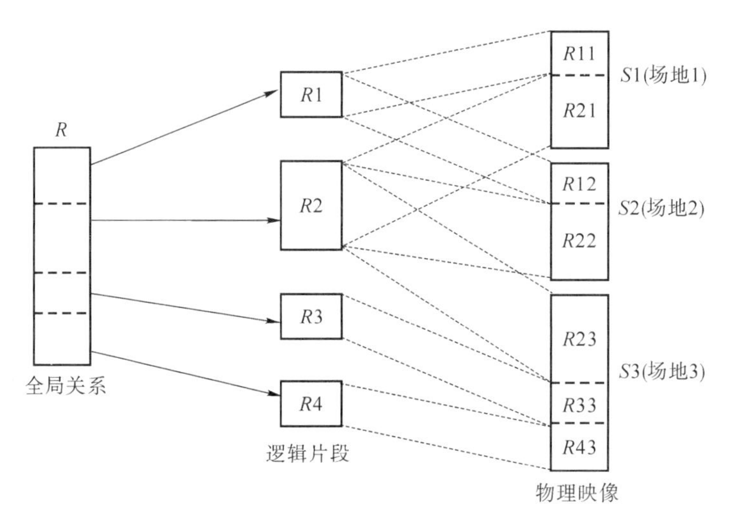

图 9 - 4　全局关系 *R* 分片的例子

6. 分布式数据库管理系统

1）分布式数据库管理系统（DDBMS）的功能

（1）接受用户请求。判定将其送往什么场地，访问哪些计算机。

（2）访问网络数据字典。了解如何请求和使用其中的信息。

（3）如果目标数据存储于系统的多台计算机上，就必须进行分布式处理。

（4）通信接口功能。在用户、局部 DBMS 和其他计算机的 DBMS 之间进行协调。

（5）在一个异构型分布式处理环境中，需提供数据和进程移植的支持。

2）分布式数据库管理系统的组成

从功能上观察，一个 DDBMS 应包括四个基本功能模块，如图 9 - 5 所示。

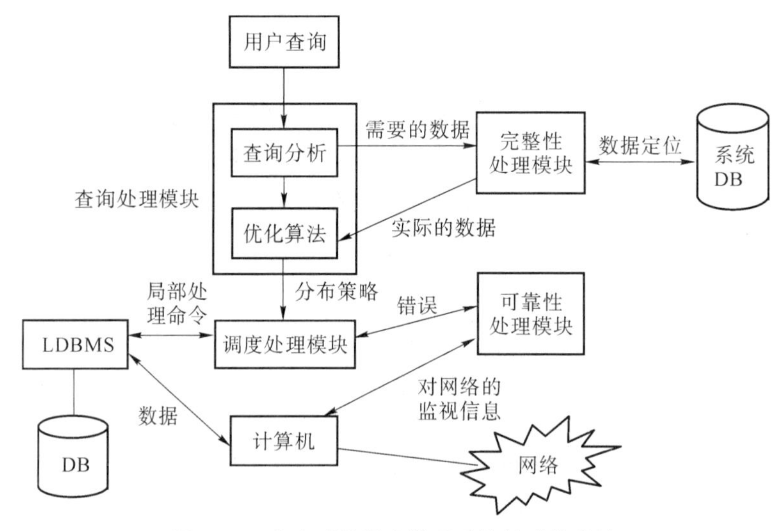

图 9 - 5　分布式数据库管理系统的功能结构

（1）查询处理模块。

（2）完整性处理模块。

（3）调度处理模块。

（4）可靠性处理模块。

3）分布式数据库管理系统的工作过程

典型的分布式数据库系统的工作过程如图 9－6 所示，图中的 LDB 为局部数据库，LDBMS 为局部数据库管理系统，GDBMS 为全局数据库管理系统，CM 为通信模块。CM 通信模块包括 ISO/OSI 七层模型中的低四层（或低五层）协议。为了有效地将数据库管理与数据通信联系起来，在网络说明软件中提供了结点的形式、内存规模、处理能力，该结点的数据处理功能、程序等。网络数据目录提供全局数据库的目录与索引。GDBMS 提供用户接口、数据存储定位、网络范围内的数据处理、网络数据的复制与恢复以及异构型网络的翻译等。

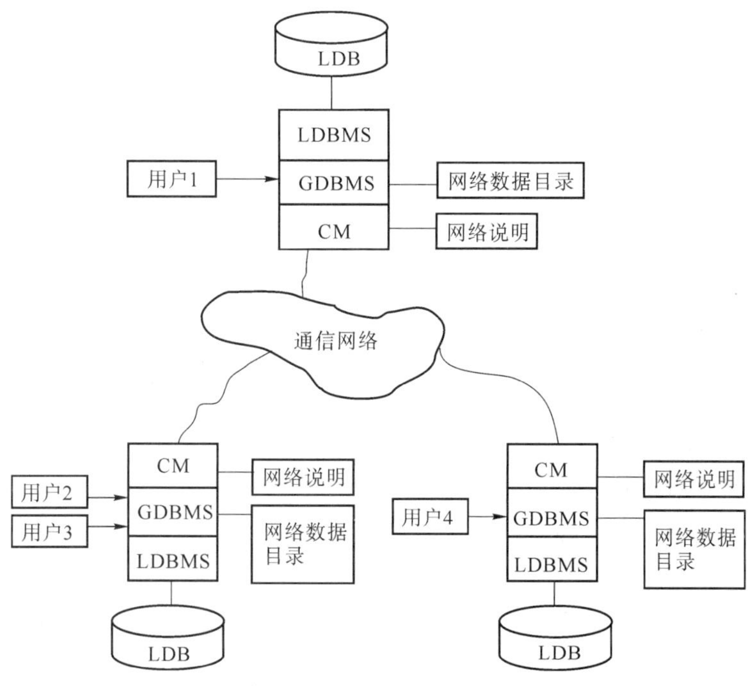

图 9－6　典型的分布式数据库系统的工作过程

分布式数据库系统的大致访问过程：设某用户提出访问数据库的要求，这个要求首先交给该结点的 GDBMS 处理，以便确定“访问请求”应发向哪一个或哪几个结点；然后，由 CM 将结点逻辑号转换成具体设备号，并传送该“访问请求”到目的结点；目的结点的 CM 在收到此“访问请求”后，经 GDBMS 传到目的结点的 LDBMS，由该数据库管理系统完成数据的存取、检索或集成等操作，然后把数据转换成用户要求的形式，再由目的结点的 CM 发送回来。

7. 分布式数据库系统的设计所要解决的问题

1）询问策略

优化目标是速度快、开销小，并遵循以下原则：

（1）就近处理，减小通信开销。

（2）只传输查询结果，减小通信开销。

（3）在空闲机上处理。

2）并发控制与数据一致性

（1）二阶段锁算法：进程对所处理的数据（或副本）应“加锁”，处理完毕“解锁”；进程前部为占用的增长阶段，后部为解锁收缩阶段。

（2）主副本的二阶段锁算法：指定一个主副本（只能修改主副本），再复制到其他副本。

（3）多数赞成算法：由所有副本表决来决定最新的副本。

9.3 DCS监控软件数据库设计

一个DCS通过其数据库系统来实现对连续变化的过程数据进行存储和检索，作为人机界面的数据动态显示和更改、生产情况分析、生产数据汇总与统计及报表生成的依据和基础。

9.3.1 DCS数据库管理的数据范围

DCS数据库管理和处理的数据分为动态数据和配置数据两类。

1. *动态数据*

动态数据包括实时数据、历史数据、报警和事件信息。

（1）实时数据是外部信号在计算机内的映像或快照（Snapshot），也包括以这些外部信号为基础而产生的内部信号。为使实时数据库尽可能与外部数据源的真实状态一致，实时数据库需要与通信或I/O紧密配合。

（2）历史数据是按周期或事件变化保存的带时标的过程数据记录。在DCS中，历史数据库的存储形式很多，适合不同的应用要求。

（3）报警和事件信息是实时数据在特定条件下的结构化表示方式。报警和事件信息也分为实时和历史。

2. *配置数据*

一般来讲，配置数据属于静态数据，但不是不变的数据，而是在大多数时间内不变，并且引起变化的源头不是现场过程而是人工操作。静态数据的改变可以分为离线和在线两种。配置数据包括：

（1）数据库配置，包含动态数据的结构描述信息、参数信息、索引信息等。

（2）通信配置。

（3）控制方案配置。

（4）应用配置。

可配置项的多少及在线可重配置项的多少是衡量一个DCS的功能和可用性的重要标志。配置数据在工程师站离线产生，装载到控制器和操作站上。

9.3.2　与监视控制功能相关的主要数据结构

为了有利于数据信息的展现及利用，一般DCS监控系统要将数据信息按一定的数据结构进行组织管理，系统中数据结构设计的优劣会直接影响系统的规模功能展现、开放性和实时性指标。这也是不同DCS产品之间差异的关键所在。因此，考察不同DCS的功能、开放性和实时性，可以从系统的数据结构类型和设计方法上予以识别。常规的DCS数据结构包含以下内容。

1. 实时数据库

实时数据库用于管理实时采集的数据信息，将数据信息周期性更新。实时数据库中包含所有系统管理的变量记录，为了便于管理和数据展示，一般将每个变量相关的静态信息（如点名、点说明、量纲、采集位置等）和动态信息（如当前值、变量状态等）都集合在该变量的记录中。实时数据库的访问效率是DCS监控软件效率的关键因素。为了保证系统的实时响应性，一般将实时数据库存储在内存中。

2. 历史数据库

历史数据库用于存储每个变量的历史数据记录，如按采集周期（或按用户定义的历史数据收集周期）存储模拟量的历史值、开关量的变化过程记录。历史数据库要求具有较大的存储空间，一般存储在硬盘上，也有以分段存储方法来设计的，如将近期数据存储在硬盘上（如一周），将长期数据转储到磁带或光盘上。历史库的容量与保存的变量数、收集周期和保存期限有关。有的系统为了节省存储容量，采用压缩算法保存历史数据，这种方法占用存储资源小，但数据经过压缩、解压缩，数据的精度或多或少会有些损失。有的系统为了保证数据的完整性，将日志信息也作为历史库进行保存，以备随时进行分析和查询。对于历史数据的分析，有在线分析和离线分析两种，一般对近期数据和中期数据可以在线进行趋势分析，转储到磁带或光盘上的数据只能通过离线方式来查询分析。

3. 表格

表格关注的是目前正发生的各类事件的情况，以提示操作员随时跟踪这些发生中的事件。例如，报警表记录目前仍然处于报警状态的信息；超量程表记录目前处于超量程的变量；禁止强制表记录目前被手动禁止或被人工强制赋值的变量；开关量抖动表记录处于抖动状态的开关变量；等等。表格设计的灵活性和方便性体现了用户的可使用性。有的系统提供用户自定义表格的接口，从而大大提高了人机界面个性化设计的能力。

4. 列表

列表是对系统所管理的各种变量进行分类列表展示的一种方法，如按工艺系统、按工艺对象（如泵、阀等）、按信号类型（如模拟量、开关量等）、按信号位置（通信线路、采集站及采集卡等）、按用户自定义组等。列表方案的多样化也是系统可用性的一个方面。

5. 日志记录

日志记录也叫事件记录，是按时间顺序记录的系统捕捉到的各种事件信息的记录。事件信息一般反映工艺对象或计算机系统在运行过程中发生的状态变化，完整地记录这些状态变化将有利于进行事故后的分析。在一个 DCS 中可捕捉什么样的事件、保存是否完整、查询是否方便，可反映一个 DCS 的事件处理能力。这也是不同 DCS 之间的差异所在。一个典型的 DCS 起码有全日志功能，即按事件发生的先后次序将所有事件保存在一个全日志数据库中。使用者可通过对全日志进行查询来找到相关的有用信息。但是，对于规模比较大的 DCS，因为工艺参数多，产生的信息量就大，操作人员要找出对自己有用的信息非常麻烦。而且受存储区限制，随着新的信息产生，旧信息会很快从信息区中被移走，一些重要的信息不能驻留较长时间，不便于在线分析。比较有效的 DCS 应不仅具有全日志功能，还可根据信息的重要性、处理的紧迫性或专业化分工等丰富多样的分类方法来组织信息存储。例如，按信息重要性划分为全日志、试验日志、简化日志、SOE 日志、操作记录日志、计算机系统设备故障日志等；按处理的紧迫性分类，如按信号优先级分类存储；按专业化分工分类，如可以按工艺系统组织信息存储；对日志信息灵活多样的分类组织，可满足不同专业人员关注不同的日志信息的需要，可极大地提高系统事件信息的可用性和可操作性。

6. 事故追忆

事故追忆是在捕捉到一个运行事故后，将事故相关的变量及事故发生前后的运行参数和状态组织在一起，供运行人员分析使用的一种数据结构。这样既有利于运行人员只关注相关数据的变化，又不会遗漏有用的数据。一般，事故追忆在组态时进行定义，定义的内容有事故触发条件、事故相关点、数据采集间隔周期、事故前后采集的数据量等。

7. SOE

SOE 用于快速记录事件先后顺序，如电器开关联锁跳闸的顺序。对这种事件顺序分辨的时间精度称为 SOE 分辨率。SOE 分辨率越高，说明分辨事件发生先后顺序的误差越小。在分布式控制系统中，SOE 分辨率精度与计算机系统的时间同步精度密切相关。因为为了精确记录事件发生的时间，一般在采集模块上打上时间戳，也有在控制器上打时间戳的。因此，各模块间和各控制器间的时间同步精度决定了 SOE 的分辨率。SOE 记录的结构要便于对时间进行排序，以及分辨首故障。

9.3.3 实时数据库

1. 实时数据库的功能特点

实时数据库是数据和事务都有定时特性或显示的定时限制的数据库，其结构和功能是根据实时数据库的性质以及实时数据在使用方式上的特点而设计的。实时数据库是整个数据库系统的基础，历史数据库、报警数据库均基于该数据库的数据而建立。

（1）现场数据采集：通过 I/O 设备及 I/O 驱动软件，实时数据库提供与典型数据源的接口。

（2）预处理机制：直接在实时数据库中对原始数据进行处理。

（3）滚动存储机制：建立在硬件基础上，数据库的容量固定，数据库保存最新的当前若干条数据，删除最旧的数据。

（4）自动更新机制：当数据库中的数据改变时，及时通知客户端程序更新数据。

（5）触发和定时机制：提供触发和定时机制，供各类数据处理、先进控制和优化算法使用。

（6）补偿机制：当系统不能连续运行时，提供相应的补偿机制（如备份等），以保证数据不会丢失。

（7）数据检索机制：可实时检索数据库中的数据。

（8）动态汇总机制：提供报警状态、操作事件等信息的动态汇总功能。

（9）进程管理机制：可将有严格时间要求的用户进程放在服务器上，由实时数据库统一调度管理。

2. DCS 实时数据库的逻辑结构

DCS 实时数据库与其他数据库一样，由一组结构和结构化数据组成，当可以以分布式形式存在多个网络结点时，还可能有一个“路由表”，存储实时数据库分布的路径信息。

不同厂家开发的 DCS 或监控配置软件的数据库逻辑视图都差不多，但物理结构有很大差别，除对上述 DCS 应用特征理解程度和角度不同外，还有应用背景、开发难度适应性和开放性等方面的考虑。

总体来说，DCS 实时数据库都基于“点”，在不同的系统中，点又称为“变量”“标签”或“工位号”。在逻辑上，一个“点”结构很像关系数据库中的一条记录，一个点由若干个参数项组成，每个参数项都是点的一个属性。一个数据库就是一系列点记录组成的表。一个点至少应有点标识、过程值，这两项属性称为元属性，其他属性一般都是配置属性。

点代表了外部信号在计算机内的存储映像，信号类型不同，则点类型也不同。一个点就是点类型的实例对象。在 DCS 中，最基本的点类型是模拟量和开关量，还有很多内部点（又称虚拟点）表示外部点的信号经过运算后产生的中间结果或导出值。根据处理性质的不同，可以有模拟量输入/输出点、开关量输入/输出点、内部模拟量、内部开关量等类型，即使对相同的点类型，也可以存储为不同的值类型，如模拟量值类型有整数型、实数型 BCD 码表示，甚至字符串表示等。

逻辑上一个数据库就像由点记录组成的关系表，一种点类型为一张表。在物理实现上，某些软件将各种点类型进行精简和适度抽象后形成定长记录，只组织成一张线性表，通过一定的空间损失来简化查询过程，这也是一种很好的办法。

一个 DCS 产品的离线配置工具可以完全展现数据库逻辑结构的总貌，如有多少种点类型，每种点类型有哪些属性项等，需要说明的是，一种点类型可配置项的多少只反映这种点功能的多少，但不代表在系统级是否提供类似的功能。一般来说，偏重于以点为对象组织系统功能的产品（特别是做监视系统出身的厂家），其点的属性往往设计得很多，每个属性都关乎一个应用功能；而注重体系结构更加模块化的产品，则把相关属性转到其他应用模块上，并通过相应的配置工具来提供这些属性的配置。一个典型例子是对报警条件的参数定义。

3. 数据库访问寻址方式

在线运行时，DCS 中对实时数据的访问大致有以下访问寻址方式。

（1）点名寻址方式。在一个 DCS 数据库中，每个点都有点名，作为关键字以区别于其他点。点名是用户根据识别习惯和处理的方便性而自行设计的，一般只要求在一个 DCS 数据库中的点不得重名。一般数据库索引系统将所有点名排序（对容量小于 500 点的也可以不排序）后放到一个索引表中，当出现一个查询访问时，采用二分查找、B 树等查找方法进行一系列比较操作后，对点名在索引表中的位置定位，再根据索引项进一步找到实时数据的存储位置。

（2）别名寻址方式。该寻址方式在某些 DCS 数据库系统中存在，与点名作用大致相同，但别名不是由用户指定的，而是系统配置工具根据一定的编码规则自动产生的点的名称。由于有了内定的编码规则，因此当访问数据库时，只要通过一个或几个简单的计算公式，就可以在索引表中定位。

（3）点号寻址方式。点号是点名在数据库中的内部表现形式，可以加快数据库访问的寻址速度。点号和点名具有一一对应的关系，在整个配置系统中，如果点名不变，则点号也不变。对目前绝大多数 DCS 而言，点号为一个无符号 2 字节整数或其他等价表示，因此理论上一个 DCS 数据库可以容纳最多 65535 个点。点号寻址方式只要经一次偏移，无须计算就可以直接在索引表中对查询点定位，查询速度比别名寻址方式快。

（4）引用寻址方式。由于引用的地址是实时数据在数据库虚拟存储空间的真实存储地址，连偏移也不用，因此引用寻址方式比点号寻址方式的访问效率更高，属于绝对寻址。这种寻址方式一般只用在 DCS 控制器中。

这 4 种寻址方式之间在直观性与访问效率的对比关系如图 9－7 所示。

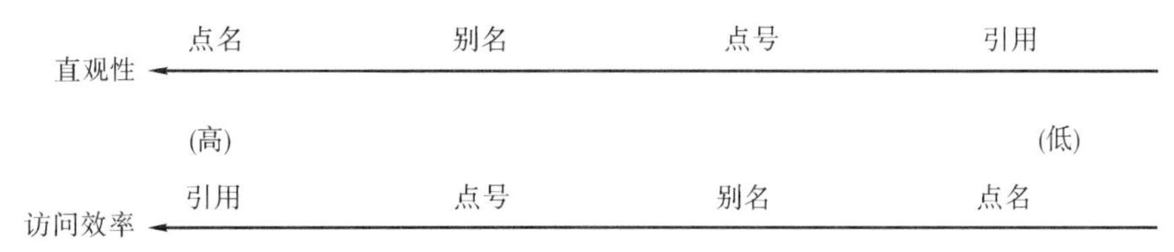

图 9－7　寻址方式在直观性与访问效率的对比关系

DCS 软件不同层次的任务、模块和部件采用适当的数据库寻址方式，可以使系统在实时性和灵活性之间达到最佳平衡。

4. DCS 中变量名字变换过程

DCS 数据基于点（变量），不管是有明确含义的变量名还是软件内部使用的标识，一个信号从 I/O 模块的通道地址（或 PLC 寄存器地址）到最终画面上定义的变量，中间要经过一系列名字变换，DCS 中变量名字的变换过程如图 9－8 所示。

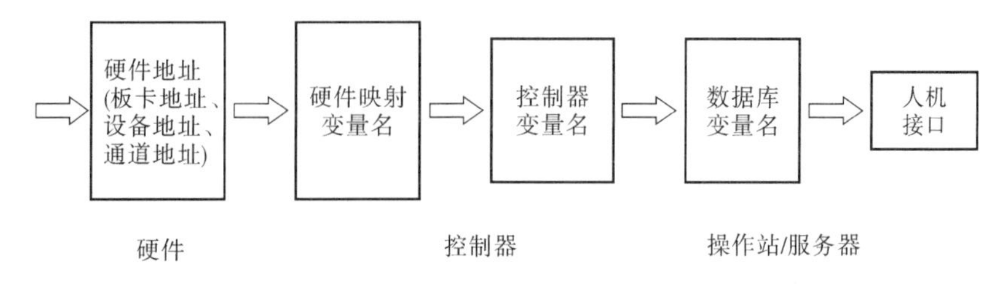

图 9－8　DCS 中变量名字的变换过程

每层名字变换都有一定的系统开销（像解释网络协议栈一样），但也增加了数据独立性。在系统集成趋势下，一般认为这种独立性是必要的。

不同实体间通信时，在 C/S 模式下，通常名字对照表存储在客户方，由客户端发出数据请求或命令，服务器返回数据或执行命令后返回应答。从通信角度来看，这种方式是最稳定的。

这种名字变换和问答的方式毕竟效率偏低，因此在数据的实时响应性上，专门 DCS 厂家的系统比简单使用商品化软硬件集成起来的系统要高。

5. DCS 实时数据库的一般设计特点

1）平板型内存数据库

平板型或扁平化是相对于层次化而言的，表现在以下两方面。

（1）在逻辑视图上，数据库中的点记录的分布扁平化，点与点之间的关系是平等的、无关系的，记录级的数据库访问没有优先级。

（2）在点记录结构的内部，各个属性的分布扁平化，属性与属性之间的关系是平等的，记录内属性的访问没有优先级。属性值一般不支持复杂数据类型。

某些监控软件在实时数据库结构方面提供了一些手段，能够在点与点之间根据应用要求建立某些关联或一定层次。例如，组合点，一个组合点下面可以连接若干个普通点，或连接“区域”“工艺系统”这样的逻辑组，把点分别归属在这些组里。这些都增加了实时数据库的管理性能，满足了一定的应用需求。

2）固定的点类型和点结构

DCS 组态软件的数据库一般具有种类有限的结构固定的点类型，普遍不支持（或有限支持）配置“元数据库”（即描述数据库结构的数据库）的能力。例如，增加一种用户自定义结构的点类型，或对一种已有的点类型结果增加（或修改）某些属性等。或者说，DCS 的软件系统不支持（或只能有限支持）围绕实时数据库的应用功能的二次开发。这是由 DCS 的应用特征决定的。

3）实时数据周期刷新

DCS 实时数据库中的实时值一般采用周期刷新的方式，目前有些监控软件增加了事件驱动的机制，但周期刷新依然是 DCS 的主要处理方式。

4）数据广播

在实时数据的传输上，较常见的通信方式是广播，其可用于解决系统网络上分布式数据库冗余数据的一致性。数据广播应用于下位机控制器向上位机传送数据、主从机数据同步等方面。虽然广播方式在接收端不返回应答，一般不认为这是一种可靠的通信方式，但通信效率较高，在 DCS 特定的应用环境和处理模式下，可靠性还是有保证的。

5）订阅

订阅用于数据库对外的远程访问服务，主要应用在人机界面等应用对动态数据的获取上。订阅技术基于“客户－中间件－服务器”模型，在服务中间件的内部建立预定数据的动态缓存，并仅当数据变化时才对动态缓存给予刷新，并向订阅了这些数据的客户端发送。这使得网络上的请求包数大大减少，并有效降低对实时数据库的重复访问次数。

6）安全性控制

安全性控制用于对不满足操作权限许可的用户对数据库读/写操作的限制。目前 DCS 数据库普遍具有不同程度的安全性控制，但不一定是完全基于数据库的。

9.3.4 历史数据库

有关历史数据库的种类和特点可参考 7.3.1 节，在此介绍历史数据库的设计。

1）转储

历史数据在从收集到存档的过程中，一般要经历二级数据转储。

（1）内存到硬盘。保存历史数据时，先存储到内存缓冲区，待内存缓冲区写满后再存储到硬盘。这里的内存缓冲区必须采用两区交替的形式，即先在一个区里写，写满后转到另一个区继续写，同时通知转储任务将第一个区的内容转储到硬盘，当第二个区写满后，再转回第一个区，由转储任务把第二个区的内容存储到硬盘。如果不采用这种并行方式，就会出现在转储期间记录停止的情况，导致丢失一段历史数据。

（2）硬盘到外部存储介质。当硬盘写满后，如果要永久保存历史记录，就必须把硬盘文件转储到外部存储介质（如磁带、光盘）上。由于外部存储介质不属于在线设备，因此历史数据库要提前通知用户，安装或更换外部存储介质。

2）暂存

历史数据库的一个重要指标是保存记录是否完整。在分布式环境中，有时因网络（或其他原因），历史数据的收集（或存档）不得不中断。因此历史数据库系统需要数据的产生端具备一定的数据暂存能力，能待故障恢复后将历史库记录补齐。

3）双机备份

在 DCS 中，通常会有一个操作站（可称为历史站或历史服务器）用于专门保存历史数据，在重要的场合，历史库需要采用双机备份。由于主从历史库机不能同时启/停，因此需要先启机将后启机的历史记录补齐。由于这种数据复制要占用大量网络带宽，因此可考虑采用“后门网络”完成这项工作，以免影响正常的系统网络负荷。对复制的数据量也应有所限制，对于已经归档的数据不必再做这种复制。因此可以认为，“短时存档”和小文件存储对历史记录的完整性是有好处的。

9.3.5 报警数据库

将报警系统划入数据库系统内核是有益处的，因为报警信息是实时数据的另一种表现形式。DCS 的报警系统普遍采用“供应者－消费者”模式，报警供应者（服务器）负责确定报警发生条件，并把组织好的报警信息发送给分布式报警系统。报警消费者（客户）通过订阅机制从报警系统接收报警信息。报警服务器管理报警数据库，以及注册的分布式报警要求，将必要的报警信息发送给相关客户。

报警处理是 DCS 的重要功能，当系统的 I/O 数据发生故障或故障状态变化时（如故障结束时），系统的操作站通过声音、文字、变色、图形闪烁等方式通知操作人员，以引起注意。报警数据库通过报警来确定唯一性，记录报警类型、文本信息、音频报警的支持文件、报警条件、响应操作等信息。

1. 报警条件的产生

目前的DCS基本有以下两种报警产生方式。

方式1：在刷新实时数据库“当前值”时判断报警。采用这种方式时，一般将报警条件和相关参数记录在变量的属性中，根据采样数据前后两次的数据变化与报警条件比较后的结果来确定是否发生了报警或报警恢复。

方式2：配置专门的报警点，周期性检查报警所对应的变量点的“当前值”是否符合报警点所规定的报警条件，并与相同点的前次报警状态进行比较，确定是否发生了新报警或报警恢复。

考虑到一般数据库的当前值就是周期性刷新的，所以这两种方式的效果基本等价，唯一的区别是报警产生时间，方法1产生的是数据采样时间，而方法2产生的是报警判定时间。

2. 报警处理机制

图9－9所示为一个典型的DCS报警处理信息流。报警服务器通常也需主从备份，当主报警服务器出现故障时，分布式报警系统可以从从报警服务器取得报警信息。

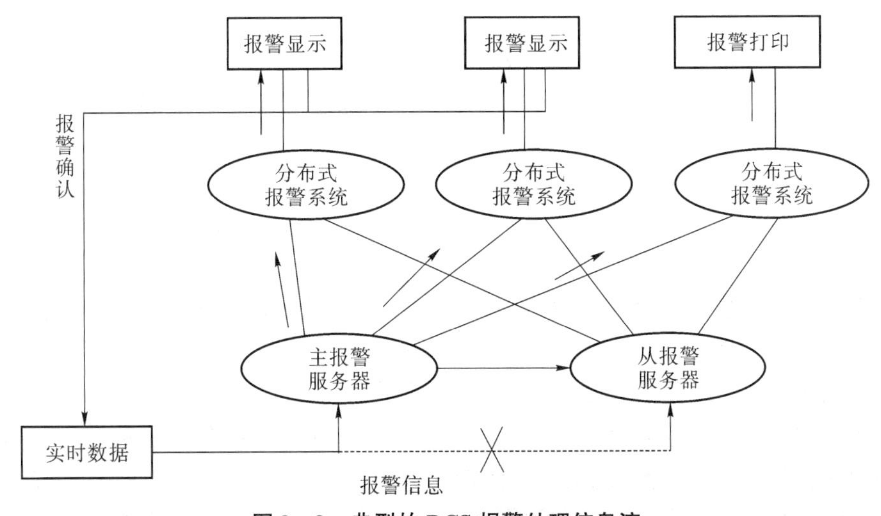

图9－9　典型的DCS报警处理信息流

1）报警请求注册

先进的DCS报警处理机制允许不同的报警客户把自己特定的报警过滤条件通过分布式报警系统注册到报警服务端。例如，在按区域管理的操作站，操作员可能不希望非自己区域管辖范围内的报警出现在自己的屏幕，也可能只希望看看，但不能执行报警确认等动作。报警服务端就可以把过滤后的报警发送给指定的报警客户。

2）报警确认

报警确认命令最好直接发给实时数据库，由实时数据库产生报警确认信息，并送到报警服务器进行相关处理。如果直接由报警服务器处理，容易产生实时数据库与报警服务器之间信息的不一致。

9.3.6 DCS 监控软件的数据处理流程

目前 DCS 监控层一般采用基于 Windows 平台基础的监控软件，一个典型的 DCS 监控软件数据处理流程如图 9－10 所示。

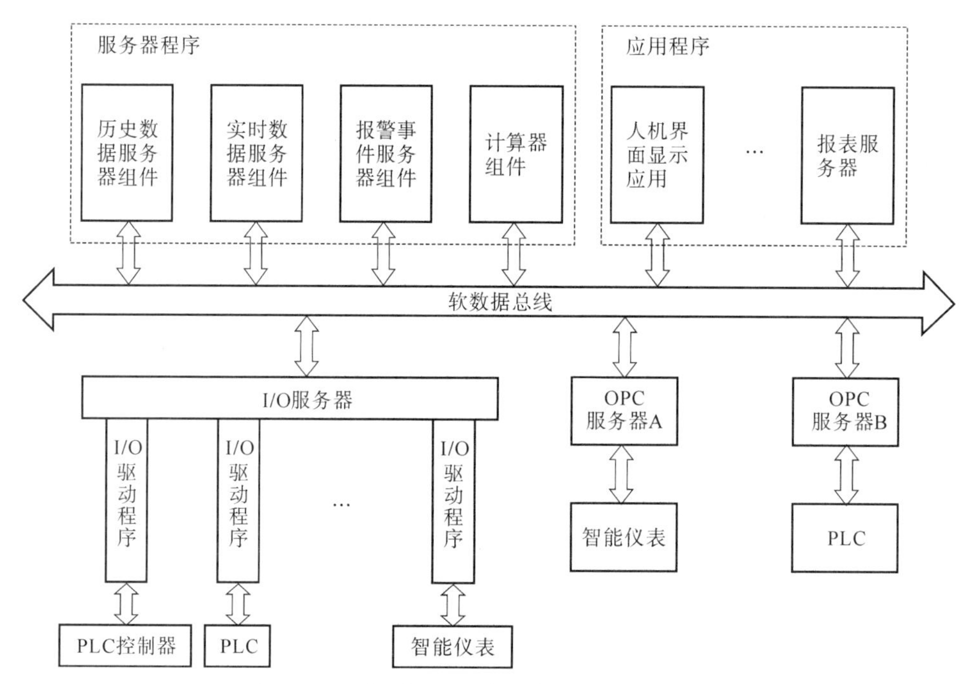

图 9－10　典型的 DCS 监控软件数据处理流程

所有软件部件挂接到一个软件总线上，在 Windows 操作系统下，最常用的软件总线是 COM/DCOM，各部件通过 COM 接口进行进程间通信和数据交互，早期的技术还有 DDE。

实时数据源来自 I/O 服务器，I/O 服务器实际是个软件进程，它将 DCS 控制器、PLC 智能仪表和其他工控设备看作外部设备，驱动程序与这些外部设备交换数据，包括采集数据和发送数据/指令。流行的组态软件一般提供组现成的、基于工业标准协议的驱动程序，如 MOD－BUS、PROFIBUS－DP、SNMP 等，并提供一套用户编写新的协议驱动程序的方法和接口，每个驱动程序以 DLL 的形式连接到 I/O 服务器进程中。

I/O 服务器还有另一种实现形式，即每个驱动程序都是 3 个 COM 对象，实际上就是把 I/O 服务器的职能分散到各个驱动程序中。这种方式的典型应用是设备厂商或第三方提供 OPC 服务器，将组态软件作为 OPC 客户。

由于 DCS 是面向过程的系统，因此有一种观点认为，DCS 总应该被连接到它的数据源，因此不需要维持一个“当前值”的数据库。当应用实时数据时，就把请求发给 I/O 服务器，从而获取最新的现场数据。但这种方式比较依赖于操作站与外部设备的通信，容易使应用与通信发生耦合。例如，对于一幅正在显示的画面，如果不能及时取得动态数据，显示就会出现停滞。因此在一般监控软件中还是有实时数据库的，区别在于是作为一个单独的软件部件存在还是在I/O服务器中实现。目前，监控软件的发展趋势是增加越来越多的数据管理和应用，因此系统中存在一个数据汇集点还是很有必要的。

9.3.7　DCS监控软件中开放式数据库接口技术

ODBC（Open Data Base Connect，开放式数据库互连）是应用程序和数据库系统之间的中间件。它通过使用相应应用平台上和所需数据库对应的驱动程序与应用程序的交互来实现对数据库的操作，能避免在应用程序中直接调用与数据库相关的操作，从而提供数据库的独立性。

ODBC是由微软公司于1991年提出的一个用于访问数据库的统一界面标准，是应用程序和数据库系统之间的中间件。它通过使用相应应用平台上和所需数据库对应的驱动程序与应用程序的交互来实现对数据库的操作，避免了在应用程序中直接调用与数据库相关的操作，从而提供了数据库的独立性。

ODBC主要由驱动程序和驱动程序管理器组成。驱动程序是一个用于支持ODBC函数调用的模块，每个驱动程序对应相应的数据库，当应用程序从基于一个数据库系统移植到另一个时，只需更改应用程序中由ODBC管理程序设定的与相应数据库系统对应的别名即可。驱动程序管理器可链接到所有ODBC应用程序中，它负责管理应用程序中ODBC函数与DLL中函数的绑定。

应用程序在访问一个数据库前，必须用ODBC管理器注册一个数据源，管理器根据数据源提供的数据库位置、数据库类型及ODBC驱动程序等信息，建立ODBC与具体数据库的联系。这样，只要应用程序将数据源名提供给ODBC，ODBC就能建立与相应数据库的连接。

在ODBC中，ODBC应用程序接口（API）不能直接访问数据库，必须通过驱动程序管理器与数据库交换信息。驱动程序管理器负责将应用程序对ODBC API的调用传递给正确的驱动程序，而驱动程序在执行完相应的操作后，将结果通过驱动程序管理器返回给应用程序。

一个基于ODBC的应用程序对数据库的操作不依赖任何DBMS，不直接与DBMS交互，所有数据库操作由对应的DBMS的ODBC驱动程序完成。也就是说，不论是关系数据库还是实时数据库，均可用ODBC API进行访问。由此可见，ODBC的最大优点是能以统一的方式处理所有数据库。

为了保证标准性和开放性，ODBC的结构分为四层：应用程序（Application）、驱动程序管理器（Driver Manager）、驱动程序（Driver）及数据源（Data Source）。驱动程序管理器与驱动程序对于应用程序来说都表现为一个单元，它处理ODBC函数调用。基于客户机/服务器的ODBC体系结构如图9－11所示。

（1）应用程序（Application）。应用程序本身不直接与数据库交互，主要负责处理并调用ODBC函数，发送对数据库的SQL请求及取得结果。

（2）驱动程序管理器（Driver Manager）。驱动程序管理器是一个带有输入程序的动态链接库（DLL），主要目的是加载驱动程序处理ODBC调用的初始化调用，提供ODBC调

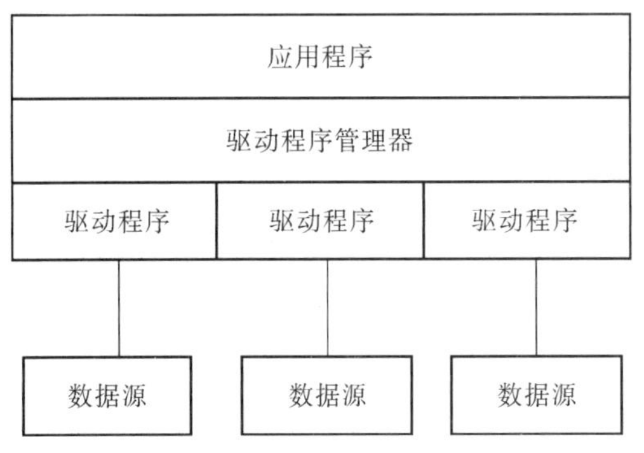

图 9－11　基于客户机/服务器的 ODBC 体系结构

用的参数有效性和序列有效性。

(3) 驱动程序 (Driver)。驱动程序是一个完成 ODBC 函数调用并与数据之间相互影响的动态链接库 (DLL)，当应用程序调用 SQL Browse Connect( )、SQL Connect( )或 SQL Driver Connect( )函数时，驱动程序管理器装入驱动程序。

(4) 数据源 (Data Source)。数据源包括用户想访问的数据及与其相关的操作系统、DBMS 和用于访问 DBMS 的网络平台。

DCS 软件是否支持 ODBC 标准的数据库访问机制，是系统开放性的一个重要方面。支持的程度主要体现在两方面：一方面，提供支持 ODBC 标准的数据库驱动程序的 DLL，允许外部应用软件通过 ODBC 标准访问 DCS 的数据库；另一方面，DCS 本身也可以通过 ODBC API 来获取外部支持 ODBC 标准的数据库信息。

9.3.8　B/S 体系结构的监控软件

B/S 结构即 Browser/Server (浏览器/服务器) 结构，是随着 Internet 技术的兴起，对 C/S 结构的一种变化或改进的结构。在这种结构下，用户界面完全通过网络浏览器实现，部分事务逻辑在前端实现，但主要事务逻辑在服务器端实现，形成所谓 3 层结构。B/S 结构，主要利用不断成熟的网络浏览器技术，结合浏览器的多种 Script 语言 (VBScript、JavaScript 等) 和 ActiveX 技术，通过浏览器来实现原来需要复杂的专用软件才能实现的强大功能，并节约开发成本，是一种全新的软件系统构造技术。随着 Windows 98/Windows 2000 操作系统将浏览器技术植入操作系统内部，这种结构已成为当今远程监督软件的趋势。显然，B/S 结构应用程序相对于传统的 C/S 结构应用程序将是巨大的进步。

该体系结构中的关键模块是在传统的 C/S 结构的中间加一层，把原来客户机所负责的功能交给中间层来实现，这个中间层即 Web 服务器层。这样，客户端就不负责原来的数据存取，我们只需在客户端安装浏览器就可以了。Web 服务器的作用就是对数据库进行访问，并通过 Internet/Intranet 传递给浏览器。这样，Web 服务器既是浏览器的服务器，又是数据库服务器的浏览器。在这种模式下，客户机就变为一个简单的浏览器，形成了“肥服务器/瘦客户机”的模式。实时数据库服务器从 I/O 服务器获取 I/O 数据，客户通过浏览器向 Web 服务器提出请求，Web 服务器处理后，到数据库服务器上进行查询，将查询结果送回 Web 服务器后，以 HTML 页面的形式返回浏览器。

ASP（Active Server Pages，活动服务器页面）是一个 Web 服务器端的开发环境，利用它可以产生和运行动态的、交互的、高性能的 Web 服务器应用程序。

B/S 结构为 Internet 客户提供了通过互联网的系统监控功能。作为显示客户从远方位置访问系统的一个强大而方便的途径，其可以显示实时数据、曲线，甚至在远方改变设定点、进行确认报警。

1）B/S 结构的安全性

Internet 服务器使用防火墙和密码保护加密技术，来确保在互联网上操作的安全。若 Internet 客户访问没有得到密码的确认，或者多个 Internet 客户同时访问，超过 Web 服务器的许可用户的数目，访问都会被拒绝。

与 Internet 连接启动，Internet 客户输入密码后连接到实时数据库服务器，B/S 结构的监控系统就可以在系统中被激活。Internet 客户通过请求可以下载并将页面放于高速缓存中。

与 HTML 应用不同，Internet 客户从服务器将实时的工程画面置入高速缓存并传递全部信息。一旦画面被放入高速缓存，客户就使用 TCP/IP 通过 Internet/Intranet 来更新信息。

2）自动同步

B/S 结构的监控系统会自动比较在高速缓存和服务器中的文件的日期，如果服务器的文件改变了，那么新的文件会自动下载到客户端。

思 考 题

1. 简述分布式数据库的特点和结构。
2. DCS 数据库管理哪些类型的数据？

第10章 分布式控制系统的设计与应用

10.1 概　　述

分布式控制系统是综合性很强的系统，其应用过程包含大量工程设计问题。目前，国内外各个厂家推出的DCS种类繁多，其体系结构及系统特点相差较大，尚未形成统一的标准，为DCS的应用设计与实施带来一些困难。对于工业过程控制设计来说，如何根据工艺过程的自动控制要求来选择适用和高性价比的DCS，怎样利用DCS设备特点来组织自动化系统，如何让选择的DCS为企业信息化带来最大效益等，都是自动化系统设计和应用过程中面临的现实问题。

首先，要明确生产过程的控制要求，即如何对这个生产过程进行控制。例如，控制哪些参数；采取什么样的算法；控制目标是什么；具体的控制是如何实现的；等等。这些都是DCS以外的设计内容。对一个具体生产过程如何进行控制，是应用设计需要解决的问题。

其次，为了对生产过程实现控制，要解决该过程的可测性和可控性的问题。这意味着应用设计需要考虑，应该设置哪些测量点来全面准确地反映生产过程的实时状态，以及该过程的发展趋势。在此基础上，考虑通过哪些执行机构使DCS输出的控制量发挥作用，以使控制算法得出的结果成为现实，将被控过程的状态控制在预想的范围之内。

另外，应用设计还应该考虑人，即操作人员对控制系统的干预程度和干预方法。对于自动化程度要求较高的生产过程，就应该减少人工干预，但还必须考虑安全性的保证，若某些原因造成自动控制无法实现，则应该有有效的人工干预手段，以保证生产过程的平稳和安全。人工干预手段一般有两种：一种是通过按钮等设备直接将控制信号送到现场，用以实现控制，在自动化界称为硬手操；另一种是通过计算机键盘、鼠标或屏幕操作进行干预，而实际的控制信号仍然通过DCS送到现场，这种方式被称为软手操。最常用的方法是将两种方式相结合，在涉及对回路控制或各种控制算法进行人工干预时采用软手操，而涉及运行安全的人工干预可采用硬手操。

在保证一个控制系统取得成功的诸多因素中，选择使用一个优质的DCS仅占一半（甚至不到一半）成功因素，而另一半成功因素在于应用设计，有相当多的实例说明了应用设计的重要性。由于各行各业的控制系统都有自己的特点，因此在应用设计上也各有各的行规，如电厂发电机组控制系统的设计过程就与化工生产装置控制系统的设计过程有很大不同。尽管如此，不同行业的控制系统在设计方法和设计过程方面依然有基本的共同点，这些控制系统的建造都要遵循共同的原则。一个控制系统的设计、实施和运行一般可分为以下 6 个步骤：

第 1 步，自动化系统的总体设计；

第 2 步，DCS 选型与工程化设计；

第 3 步，系统生产、组态及调试；

第 4 步，出厂测试与验收；

第 5 步，系统现场实施；

第 6 步，系统运行与维护。

10.2　DCS 应用设计的一般问题

10.2.1　DCS 的总体设计

自动化系统的总体设计是整体工程建设项目（如一个火电厂的建设项目、一个化工厂的建设项目等）中的重要组成部分 。

1. 方案论证（可行性研究设计）

方案论证的主要任务是明确具体项目的规模、成立条件、可行性，确定项目的主要工艺、主要设备、项目投资规模等。

（1）投资效益分析：产品市场前景；经济产业政策导向；后期投资规模扩展。

（2）现场环境要求：地理位置要求；环境保护要求。

（3）工程技术可行性分析：工艺技术条件；设备制作条件；流程控制条件。

2. 操作模式划分

操作模式是由工艺过程的复杂程度和自动化水平决定的，通常有以下几种模式。

（1）上位机集中控制：对一些大型设备流程（或工艺过程）进行功能化设计，以实现数模控制和批处理。

（2）中控室集中控制：对一个单元过程进行顺序设计和回路设计，以实现部分设备运转状态连锁和参量调节。

（3）远程遥控：对一些重要设备和安全装置可实现中控室远程单机控制。

（4）机旁连锁操作：为实现部分相关联的设备调试和定期检修需要，设置机旁手动连锁控制。

（5）机旁单动：对一些大型设备或独立作业进行机旁单体操作。

3. 控制任务

在方案设计的开始阶段，要明确 DCS 的基本控制任务，包括以下几方面。

1）DCS 的控制范围

DCS 通过对各主要设备的控制来控制工艺过程。设备的形式、作用、复杂程度，决定了该设备是否适合用DCS进行控制。有些设备就不能由DCS控制，例如，对于运料车，DCS只能监视料库的料位；而有些设备（如送风机），就可由DCS完全控制其启/停，并改变负荷。在全厂的设备中，哪些能由DCS控制，哪些不能由DCS控制，要在总体设计中提出要求，考虑的原则有很多方面（如资金、人员、重要性等）。从控制上讲，以下设备宜采用DCS控制：

（1）工作规律性强的设备。

（2）重复性高的设备。

（3）在主生产线上的设备。

（4）属于机组工艺系统中的设备，包括公用系统。

DCS通过对这些设备的控制来实现对工艺过程的总体控制。除此以外，工艺线上的很多独立的阀门、电动机等设备往往也是DCS的控制对象。

2）DCS的控制深度

几乎任何一台主要设备都部分地由DCS控制。DCS有时可以控制这些设备启/停和运行过程中的调节，但不能控制一些间歇性的辅助操作，如有些刮板机等。对有的设备，DCS只能监视其运行状态而不能控制，这些就是DCS的控制深度问题。DCS的控制深度越深，就要求设备的机械与电气化程度越高，从而设备的造价越高。在总体设计中，要决定DCS控制与监视的深度，使后续设计是可实现的。

10.2.2 DCS的初步设计

初步设计的主要任务是确定项目的主要工艺、主要设备和项目投资具体数额。初步设计需要根据方案设计中已经确定的机组负荷要求、工艺系统和主要设备来确定系统自动控制水平、系统软硬件设计、机组运行组织/人机接口设计、控制室布置和相关空间的设计，并确定相应的预算。

1. 系统自动控制水平

确定系统自动控制水平是系统设计的前提，是系统软硬件设计、机组运行组织/人机接口设计、控制室布置等的关键一步。自动化系统设计的目标：在各种工况下能够利用自控设备对工艺过程/主要设备实施自动控制。要实现自动控制的前提是在工艺设计上能保证工艺过程和主要设备具有可观测性和可控性。可观测性是指工艺过程/主要设备上安装的检测设备能准确无误地检测过程中的参数或状态，将这些数据传送给控制设备，并能通过人机接口进行监控。可控性是指工艺过程/主要设备上装备的控制机构，能准确执行控制设备/操作人员发出的指令，能控制工艺过程/主要设备的运行参数和状态。

2. 系统软硬件设计

1）网络协议设计

网络协议设计是根据控制范围及控制对象决定的。

（1）拓扑结构：线形、树形或两者相结合。

（2）传输介质：接插件、集线器、交换机和电缆（双绞线、双线电缆或光缆）。

（3）站点数：段间数和总数。

（4）数据传输：数字式、位同步、曼彻斯特编码。

2）硬件初步设计

硬件初步设计的结果应可以基本确定工程对 DCS 硬件的要求及 DCS 对相关接口的要求，主要是对现场接口和通信接口的要求。

（1）确定系统 I/O 点：根据控制范围及控制对象来决定 I/O 点的数量、类型和分布。

（2）确定 DCS 硬件：根据外部信号类型确定 DCS 对外部接口的硬件；根据 I/O 点的要求决定 DCS 的 I/O 卡；根据控制任务确定 DCS 控制器的数量与等级；根据工艺过程的分布确定 DCS 控制柜的数量与分布，同时确定 DCS 的网络系统；根据操作模式的要求确定人机接口设备、工程师站及辅助设备；根据与其他设备的接口要求确定 DCS 与其他设备的通信接口的数量与形式。

3）软件总体设计

软件总体设计是指工程师将来可以在此基础上编写用户控制程序。

（1）根据顺序控制要求设计逻辑框图或写出控制说明，这些要求用于组态的指导。

（2）根据调节系统要求设计调节系统框图，它描述的是控制回路的调节量、被调量、扰动量、连锁原则等信息。

（3）根据工艺要求提出连锁保护的要求。

（4）针对具体应控制的设备提出控制要求，如启、停、开、关的条件与注意事项。

（5）做出典型的组态，用于说明通用功能的实现方式，如单回路调节、多选一的选择逻辑、设备驱动控制、顺序控制等，这些逻辑与方案将规定今后设计的基本模式。

（6）规定报警、归档等方面的原则。

4）人机接口设计

人机接口设计规定今后设计的风格，这在人机接口的详细设计方面表现得非常明显，如颜色的约定、字体的形式、报警的原则等。良好的初步设计能保持今后详细设计的一致性，这对于系统今后的使用非常重要，人机接口的初步设计内容与 DCS 的人机接口形式有关，这里所指出的只是一些最基本的内容。

（1）画面的类型与结构：画面包括工艺流程画面、过程控制画面（如趋势图、面板图等）、系统监控画面等；结构是指它们的范围和它们之间的调用关系，确定针对每个功能需要多少幅画面，要用什么类型的画面完成控制与监视任务。

（2）画面形式的约定：约定画面的颜色、字体、布局等方面的内容。

（3）报警、记录、归档等功能的设计原则，定义典型的设计方法。

（4）人机接口其他功能的初步设计。

3. 控制室布置

控制室的布置有利于操作人员保持良好的心理状态和发挥较好的监控作用，使操作人员对监控设备一目了然、伸手可及。

10.2.3　DCS 的现场施工设计

DCS 的现场施工设计是指施工图设计，是在 DCS 选型已经完成、初步设计已通过审批后进行的设计工作。由于集散控制系统的特点，在施工图设计阶段，自控设计人员要与制造厂商、用户单位及各专业设计人员密切配合、精心设计，才能在施工阶段和使用阶段起到指导作用。施工图是进行施工用的技术文件。它从施工的角度出发，解决设计中的细节部分。

10.3 DCS设计应用的安全可靠性问题

10.3.1 系统的安全性概述

1. 安全性分类

系统的安全性包含3方面内容：功能安全；人身安全；信息安全。

（1）功能安全是指系统正确地响应输入从而正确地输出。控制的能力（按IEC 61508的定义）在传统的工业控制系统中（特别是在所谓的安全系统或安全相关系统中），所指的安全性通常是指功能安全。例如，在联锁系统或保护系统中，安全性是关键性的指标，其安全性也是指功能安全。功能安全性差的控制系统，其后果不仅造成系统停机的经济损失，而且往往导致设备损坏、环境污染，甚至人身伤害。

（2）人身安全是指操作员在对系统进行正常使用和操作的过程中，不会直接导致人身伤害。例如，系统电源输入接地不良可能导致电击伤人，就属于设备人身安全设计必须考虑的问题。通常，每个国家对设备可能直接导致人身伤害的场合都颁布了强制性的标准规范，产品在生产销售之前应该满足这些强制性规范的要求，并由第三方机构实施认证，这就是通常所说的安全规范认证，简称“安规认证”。

（3）信息安全是指数据信息的完整性、可用性、保密性。信息安全问题一般会导致重大经济损失，或对国家的公共安全造成威胁。病毒、黑客攻击及其他各种非授权侵入系统的行为都属于信息安全研究的重点问题。

2. 安全性与可靠性的关系

安全性强调的是系统在承诺的正常工作条件或指明的故障情况下，不对财产和生命带来危害的性能。可靠性侧重于考虑系统连续正常工作的能力。安全性注重于考虑系统故障的防范和处理措施，并不会为了连续工作而冒风险。可靠性高并不意味着安全性一定高，安全性需要物理外力作为最后一道屏障。例如，重力不会因停电而自失，可用于紧急情况下关闭设备。当然在一些情况下，停机就意味着危险的降临，如飞机发动机停止工作。在这种情况下，几乎可以认为可靠性就是安全性。

10.3.2 系统的可靠性

可靠性是指系统在规定的条件下、规定的时间段内完成规定功能的能力。可靠性工程是指为了保证产品在设计生产及使用过程中达到预定的可靠性指标应该采取的技术及组织管理措施，通常采用可靠度、MTBF、MTTF、故障率来衡量可靠性。

（1）可靠度（Reliability）：是指机器零件、系统从开始工作起，在规定的适用条件下的工作周期内达到所规定的性能，即无故障正常状态的概率。

（2）MTBF（Mean Time Between Failures）：MTBF 即平均无故障时间，是指可以边修理边使用的机器、零件、系统在相邻故障期间的正常工作时间的平均值。

（3）MTTF（Mean Time To Failures）：MTTF 即发生故障的平均时间，是指不能修理的机器、零件、系统从工作至发生故障为止的工作时间的平均值，即不可修理产品的平均寿命。

（4）故障率（Failures Rate）：通常指瞬时故障率。瞬时故障率是指能工作到某个时间的机器零件、系统在连续单位时间内发生故障的比例，又称失效率、风险率。

DCS 的可靠性是评估 DCS 的一个重要性能指标。通常，制造厂商提供的可靠度数据都是 99.99%。由于可靠性指标具有统计特性，因此在评估系统可靠性时，可以采用那些提高系统可靠性的措施来分析。

提高 DCS 的可靠性最为适用的措施就是可靠性设计。日本横河公司对 DCS 的可靠性设计提出了以下 3 个准则：

（1）系统运行不受故障影响的准则。这条准则包括两方面内容：一方面是冗余设计，可以使系统某一部件发生故障时能自动切换；另一方面是多级操作，可以使系统某一部件发生故障时能够旁路（或降级）使用。

（2）系统不易发生故障的准则。这是非常重要的可靠性设计准则，就是要从系统的基本部件着手，提高系统的 MTBF。

（3）迅速排除故障的准则。这是一条很重要的维修性设计准则，包括故障诊断、系统运行状态监视、部件更换等设计，用于缩短系统的 MTTR。

要想提高集散控制系统的整体可靠性，进行可靠性设计，需要分别考虑如何提高其硬件和软件的可靠性。

1. 提高 DCS 硬件可靠性

1）冗余结构设计

冗余结构设计可以保证系统运行时不受故障的影响。按照冗余部件、装置、系统的工作状态，冗余可分为工作冗余和后备冗余；按照冗余度的不同，冗余可分为双重化冗余和多重化冗余。

设计冗余结构的范围应与系统的可靠性要求、自动化水平、经济性一起考虑。为了便于多级操作，实现分散控制、集中管理的目标，在进行冗余设计时，越是处于下层的部件、装置、系统，就越需要冗余，且冗余度越高。

DCS 冗余设计一般需要考虑供电系统的冗余、过程控制装置的冗余、通信系统的冗余、操作站的冗余。

（1）供电系统的冗余。

从系统外部供电时，采用双重化供电冗余是最常用的方法。冗余电源既可以是另一路交流供电电源，也可以是干电池、蓄电池、不间断电源。在 DCS 中，为了保证即使发生供电故障，系统数据也不会丢失，还要对 RAM 采用镉镍电池供电。对于自动化水平较高的大型集散控制系统的冗余供电系统，也可采用多级并联供电。

（2）过程控制装置的冗余。

这一部分可分为装置冗余和 CPU 插板冗余。装置冗余通常用多重化（n:1）冗余方式，典型的 n 值可为 8 ~ 12，通过控制器指挥仪来协调。CPU 插板冗余通常为多重化冗余，采用热后备方式。

（3）通信系统的冗余。

几乎所有 DCS 都采用双重化的通信系统的冗余拓扑结构。根据网络的不同，过程控制装置和操作站之间的数据通信可以是总线式或环形拓扑结构。操作站和上位机之间也存在数据通信。各站间和其他装置通过网间连接器或适配器进行数据通信。在 DCS 中存在数据通信的部位几乎无一例外地采用了冗余结构。

（4）操作站的冗余。

操作站冗余常采用 2 ~ 3 台操作站并联运行，组成双重化冗余或（2,3）表决系统冗余。各操作站通常可以调用工艺过程的全部画面和数据信息，有些系统采用各操作站分管工艺过程的一部分信息，一旦某台操作站发生故障，就把该分管部分分配给工作的操作站进行操作。

另外，对于 DCS 输入/输出信号的插卡部件、上位机，也可以组成冗余结构。冗余设计以投入相同的装置、部件为代价来提高系统可靠性。在实际设计选型时，应该根据工艺过程和特点、自动化水平、系统可靠性要求，提出合理的冗余要求。同时，还要进行经济分析和经济指标考虑。

2）不易发生故障的硬件设计

一般来说，为提高系统使用寿命，可从以下几方面考虑硬件设计和系统选型。

（1）考虑运动部件。由于机械运动部件的使用寿命要比电子元器件的使用寿命短，因此系统中使用的运动部件的寿命就成为衡量系统可靠性的指标。

（2）接插卡件在 DCS 组成中所占的比例较大，其可靠性会直接影响全系统的正常运行。接插卡件的可靠性设计包括卡件本身的设计、卡件与卡件座的接触部件的设计。DCS 中的接插卡件是在计算机控制的自动流水线上生产的，采用波峰焊接、多层印刷版、镀金处理等先进的制造工艺、可靠性测试和检验，从而提高了接插卡件的可靠性。

（3）对元器件（包括机械和电子元器件）都应选用高性能、规格化、系列化的元器件。例如，大规模集成电路、超大规模集成电路、微处理器芯片、耐磨损传动器件等。对元器件要进行严格的预处理和筛选，按照可靠性标准来检查全部元器件。

另外，还需采用电路优化设计方法，采用大规模和超大规模的集成电路芯片、尽可能减少焊接点、将连接线优化布置、选用优化性能的元器件等，这不但能够提高系统的可靠性、防止和降低干扰的影响，而且能降低成本、提高竞争能力。电路优化设计还包括使集散控制系统具有多级控制系统的总体设计，这种总体设计可以使系统在发生局部故障时能够降级控制，直到手动控制。这类总体设计属于结构优化设计，也属于电路优化设计的一部分。

3）迅速排除故障的硬件设计

为了能够迅速排除故障、减少 MTTR，除了需要具有足够的备品备件、不断提高维修人员技能以外，还需对 DCS 采用以下硬件设计方法。

(1) 自诊断设计。

DCS 的自诊断硬件设计，是使系统能够在发生故障时使标志位发生变化，并激励相应故障显示灯亮；DCS 的自诊断软件设计，是能够将检测值与故障限值进行比较，并依据比较结果发出信号。

(2) 实用的硬件措施设计。

这种设计主要是针对需要经常检修、更换的部件所采用的硬件设计措施，以及保证部件不易发生故障的硬件设计措施。这种硬件设计措施包括机械部件的设计、电子线路的设计，对于需要经常检修和更换的部件，需要采用接插卡件的机械设计。

2. 提高 DCS 的软件可靠性

1) 分散结构软件设计

分散结构软件设计是指将整体的软件结构分散成各子系统的设计，子系统各自独立、共享资源。这种分散结构的软件设计既有利于设计工作的开展，也有利于软件工作的调试。例如，把整体设计分为控制器模块、历史数据模块、打印模块、报警模块、事件模块等子系统的软件设计。

2) 软件容错技术设计

软件设计中的容错技术是指对误操作不予响应的软件设计。不予响应是指对于操作人员的误操作（如操作人员没有按照设计顺序操作时），软件不会按照这项操作去输出相应的操作指令，有的软件会根据误操作类别输出有关的操作出错的信息。

3) 采用标准化软件

采用标准化软件可以提高软件运行的可靠性，避免许多软件运行问题。

10.3.3　环境适应性设计技术

环境变量是影响系统可靠性和安全性的重要因素，所以研究可靠性就必须研究系统的环境适应性。通常纳入考虑的环境变量有：温度、湿度、气压、振动、冲击、防尘、防水、防腐、防爆、抗共模干扰、抗差模干扰、电磁兼容性（EMC）及防雷击等。下面简单介绍各种环境变量对系统可靠性和安全性构成的威胁。

1. 温度

环境温度过高或过低，都会对系统的可靠性构成威胁。

低温一般指低于 0 ℃的温度。低温对系统的危害有：电子元器件参数变化、低温冷脆、低温凝固（如液晶的低温不可恢复性凝固）等。低温的严酷等级可分为 -5 ℃、-15 ℃、-25 ℃、-40 ℃、-55 ℃、-65 ℃、-80 ℃等。高温一般指高于 40 ℃的温度。高温对系统的危害有：电子元器件性能破坏、高温变形、高温老化等。高温严酷等级可分为 40 ℃、55 ℃、60 ℃、70 ℃、85 ℃、100 ℃、125 ℃、150 ℃、200 ℃等。温度变化还会带来精度的温度漂移。设备的温度指标有工作环境温度、存储环境温度。

(1) 工作环境温度：指设备能正常工作时，其外壳以外的空气温度，如果设备装于机柜内，则指机柜内的空气温度。

（2）存储环境温度：指设备无损害保存的环境温度。

按照IEC 61131－2的要求，带外壳的设备的工作环境温度为5～40 ℃；无外壳的板卡类设备，其工作环境温度为5～55 ℃。在IEC 60654－1：1993中，进一步将工作环境进行分类：空调场所为A级，20～25 ℃；室内封闭场所为B级，5～40 ℃；有掩蔽（但不封闭）场所为C级，－25～55 ℃；露天场所为D级，－50～40 ℃。通常，按元器件的工作环境温度，将元器件按下列温度范围分别划分等级（不同厂家的划分标准可能不同）：商业级，0～70 ℃；工业级，－40～85 ℃；军用级，－55～125 ℃。

2. 湿度

（1）工作环境湿度：指设备能正常工作时，其外壳以外的空气湿度。如果设备装于机柜内，则指机柜内的空气湿度。

（2）存储环境湿度：指设备无损害保存的环境湿度。

（3）混合比：水汽质量与同一容积中的空气质量的比值。

（4）相对湿度：相对湿度是空气中实际混合比（r）与同温度下空气的饱和混合比（r_s）的百分比。相对湿度的大小可以直接表示空气距离饱和的程度。在描述设备的相对湿度时，往往还附加一个条件——不凝结（Non－condensing），指的是不结露。因为当温度降低时，湿空气会饱和结露，所以不凝结实际上是对温度的附加要求。在空气中水汽含量和气压不变的条件下，气温降低到使空气达到饱和时的温度称为露点温度，简称“露点”。在气压不变的条件下，露点温度的高低只与空气中的水汽含量有关，水汽含量越多，露点温度越高，所以露点温度也是表示水汽含量多少的物理量。当空气处于未饱和状态时，其露点温度低于当时的气温；当空气达到饱和时，其露点温度就是当时的气温。由此可知，气温与露点温度之差（即温度露点差的大小）也可以表示空气距离饱和的程度。

湿度对设备的影响有：

（1）相对湿度如果超过65%，就会在物体表面形成一层水膜，使绝缘劣化。

（2）在高湿度下，金属的腐蚀速度会加快。

相对湿度的严酷等级可分为5%、10%、15%、50%、75%、85%、95%、100%等。

3. 气压

空气绝缘强度随气压的降低而降低（海拔每升高100 m，气压降低1%），散热能力随气压的降低而降低（海拔每升高100 m，元器件的温度上升0.2～1 ℃）。气压的严酷等级常用海拔表示。例如，海拔3000 m一个标准大气压等于气温在0 ℃及标准重力加速度（$g=9.80665$）下760 mmHg所具有的压强，即一个大气压为101325 Pa，海拔每升高100 m，气压就下降5 mmHg（0.67 kPa）。

4. 振动和冲击

振动是指设备受连续交变的外力作用。振动可导致设备紧固件松动或疲劳断裂。设备安装在转动机械附近，即典型的振动。DCS 的振动要求标准主要是 IEC 60654 - 3：1983《工业过程测量和控制装置的工作条件第 3 部分：机械影响》（等效国家标准为 GB/T 17214.3—2000）控制设备的振动分为低频振动（8 ~ 9 Hz）和高频振动（48 ~ 62 Hz）两种，严酷等级一般以加速度表示——0.1*g*、0.28*g*、0.5*g*、1*g*、2*g*、3*g*、5*g*，振动的位移幅度一般分 0.35 ~ 15 mm 等级。

冲击是短时间的或一次性的施加外力。跌落就是典型的冲击。DCS 的冲击要求标准主要是由 IEC 60654 - 3 规定。冲击的严酷等级以自由跌落的高度来表示，一般分 25 mm、50 mm、100 mm、250 mm、500 mm、1000 mm、2500 mm、5000 mm 和 10000 mm。

5. 防尘和防水

防尘和防水的常用标准为 IEC 60529（等同采用国家标准为 GB 4208 - 2008）的外壳防护等级，其他标准有 NEMA250、UL50 和 508、CSAC22.2No.94 - M91。上述标准规定了设备外壳的防护等级，包含两方面的内容：防固体异物进入；防水。IEC 60529 采用 IP（International Protection）编码表示防护等级，在 IP 字母后跟两位数字（如 IP55），第一位数字表示防固体异物的能力，第二位数字表示防水能力。

6. 防腐蚀

IEC 60654 - 4：1987 将腐蚀环境划分等级，主要根据腐蚀性气体（硫化氢、二氧化硫、氯气、氧化氢、氮气、氧化氮、臭氧和三氯乙烯等）、盐雾和油雾、固体腐蚀颗粒三大类腐蚀条件和其浓度进行分级。腐蚀性气体按种类和浓度分为四级：一级，工业清洁空气；二级，中等污染；三级，严重污染；四级，特殊情况。油雾按浓度分为四级：一级，小于 5 μg/kg 干空气；二级，小于 50 μg/kg 干空气；三级，小于 500 μg/kg 干空气；四级，大于 500 μg/kg 干空气。盐雾按距海岸线的距离分为三级：一级，距海岸线 0.5 km 以外的陆地场所；二级，距海岸线 0.5 km 以内的陆地场所；三级，海上设备。固体腐蚀物未在 IEC 60654 - 4：1987 标准中分级，但该标准也叙述了固体腐蚀物腐蚀程度的组成因素，主要是空气湿度、出现频率或浓度、颗粒直径、运动速度、热导率、电导率、磁导率等。

7. 防爆

在石油化工和采矿等行业中，防爆是设计控制系统时的关键安全功能要求。每个国家和地区都授权权威的第三方机构制定防爆标准，并对申请在易燃易爆场所使用的仪表进行测试和认证。在实际应用中，采用本安（intrinsic safety）型仪表或采用安全栅（intrinsic safety barrier）是最常见的选择。

10.3.4　电磁兼容性和抗干扰

1. 电子系统的电磁兼容性和抗干扰概述

DCS 作为复杂的电子系统，其电磁兼容性（EMC）和抗干扰能力在很大程度上决定了系统的可靠性。下面介绍电磁兼容性和抗干扰的一些基本概念。

• 电磁兼容性（Electromagnetic Compatibility，EMC）：设备在其电磁环境中正常工作，且不具备对该环境中其他设备构成不能承受的电磁骚扰的能力。

• 骚扰（Disturbance）：专指本产品对别的产品造成的电磁影响。

• 干扰（Interference）：或称为抗干扰，专指本产品抵抗别的产品的电磁影响。

• 形成电磁干扰的三要素：骚扰源、传播途径和接收器。

• 骚扰源：危害性电磁信号（即干扰信号，或称为噪声）的发射者。

• 传播途径：指电磁信号的传播途径，主要有辐射和传导两种方式。

• 辐射（Radiated Emission）：通过空间发射。

• 传导（Conducted Emission）：沿着导体发射。注意：不要将发射和辐射混淆，辐射和传导都统属于发射。

• 接收器：收到电磁信号的电路。

只要消除了骚扰源（噪声）、传播途径和接收器这三要素之一，产品间的电磁干扰就不存在了。

1）噪声的种类和产生原因

在DCS中，噪声通过辐射或传导叠加到电源、信号线和通信线上，轻则造成测量的误差，严重的噪声（如雷击、大的串模干扰）可造成设备损坏。DCS中常见的干扰（噪声）有以下几种：

（1）电阻耦合引入的干扰（传导引入）。

①当几种信号线在一起传输时，由于绝缘材料老化、漏电而影响其他信号，即在其他信号中引入干扰。

②在一些用电能作为执行手段的控制系统中（如电热炉、电解槽等）信号传感器漏电，接触到带电体，会引入很大的干扰。

③在一些老式仪表和执行机构中，现场端采用220 V供电，有时设备烧坏，造成电源与信号线间短路，也会造成较大的干扰。

④接地不合理。例如，在信号线的两端接地，会因为地电位差而加入较大的干扰。

（2）电容电感耦合引入的干扰。

在被控现场，往往有很多信号同时接入计算机，这些信号线不管是走电缆槽，还是走电缆管，肯定将很多根信号线在一起走线。这些信号之间均有分布电容存在，会通过这些分布电容将干扰加到别的信号线上，同时，在交变信号线的周围会产生交变的磁通，而这些交变磁通会在并行的导体之间产生电动势，这也会对线路造成干扰。

（3）计算机供电线路上引入的干扰。

在有些工业现场（特别是电厂冶金企业、大的机械加工厂），大型电气设备启动频繁，大的开关装置动作也较频繁，这些电动机的启动、开关的闭合产生的火花会在其周围产生很大的交变磁场。这些交变磁场既可以通过在信号线上耦合产生干扰，也可能通过电源线上产生高频干扰，这些干扰如果超过容许范围，将影响计算机系统的工作。

（4）雷击引入的干扰。

雷击可能在系统周围产生很大的电磁干扰，也可能通过各种接地线引入干扰。

2）噪声的传播和接收

噪声可以通过三种机构传播和接收：通过天线（或等效于天线的结构）接收；通过机箱接收；通过导线接收。

这三种基本的信号传播机构可构成 9 种可能的耦合，其中最主要的 3 种耦合方式是天线—天线、天线—导线、导线—导线，所以电磁兼容性的研究和标准也主要围绕其进行。

2. 产品的电磁兼容性和抗干扰设计

电子系统要在复杂的电磁环境中可靠地工作，必须从设计上确保各种干扰都能得到抑制。电磁兼容性和抗干扰是非常相近的内容。在电子系统设计中，提高其电磁兼容性和抗干扰能力的“六大法宝”是：接地、隔离、屏蔽、双绞、吸收、滤波。另外，防雷是一个综合话题，它可能应用了上述全部 6 种方法。

1）接地

众所周知，地球是一个巨大的导电体，可以存储海量的电荷。接地就是基于这样一个物理基础所采取的技术手段。接地可分为保护地、逻辑地、屏蔽地和安全地。对这几种接地，各厂家的要求可能略有不同，最常见的 DCS 接地示意如图 10－1 所示。其中，CG（Cabinet Grounding）为保护地，又叫机壳地；PG（Power Grounding）为逻辑地，又叫电源地；AG（Analog Grounding）为屏蔽地，又叫模拟地；G1 为 DCS 接地铜排；G2 为 DCS 接地点。

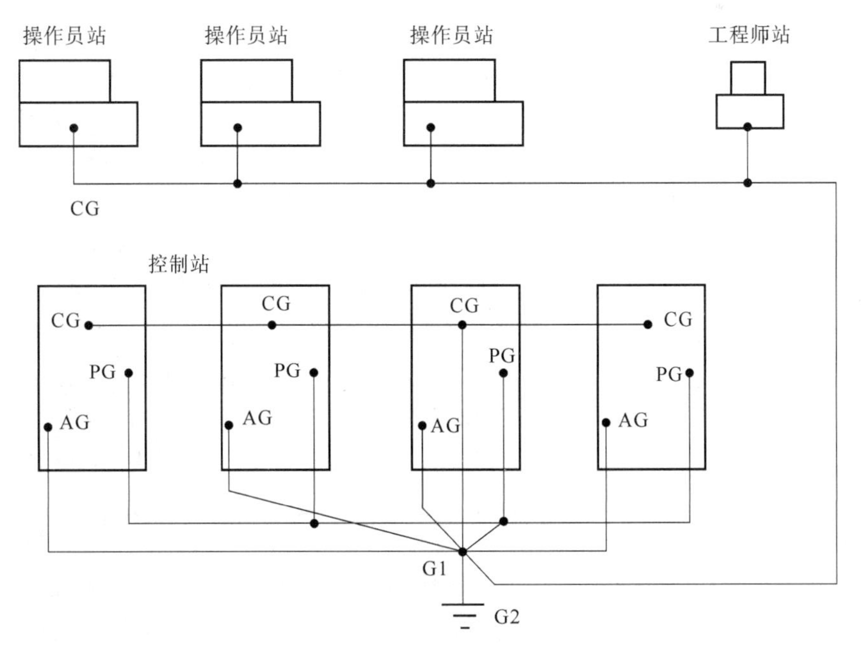

图 10－1　DCS 的接地示意

（1）保护地。

目前很多工厂的供电系统为TT系统，所以220 V AC电源引入DCS时，只需要接入相线（L）和零线（N），电源系统的地线（E）并不接入。此时DCS内保护地的接法是：首先，在安装时用绝缘垫和塑料螺钉垫圈保证各机柜与支承底盘间绝缘（底盘由DCS厂家提供，焊接在地基槽钢上）；其次，将系统内各机柜的柜门和柜顶风扇等可动部分用导线与机柜良好接触，将接地螺钉用接地导线以菊花链的形式连接，再从中间的机柜的接地点用一根接地线连接到DCS接地铜排，即图10－1的G1点。操作员站等PC机的机壳也采用类似方式连接到DCS接地铜排。需要注意的是，PC的5 V电源地与其外壳是连在一起的，所以相当于PC的逻辑地是通过保护地接地的。

（2）逻辑地。

逻辑地必须先在本柜汇集于一点（柜内汇流排），然后各柜内用粗绝缘导线以星形汇集到DCS接地铜排（G1点）。采用逻辑接地，除了能获得稳定的参考点，还有助于为静电积累提供释放通路，所以即使是隔离电路，其逻辑地也应该是接地或通过大电阻（如1 MΩ以上）接地，不建议采用所谓的“浮空”处理。即使是在航天器等无法接入大地的场合，也需要将逻辑地接到设备中最大的金属片上。

（3）屏蔽地。

屏蔽地也叫模拟地（AG），几乎所有的系统都提出AG点接地，而且接地电阻小于1 Ω。在DCS的设计和制造中，机柜内部都安置了AG汇流排或其他设施。用户在接线时将屏蔽线分别接到AG汇流排上，在机柜底部，用绝缘的铜辫连到一点，然后将各机柜的汇流点用绝缘的铜辫（或铜条）以星形汇集到DCS接地铜排。大多数的DCS要求：各机柜AG对地电阻小于1 Ω，且各机柜之间的电阻小于1 Ω。

（4）安全栅地。

图10－2所示为安全栅原理图。从图中可以看出，有三个接地点——B、E、D。通常，B点和E点都在计算机同侧，可以连在一起，形成一点接地；D点是变送器外壳在现场的接地，若现场和控制室两个接地点之间有电位差，那么D点和E点的电位就不同了。假设以E点为参考点，D点出现10 V的电动势，此时，A点和E点的电位仍为24 V，那么A点和D点间就可能有34 V的电位差，已超过安全极限电位差，但齐纳管不会被击穿，因为A点和E点间的电位差没变，因而起不到保护作用。这时如果不小心，现场的信号线碰到外壳上，就可能引起火花，甚至点燃周围的可燃性气体，这样的系统也就不具备本安性能了。所以，在涉及安全栅的接地系统设计与实施时，一定要保证D点和B（E）点的电位近似相等。在具体实践中，可以用以下方法来解决此问题：一种方法是用一根较粗的导线将D点与B点连接，以保证D点与B点的电位比较接近；另一种方法是利用统一的接地网，将它们分别接到接地网上，这样如果接地网的本身电阻很少，且采用较好的连接，就能保证D点和B点的电位近似相等。

（5）DCS接地点的设置。

各机柜内的接地都用铜线连接到DCS接地铜排（G1）后，需要用一根更粗的铜线将G1连接到工厂选定的DCS接地点（G2），需要注意G2的选择。在很多企业，特别是发电厂、冶炼厂等，其厂区内有一个很大的地线网，将变压器端接地与用电设备的接地连成一片。有的厂家强调 DCS 的所有接地必须和供电系统地以及其他接地（如避雷地）严格分开，而且之间应至少保持 15 m 以上的距离。为了彻底防止供电系统地的影响，建议供电线路用隔离变压器隔开。这对那些电力负荷很重，且负荷经常启/停的场合是应注意的。从抑制干扰的角度来看，将电力系统地和计算机系统的所有地分开是很有好处的，因为一般电力系统的地线是不太干净的。但从工程角度来看，在有些场合下，单设计算机系统地并保证其与供电系统地隔开一定距离是很困难的。考虑能否将计算机系统的地和供电地共用一个，要考虑以下几个因素：

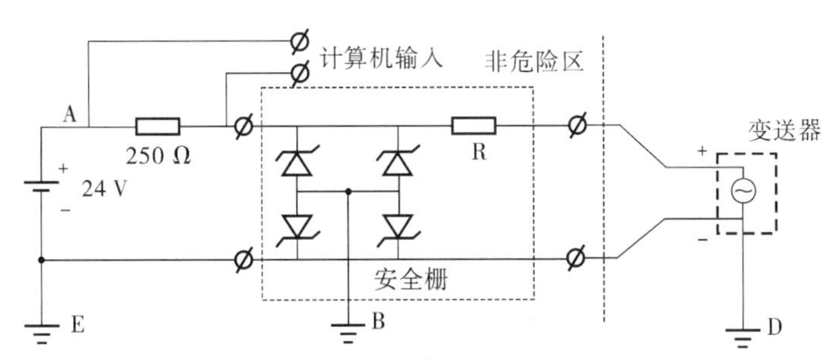

图 10－2　齐纳式安全栅的接地原理示意

①供电系统地上是否干扰很大，如大电流设备的启/停是否频繁。大电流入地时，由于存在土壤电阻，因此离人地点越近，地电位就上升越高，起落变化就越大。

②供电系统地的接地电阻是否足够小，而且整个地网各部分的电位差是否很小，即地网的各部分之间是否阻值很小（<1 Ω）。

③DCS 的抗干扰能力及所用到的传输信号的抗干扰能力，如有无小信号（热电偶、热电阻）的直接传输等。

不同的 DCS 对这几种接地的要求可能不同，但大多数 DCS 对 AG 的接地电阻一般要求应小于 1 Ω，而安全栅的接地电阻应小于 4 Ω，最好小于 1 Ω，PG 和 CG 的接地电阻应小于 4 Ω。总的来说，一般工控机系统（包括自动化仪表）的接地系统由接地线、接地汇流排、公用连接板、接地体等部分组成，如图 10－3 所示。

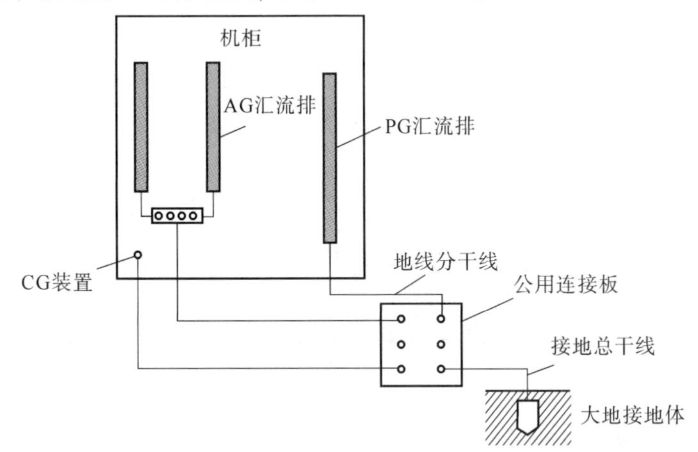

图 10－3　DCS 接地系统的组成

总之，对于DCS或其他电气系统的接地，其本质就是“能接地的接好地，并且一点接地”。

2）隔离

电路隔离的主要目的是通过隔离元器件把噪声干扰的路径切断，从而达到抑制噪声干扰的效果。在采用了电路隔离的措施以后，绝大多数电路都能够取得良好的抑制噪声的效果，使设备符合电磁兼容性的要求。电路隔离主要有模拟电路之间的隔离、数字电路之间的隔离、数字电路与模拟电路之间的隔离。所使用的隔离方法有变压器隔离法、脉冲变压器隔离法、继电器隔离法、光电耦合器隔离法、直流电压隔离法、线性隔离放大器隔离法、光纤隔离法等。

数字电路之间的隔离主要有脉冲变压器隔离、继电器隔离、光电耦合器隔离及光纤隔离等。模拟电路之间的隔离主要有互感器隔离、线性隔离、放大器隔离。模拟电路与数字电路之间的隔离可以先采用A/D转换器转换成数字信号，再采用光电耦合器隔离，对于要求较高的电路，应提前在模数转换装置的前端采用模拟隔离元器件隔离。

电路隔离都需要提供隔离电源，即被隔离的两部分电路使用无直接电气联系（如共地）的两个电源分别供电。电源隔离主要采用变压器（交流电源）或隔离型DC/DC变换器。

3）屏蔽

屏蔽就是用金属导体把被屏蔽的元件、组合件、电话线、信号线包围。在很多场合下，这种方法对电容性耦合噪声的抑制效果很好。最常见的就是用屏蔽双绞线连接模拟信号。

通常，信号除了受电噪声干扰以外，主要还受到强交变磁场的影响，如电站冶炼、冶炼厂、重型机械厂等。因此，除了要考虑电气屏蔽以外，还要考虑磁屏蔽，即考虑用铁、镍等导磁性能好的导体进行屏蔽。

要想屏蔽起到作用，屏蔽层就必须接地。有时采用单点接地，有时采用多点接地，在多点接地不方便时，在两端接地。主要的理论依据是：屏蔽层也是导线，当其长度与电缆芯线传送信号的1/4波长接近时，屏蔽层就相当于一根天线。为简便起见，在DCS中，对于低频的信号线，只能将屏蔽层的一端接地，否则屏蔽层的两端地电位差会在屏蔽层中形成电流，产生干扰；对于信号频率较高（100 kHz以上）的信号（如PROFIBUS电缆），其屏蔽层推荐两端接地。

虽然使用屏蔽电缆是一种很好的抑制耦合性干扰的方法，但其成本较高。另外，只要采取适当的措施，并不是所有信号都要采用屏蔽电缆才能满足使用要求。例如，正确的电缆敷设就可以做到这一点。基本方法如下：

（1）使所有的信号线都能很好地绝缘，使其不可能漏电，即防止由于接触引入的干扰。

（2）正确敷设电缆的前提是对信号电缆进行正确分类，将不同种类的信号线隔离铺设（不在同一电缆槽中，或用隔板隔开），可以根据信号的不同类型来将其按抗噪声干扰的能力分成以下几类：

①模拟量信号（特别是低电平的模入信号，如热电偶信号、热电阻信号等）。这类信号对高频脉冲信号的抗干扰能力很差，因此建议用屏蔽双绞线连接，且这些信号线必须单独占用电线管或电缆槽，不能与其他信号在同一电缆管（或电缆槽）中走线。

②低电平的开关信号（干接点信号）。数据通信线路（RS－232、RS－485等）对低频的脉冲信号的抗干扰能力比对模拟信号要强，但建议采用屏蔽双绞线（至少用双绞线）连接。此类信号也要单独走线，不能与动力线及大负载信号线在一起平行走线。

③高电平（或大电流）的开关量的输入/输出及其他继电器输入/输出信号。这类信号的抗干扰能力比以上两种都强，但这些信号会干扰其他信号，因此建议用双绞线连接，也单独走电缆管或电缆槽。

④供电线（AC 220 V/380 V），以及大通断能力的断路器、开关信号线等。它们对电缆的选择主要不根据抗干扰能力，而是由电流负载和耐压等级决定，建议单独走线。

以上说明，同一类信号可以放在一条电缆管（或电缆槽）中，相近种类信号如果必须在同一电缆槽中走线，则一定要用金属隔板将它们隔开。

4）双绞线

用双绞线代替两根平行导线是抑制磁场干扰的有效办法，其原理如图10－4所示，每个小绞扭环中通过交变的磁通，而这些变化磁通会在周围的导体中产生电动势，由电磁通感应定律决定（如图10－4中导线中的箭头所示）。从图10－4中可以看出，相邻绞扭环中在同一导体上产生的电动势方向相反，相互抵消，这对电磁干扰起到了较好的抑制作用，单位长度内的绞数越多，抑制干扰的能力就越强。

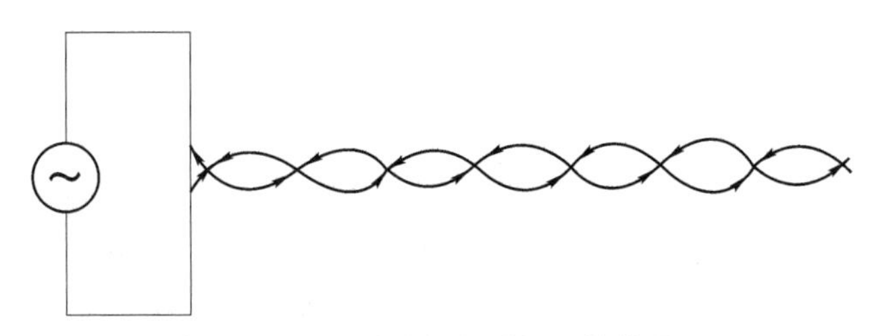

图10－4 双绞线抑制磁场干扰的原理

5）防雷击

过电压会对设备造成损坏，过电压主要指雷击过电压、电力网络操作过电压，损坏电子设备的过电压通常就是这两种。众所周知，作为一种大气物理现象，雷击是由一系列放电（云间、云地）形成的。雷击过电压是指雷电直接击中电线，或雷击避雷针时由于电阻耦合、电容耦合及电感耦合引入电线，或雷击某地造成不同地之间的地电位不均衡等原因，在有源（或无源）导体上产生的瞬态过电压。雷击过电压的能量有时非常强，雷电的放电电流一般为20～40 kA，在大雷暴时可达430 kA。

雷击的危害主要有3方面。

（1）直击雷：是指雷云对大地某点发生的强烈放电。它可能直接击中设备，也可能击中架空线，如电力线、电话线等。这时，雷电流便沿着导线进入设备，从而造成损坏。

（2）感应雷：分为静电感应和电磁感应。当带电雷云出现在导线上空时，在静电感应作用下，导线上束缚了大量相反电荷。一旦雷云对某目标放电，雷云上的负电荷便瞬间消失，此时导线上的大量正电荷依然存在，并以雷电波的形式沿着导线经设备入地，引起设备损坏。

电磁感应是指当雷电流沿着导体流入大地时，由于频率高、强度大，就会在导体附近产生很强的交变电磁场。如果设备在这个场中，便会感应很高的电压，导致损坏。

（3）地电位提高：由于接地电阻的存在，当雷击电流通过导体进入地下时在接地点与设备之间产生了很高的电压差，这个电压差足以对设备造成危害。

针对雷电的危害，防雷必须是全面的，可将其总结为6方面：①控制雷击点（采用大保护范围的避雷针）；②安全引导雷电流入地网；③完善低阻地网；④消除地面回路；⑤电源的浪涌冲击防护；⑥信号及数据线的瞬变保护。

10.4 DCS 实例

10.4.1 分布式矿井提升机控制系统

1. 背景

矿井提升机是矿井人员与物资设备上井、下井的关键设备。近年来，全数字晶闸管传动系统和计算机控制系统技术已在矿井提升机电控系统得到应用，使提升机电控系统技术有了质的飞跃，但还存在不少问题：

（1）信号系统和电控系统相互独立，导致系统复杂，信息传递严重限制，导致上位机的监控能力低，不利故障排除。

（2）PLC 和传动系统通过 I/O 端口连接，导致系统信息传输的可靠性差、量少。

（3）对传动系统、PLC 等的子系统应用功能的开发不足，系统的冗余度小，运行模式单一，不利于处理各类特殊情况。

2. 分布式矿井提升机控制系统的结构和组成

分布式矿井提升机控制系统将传动系统和其他现场仪表、执行器作为底层的现场仪表层（现场执行层）；以 PLC 作为现场控制站，即 PLC 过程控制系统为装置控制层；操作员站和工程师站位于上位机的计算机监控系统，共同形成最上层的监控管理层。提升机电控系统的 DCS 结构组成如图 10－5 所示，分为现场仪表层、装置控制层、监控管理层。

（1）现场仪表层主要由全数字传动系统、信号系统、速度测量、操作台、液压站、闸系统以及继电控制回路和其他监测、执行器件构成。

（2）装置控制层即现场控制站，是由一台 S7－300 传动 PLC 和一台 S7－300 系统 PLC 通过 PROFIBUS－DP 总线以主站/从站方式构成的 PLC 过程控制系统。

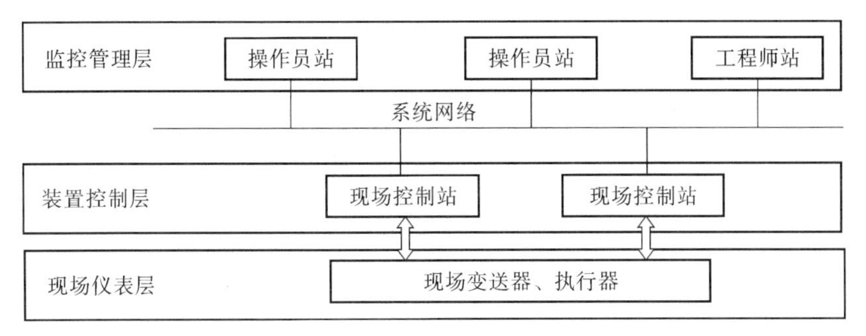

图 10－5　提升机电控系统的 DCS 结构组成

3. 操作工艺

提升机的基本操作过程如图 10－6 所示。首先，检查高压/低压进线电压，选择种类、运行模式、工作模式。无论是正常模式还是简易模式，均可执行 12P 全桥并联、6P 桥 1/2 半载两种驱动模式。接着，按下复位按钮，启动液压油泵。若系统状态指示正常且司机操作台允许运行，则在正常工作模式时由司机根据提升种类、工况进行速度档选择，当简易工作模式时由系统自动选定速度类别。然后，合上磁场，当信号系统信号发出后，若系统显示一切正常，则司机预先将闸手柄打开，并发出开车信号。手动运行模式时，提升机的开车、加速、减速、速度大小控制、停车及闸手柄液压制动控制完全由司机根据现场要求和经验手动控制；自动运行模式时，提升机在运行过程中能够根据井筒行程或监视点信号、减速点信号和停车点信号进行自动限速、减速和停车。

系统运行特性根据系统的不同模式及分类，表现的提升机运行特性如下。

（1）运行模式（自动/手动）。

- 自动模式：系统 PLC 和传动 PLC 与 HMI 一起工作控制 DCS－500 运行。
- 手动模式：手动强制控制行程和减速、停车。

（2）工作模式（正常/简易/应急）。

- 正常模式：系统 PLC 和传动 PLC 都正常工作。
- 简易模式：仅传动 PLC 与 DCS－500 传动系统运行，完成基本运行要求。
- 应急模式：出现重大故障时，由 DCS－500 传动系统手动执行一次提升。

（3）驱动模式（12P 全桥并联/6P 桥 1 半载（主 M）/桥 2（从 S）半载）。

- 12P 全桥并联：电枢变流器以 1/2 主（M）－从（S）并联方式驱动运行。
- 6P 桥 1/2 半载：电枢变流器 1/2 单独运行在 6P 模式。

在矿井提升机电控系统中，PLC 作为过程控制系统，是实现其自动化控制的核心。它综合了全数字传动系统、上位机监控系统、信号系统、继电回路、液压制动系统及其他相关设备的信号和数据，通过用户编制的程序对上述信号和数据的处理，使提升机罐笼运行实现全数字行程控制和 S 形运行曲线，并从软件上对各种信号实现多重连锁和安全保护，对整个提升机系统进行实时监控，既能保证整个系统可靠、安全地运行，又能大大提高其工作效率。

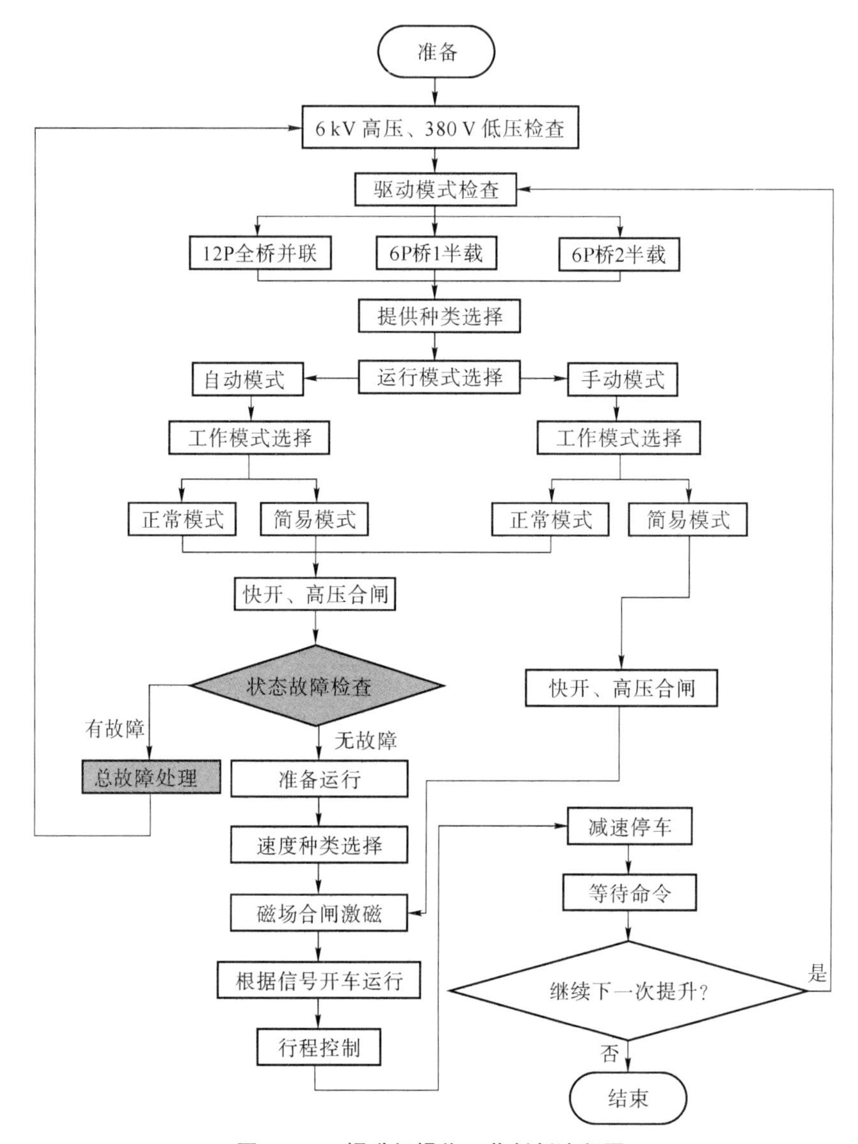

图 10-6　提升机操作工艺创新流程图

4. 过程控制系统硬件的选型及组成

要想选择的 PLC 机型既能满足系统功能要求，又具有良好的性价比，在选择 PLC 机型时，应遵循以下基本原则：

（1）对 PLC 的输入/输出点数应留出 15% ~20% 的后备点数。

（2）PLC 的存储容量应大于系统实际所需存储容量的 50% ~100% 。

（3）对有模拟量的控制系统应考虑 I/O 的响应时间能满足系统要求。

（4）根据负载的类型和启停频率等特点，选择不同的输出方式。

（5）根据系统不同的通信要求，选择具有相应通信功能的 PLC。

1）I/O 点

传动 PLC 共有 32 个 DI 点、64 个 DO 点、8 个 AI 点、4 个 AO 点，系统 PLC 共有 96

个 DI 点、96 个 DO 点。在正常工作模式下，系统的控制功能主要由系统 PLC 承担，传动 PLC 只接收来自系统 PLC 的控制指令来执行对传动系统的控制，并作为控制系统的冗余备份；一旦系统 PLC 出现故障，系统就进入简易工作模式，此时由传动 PLC 独立执行简易控制功能，从而实现整个系统强大的冗余能力和极高可靠性。根据上述选型原则，结合本工程设计要求，决定选用两台西门子公司 S7－300 系列的 PLC 来组成本工程项目的 PLC 过程控制系统。

2）模块选择

S7－300 是模块化的中小型 PLC，能满足中等性能的控制要求。通常，它由 CPU 模块、负载电源模块（PS）、接口模块（IM）、信号模块（SM）、功能模块（FM）以及通信处理模块（CP）组成。各模块都通过背板总线连接，用户可根据系统的具体情况选择合适的模块，其简单实用的分布式结构和强大的通信联网能力使其应用十分灵活。本过程控制系统由一台 S7－300 传动 PLC 和一台 S7－300 系统 PLC 按主站/从站方式组成，两者通过 PROFIBUS－DP 总线进行通信连接，其配置如表 10－1 所示。

表 10－1　传动 PLC 和系统硬件配置

传动 PLC				系统 PLC			
序号	模块名称	型号	数量	序号	模块名称	型号	数量
1	电源负载模块	PS307－5A	1	1	电源负载模块	PS307－5A	1
2	CPU 模块	CPU315－2DP	1	2	CPU 模块	CPU315－2DP	1
3	高速计数模块	FM350－1	1	3	高速计数模块	FM350－1	1
4	数字量输入模块 DI32×24 V DC	SM321	1	4	数字量输入模块 DI32×24 V DC	SM321	3
5	数字量输出模块 DO32×24 V DC/0.5 A	SM322	2	5	数字量输出模块 DO32×24 V DC/0.5 A	SM322	3
6	模拟量输入模块 AI8×12 位	SM331	1				
7	模拟量输出模块 AO4×12 位	SM332	1				

5. PLC 过程控制系统软件设计

根据系统的任务要求和功能特点，PLC 过程系统的程序软件由系统 PLC 程序和传动 PLC 程序两大部分组成。在设计程序前，必须定义 PIC 的 I/O 点。

1）PLC 的 I/O 点定义

PLC 系统的 I/O 点既要满足控制系统完成控制任务所要求输入的外部信号，又要满足控制系统对外设控制、状态指示、故障处理的要求，还必须留出一定的备用点。本 PLC 控制系统 I/O 分为开关量输入（DI）、开关量输出（DO）、模拟量输入（AI）、模拟量输出（AO）。

2）程序流程结构

S7－300 系列 PLC 采用模块化程序结构，整个程序依据功能由不同的 OB（组织块）组成。其中，OB1 是循环执行 OB，作为主程序；其他 OB 则根据不同的中断条件来作为中断执行 OB。在本控制系统的 PLC 程序中，主体控制程序由 OB1 循环扫描执行，OB100 是启动 OB，用于启动 OB1 和参数初始化，组织块 OB80、OB82、OB86 和 OB87 分别是时间错误、诊断错误、机架故障、通信故障中断处理 OB，防止出现上述故障时 PLC 的 CPU 进入停机状态。提升机的程序流程图如图 10－7 所示。

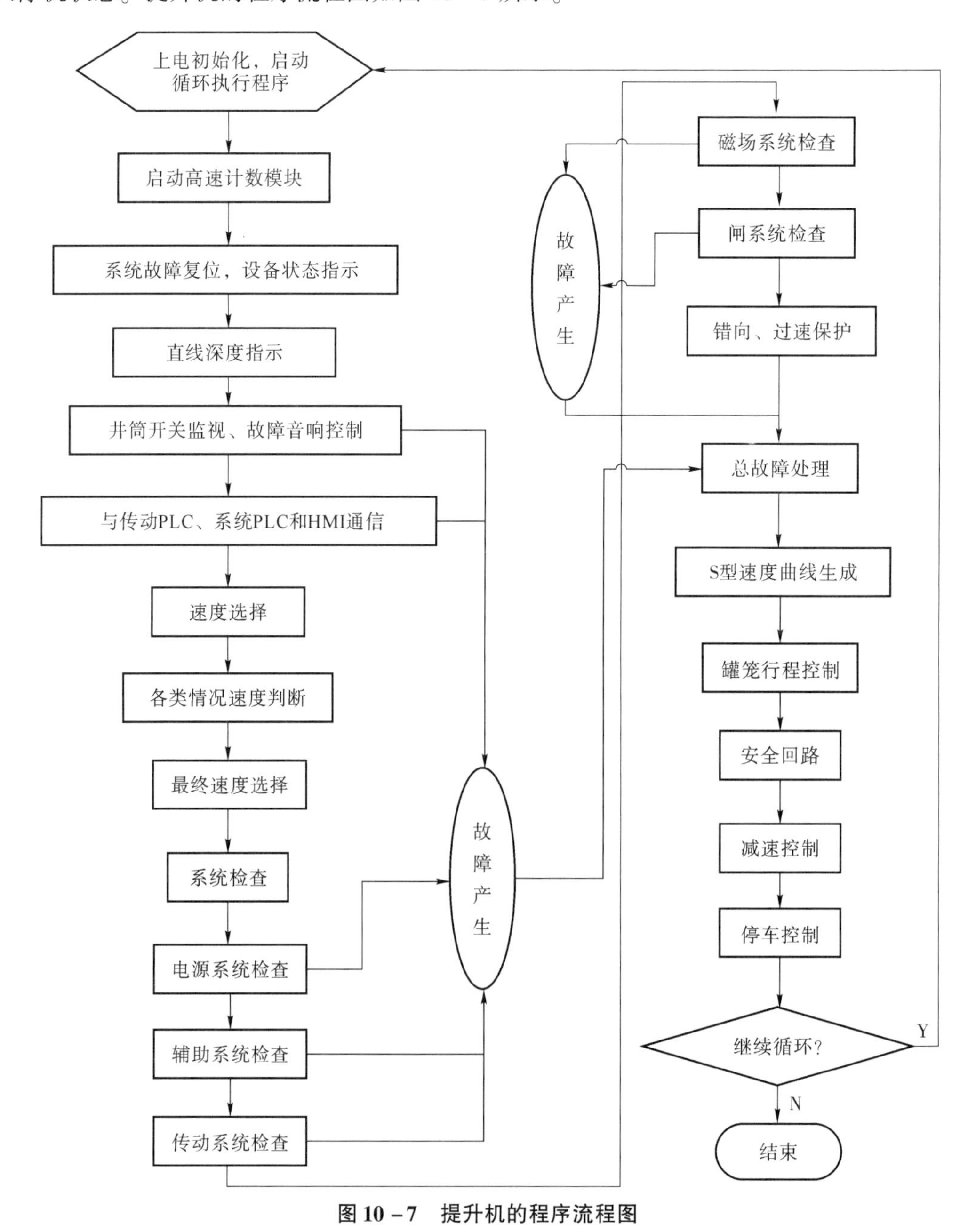

图 10－7　提升机的程序流程图

6. 系统安装调试

在各方的紧密配合下，先后对闸系统、安全回路、全数字行程控制和变流装置（DCS 500）进行试验测试和调试。结果表明：闸系统能够实施一级制动、二级制动和实现紧急情况下安全制动，安全回路可靠实施安全回路动作，可正确实施 12P/6P 运行方式的切换；系统功能完善、操作简便、运行高效、可靠，各项技术指标和性能完全达到设计要求，可以正式投入生产运行。

10.4.2 DCS 在 30 万吨/年甲醇、15 万吨/年二甲醚生产装置的设计及应用

30 万吨/年甲醇、15 万吨/年二甲醚生产装置是典型的大型多装置联合生产的代表。整个装置由 16 个分装置组成。整个工艺流程的各个工段既独立又相互关联。随着化工装置向大型化复杂化发展，多装置协调控制是现代大型化工必不可少的控制策略，从前的单一 DCS 控制单一装置已经远不能满足要求，因此需要设计一套大型自动化体系结构来实现复杂多样的管控一体化控制方案。

10.4.2.1 甲醇及二甲醚工艺简介

煤制甲醇主要流程：由气化工段将煤变为粗合成气；在变换工段将气体中的 CO 部分变换成 H_2；低温甲醇洗工段脱除变换气中的 CO_2、全部硫化物、其他杂质和 H_2O；经甲醇洗脱硫脱碳净化后的合成气送入甲醇合成工段合成粗甲醇；粗甲醇进入精馏系统生产精甲醇；精甲醇蒸气经二甲醚工段进行气相脱水后，得二甲醚液化气产品。另外，还需要空分工段提供富氧和氮气供气化炉，热电工段提供全装置需要的蒸汽。整个装置由煤气化、煤气水分离、变换冷却、脱氧站、硫回收、低温甲醇洗、制冷、压缩、甲醇合成、氢回收、甲醇精馏、二甲醚、空分、锅炉、汽轮机等组成。其简略工艺流程框图如图 10－8 所示。

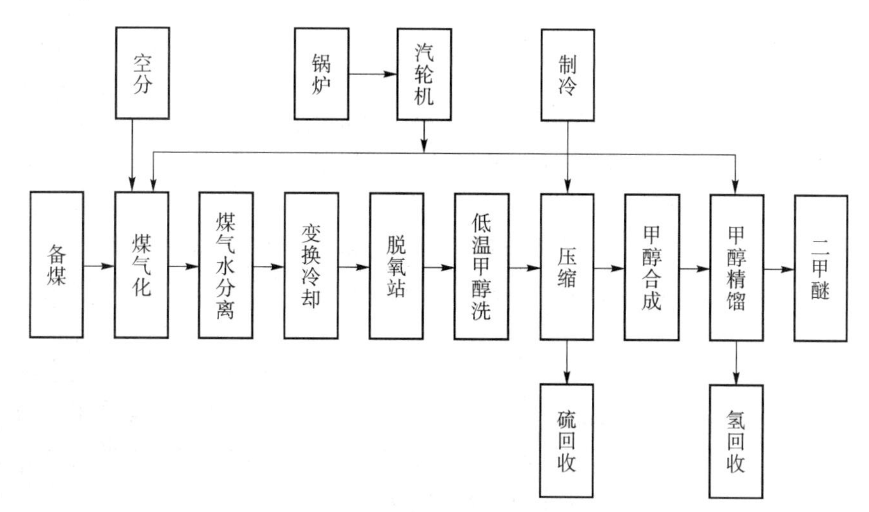

图 10－8 煤制甲醇简略工艺流程框图

10.4.2.2 甲醇装置 DCS 结构设计

1. 甲醇装置系统特点

从前面介绍的工艺特点可以看出，甲醇二甲醚生产是典型多工段多关联串联生产联合装置，前工段为后工段提供原料，后工段受前工段制约，主装置生产依赖辅助装置得是否正常。因此，多装置协调控制是 DCS 结构设计需优先考虑的。虽然甲醇装置相互依赖关系大，但也不是完全密不可分的，将一个大生产装置拆成几个相对独立的系统是 DCS 设计分散控制的理念。在甲醇装置中，相对独立的装置是气化、空分、甲醇二甲醚热电，则可以将一套超大型 DCS 分成 3 ~4 个子系统，再由子系统构成一套母系统。每套子系统有自己独立的控制站、操作站、历史站服务器、工程师站。构成母系统后，设立可以控制全局的中央集中控制室，中央集中控制室的每台操作员站都可以监控全系统各子系统的装置，还可以任意选择想要操作的工段进行控制。

工程分域结构示意图如图 10－9 所示。由于空分与甲醇在同一控制地理位置，因此可以将空分、甲醇合成一个子工程。每个子工程在网络上称为一个域，大型甲醇装置要求不同子工程能够互相访问，便于参考其他工段工艺参数，称为“域间访问”。在图 10－9 中，三个域要求数据能够互访，同时，中央集中控制室能够监控其他三个域的数据。

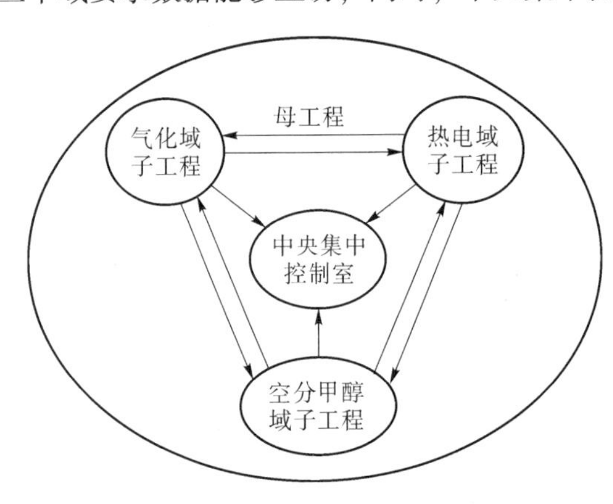

图 10－9 工程分域结构示意

从上面的大型甲醇装置的特点可得出，满足这种大型生产装置的 DCS 必须具有“系统规模大、测点控制点多、地域分布广、相互联系紧安全要求高”的特点。该装置采用了北京和利时系统工程有限公司的 HOLLiAS MACS S 系统。

2. DCS 的网络规划设计

网络规划设计是 DCS 设计的第一步，网络规划设计需要综合考虑控制室地域分布、工艺生产装置独立性、网络结点分布、网络通信流量的集中点、网络安全措施等方面。同时，还要结合 HOLLiAS MACS S 系统的特点进行规划。

1）网络设计需求分析

（1）气化域子工程、空分甲醇域子工程、热电域子工程需要有独立性，即这 3 套装置有自己独立的局域网络、操作员站、控制站、工程师站、历史站服务器、交换机。同时，域间应有网络连接，用于访问其他域的数据。任何域网络出问题都不影响其他域。

（2）需要设立中央控制室，用于监控三个域的全部数据。中央集中控制室的操作员站具有各分域同样的操作功能。按照用户计划，开车时由各就地的操作员操作，当生产正常后，优秀的操作工集中到中央集中控制室操作，各域操作员站只用于担当巡检站之用。之所以这样设计，是为了减少优秀操作员的数量，用较少的人员完成大型生产装置的操作。

（3）SIS（Safety Instrumented System，安全仪表系统）、高压电气综合控保系统、低压电气综合控保系统、其他可编程控制器（PLC）系统等需要将重要数据以通信方式送到

DCS，并能在中央集中控制系统中监视。

（4）因工厂范围大，部分现场离控制室较远，需要设立远程 I/O 机柜，现场控制电缆只需拉到就近的远程 I/O 机柜，再由远程 I/O 机柜通过光纤引入本域控制室机柜。

2）网络设计思路

（1）交换机分布设计。

根据上面网络设计需求的说明，可以得出整个系统需要分成 3 个域，3 个域需要互访，因此需要将 3 个域级联。又根据要求中央集中控制室需要监控 3 个域数据，因此 3 个域网络都需要与中央集中控制室网络级联。为防止构成环网，将 3 个域通过中央集中控制室级联，采用星形网络结构。HOLLiAS MACS S 系统特有的“域”定义功能，方便将一个大型控制系统划分为几个独立的域。每个域有自己独立的控制站、操作站、工程师站、历史站服务器。不同的域相对独立但又可以数据互访。“确定性的实时工业以太网”为大型实时系统采用商用网络硬件实现安全、高速、低成本的数据通信奠定了基础，也是安全实现“域间互防”的关键性技术。

交换机级联图如图 10－10 所示。在图中，网络通信量最大的是历史站服务器结点与交换机通信，以及不同域间的交换机级联通信，该处网络必须采用 1000 Mbps 网络（图 10－10 中的粗线）才能防止网络阻塞。其他结点采用 100 Mbps 即可（图 10－10 中的细线）。因此交换机就必须选用带两个千兆电口的交换机，同时还具有扩展千兆光口同其他交换机级联。该项目选用 3COM，3C17304A，24 口 10/100M＋2 口 1000M－T＋2 个 SFP 口的二层网管交换机。两个 SFP 口可以扩展千兆电口，也可以扩展千兆光口。空分甲醇域还通过以太网串口接入 SIS。以太网串口的优势是将串口转换为以太网直接进入交换机，相比用固定一台计算机的串口通信，以太网串口不依赖于某台计算机，可以通过交换机上的任意一台计算机进行通信。

如图 10－10 所示，采用“域”结构模式进行自动化系统结构设计的思想和技术，解决了大型系统组网灵活性和系统安全性的矛盾，形成了完整的体系结构设计思想。

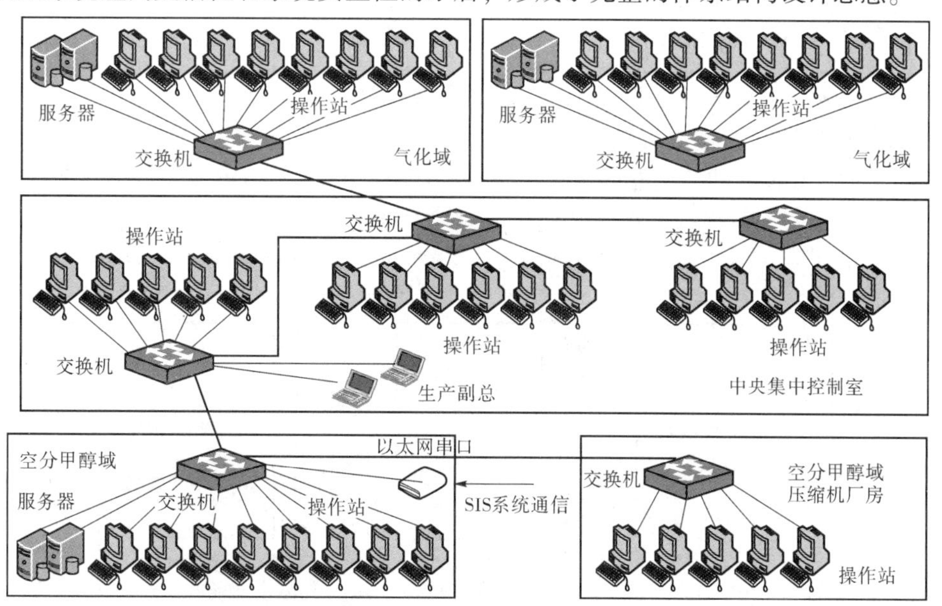

图 10－10　交换机级联图

(2) 计算机分布设计。

在该项目中，要求将计算机放入机柜室，将键盘、鼠标、显示器放在操作室。这样可避免有人随意使用计算机，导致感染病毒或损坏计算机。因此，要求计算机主机和鼠标、键盘、显示器不在同一个地方（相距 50 m），采用长线驱动器可以解决此问题。为方便长线驱动器选型，鼠标、键盘统一采用 USB 接口（PS2 口不方便接长线驱动器），显示器采用视频延长线。计算机长线驱动原理示意如图 10－11 所示。

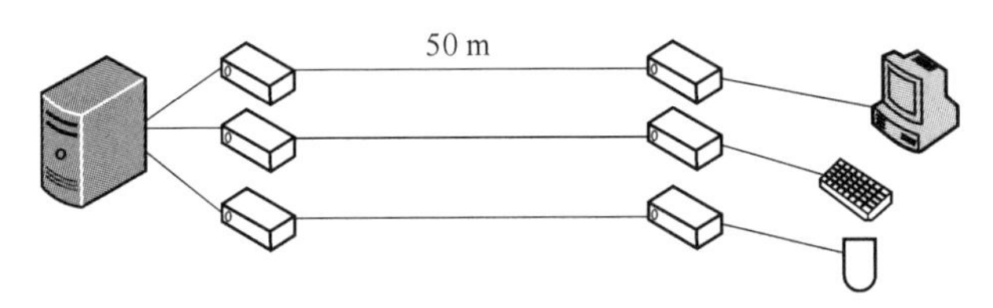

图 10－11　计算机长线驱动原理示意

(3) 历史站服务器选择设计。

大型控制系统的测点数量庞大，历史站的趋势点也有非常庞大的数量，因此需要大容量的存储空间来记录。按照以往经验，历史站服务器需要频繁读写硬盘，因此硬盘磨损是损坏硬盘的主要原因，需要选用带 SAS 硬盘的服务器记录趋势。同时，为防止硬盘损坏影响操作系统，服务器需配置双硬盘：一块硬盘装操作系统；另一块硬盘记录趋势文件。这样，即使记录趋势文件的硬盘损坏，也不会影响操作系统运行，服务器硬盘支持热插拔，可以实现不停车更换硬盘。

服务器是各操作员站、控制站访问的核心，数据交换量很大，容易产生网络瓶颈，防止网络阻塞是服务器选型的重要依据，因此服务器的网卡全选用千兆网卡。同时，为了分流控制站数据和操作员站数据，服务器配备 4 个网卡，其中两个千兆网卡（冗余）用于操作员通信，另两个千兆网卡（冗余）用于控制站通信。

3. DCS 的控制机柜设计

为节约电缆，远程 I/O 模块机柜需放在离现场较近而环境差的设备间，但为了保证 DCS 的核心控制器少受腐蚀气体影响，设计要求将控制器安装在环境较好的中控室内，HOLLiAS MACS S 系统的控制器同模块通信是采用 PROFIBUS－DP 总线技术，支持用光纤通信。因此，采用光缆连接控制器机柜和远程的 I/O 机柜，这样控制器和模块虽然在地理上不在同一个地方，但构成统一的控制系统。远程 I/O 连接如图 10－12 所示。

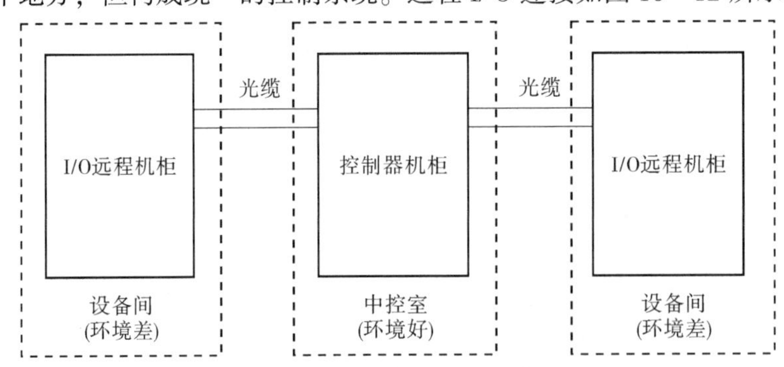

图 10－12　远程 I/O 连接

本工程有 3 个远程控制室，各远程控制室分属域情况如下：

（1）1#远程控制室中的硫回收变换冷却、脱氧站属于造气域。

（2）1#远程控制室中的低温甲醇洗、制冷属于空分域。

（3）2#远程控制室中的 CO_2压缩机、氢回收、甲醇合成、甲醇精馏属于空分域。

（4）3#远程控制室中的二甲醚、硫酸罐区、甲醇罐区、二甲醚罐区属于空分域。

（5）3#远程控制室中的循环水属于热电域。

上面远程站分属域决定了远程 I/O 站同哪个域的控制器相连。

4. DCS 的硬件结构设计

一般工艺要求 DCS 的分站原则是按工艺的独立程度进行分站。制气域工艺由 3 台气化炉和公共部分组成，因此设计为 4 个控制站，热电域工艺为 3 台 130 t/h 的循环流化床锅炉、一台 25 MW 汽轮机及公共部分。空分甲醇域共分为 6 个控制站。本工程共有 7 个控制室。分别为中央控制室、热电控制室、造气控制室、空分控制室、1#远程控制室、2#远程控制室、3#远程控制室。具体机柜及分站表见表 10－2。

表 10－2　机柜和分站表

控制室	I/O 机柜	配电柜	继电器柜	主控机柜	I/O 机笼	模块数	DP 光纤收发器	光缆
中央控制室		1						
热电控制室	4	1	1	4	13	107	2	
3#远程控制室（热电域）	1				2	14	2	350 m×2
造气控制室	6	1	2	4	19	154	2	
1#远程控制室（造气域）	1				6	43	2	200 m×2
1#远程控制室（空分域）	2		1		13	88	4	
空分控制室	2	1	1	6	3	28	10	
2#远程控制室	4				17	56＋58	4	
3#远程控制室（空分域）	1				6	40	2	
总计	21	4	5	14	79	588	28	

实际上，该工程除上面机柜外，还有放操作站、工程师站、服务器的机柜，该项目共 56 个操作站、51 个机柜、7500 多点，由 4 套 DCS 组成一套大型化工 DCS。整个网络结构如图 10－13 所示。

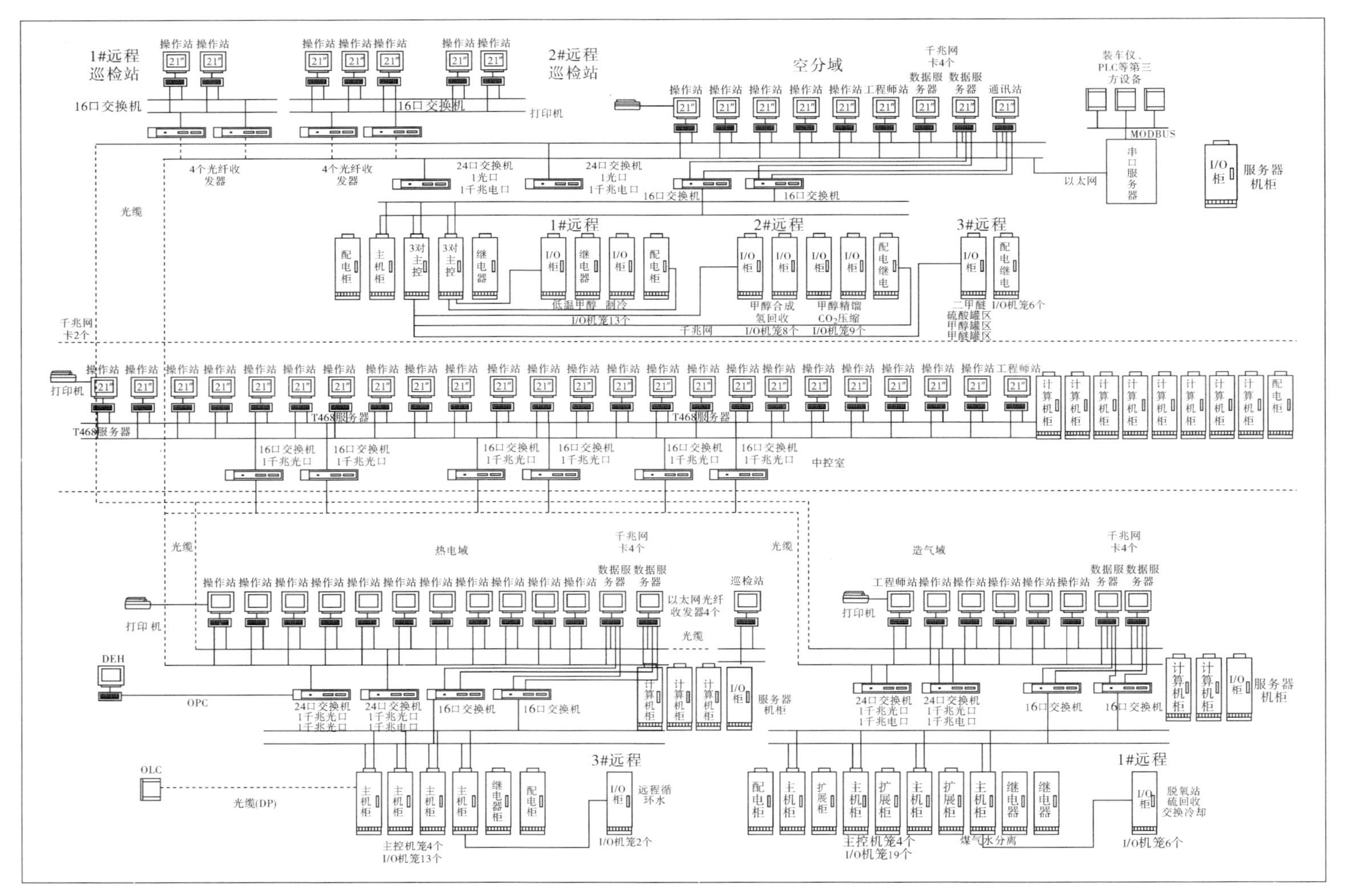

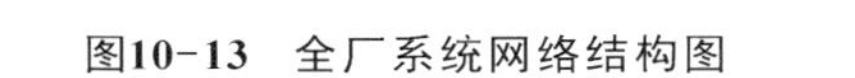

图10-13 全厂系统网络结构图

在图 10－13 中，4 个域的关系如下：

（1）热电域负责提高蒸气和电力。

（2）制气域负责将煤制成煤气。

（3）空分域负责提供制气域的氧气，甲醇合成、二甲醚生产也在该域。

（4）中央控制室控制全厂的各域系统。

从上述要求看，这 4 个域的生产既独立又紧密相连。为完全达到全厂一体化集中控制的要求，招标要求这 4 个域的数据能互相监控，同时设立了全厂中心控制室。在全厂中心控制室中的任何一台计算机操作站，都可以控制 3 个生产域的生产装置。全厂共 56 台计算机操作站、6 台大型服务器、15 个控制站、53 个机柜，分布在 7 个控制室，这 7 个控制室构成一个超大型网络。

5. DCS 的通信功能设计

该项目需要实施复杂多样的通信功能，以便实施全厂管控一体化。作为一个大型联合工程，其采用的通信设备非常繁杂，这些设备有很多需要与 DCS 主系统通信。

经统计，这些设备共有 12 台，可分为 4 类。如果采用传统通信方式，就需要采用 12 个转换接口设备和 4 类不同的通信软件。这种方法调试起来非常麻烦，每次出现新设备，都要单独开发一个通信软件，通信稳定性也无法保证。在 HOLLiAS MACS S 系统中，采用“多通信协议集成 OPC”原理，将市面上使用的各种通信方式、通信协议全部转换成以太网的标准 OPC 2.0 协议，放入 HOLLiAS MACS 系统工业以太网上，只要与该网相连的设备，都可以通过标准的 OPC 2.0 协议通信方式采集到其他通信设备的数据。

10.4.2.3　甲醇装置 DCS 工程控制实施

1. 气化域工程实施

1）气化域系统构成

煤制气域 DCS 主要控制 3 台碎煤加压熔渣气化炉（类似鲁奇制气技术），共 5 个操作员站、1 个工程师站、1 对历史站服务器、4 对冗余控制站，4 台交换机，中控室 14 个机柜、3 个 I/O 远程机柜。

2）气化域主要控制策略实施

（1）氧煤比控制。

氧煤比控制可通过比值调节器来实现，但这不是简单的比值关系，由于氧气过量极易引起爆炸，因此在进行比值控制的同时应保证氧气不过量。

（2）煤气化过程安全联锁。

煤气化工艺的特点决定了不论是投料还是在运行过程中，都必须稳定运行，而更重要的是，要有一套完备的安全联锁系统来保护设备和人身安全。联锁的运行必须实时、快速，一旦联锁条件出现，就必须马上停车。

（3）气化炉渣锁程序控制。

气化炉渣锁程序控制属于复杂顺控。气化炉是带压运行设备，为防止排渣时卸放气化炉内压力，就需要设立渣锁。作用时，两个渣锁交替工作，不能同时开，以保持气化炉内压力。又由于煤渣易卡住，为防止卡塞，就需要设计大量抖动、振荡等程序，因此气化炉渣锁程序非常复杂。

2. 空分甲醇域工程实施

1）空分甲醇系统构成

空分甲醇系统实际分为两个大型生产装置：25000 m^3/h 空分装置；30 万吨/年甲醇生产装置。由于这两个装置处于同一地理位置，因此将这两套生产系统置在同一个域。该域共有 13 个操作员站、1 个工程师站、1 对历史站服务器、6 对冗余控制站，4 台交换机、中控室 6 个机柜、11 个 I/O 远程机柜。为与其他系统通信，配置有以太网串口服务器。

2）空分主要控制策略实施

（1）空分常规控制。

空分工艺过程的特点是控制参数多、参数间的关联强，特别是分馏塔部分是一个典型的多输入多输出系统，很难实现全自动控制，目前国内空分装置一般采用手操器控制和单回路 PID 控制。

（2）空分联锁逻辑。

- 空压机系统：联锁停空压机；联锁防喘振阀；备用油泵启/停控制；高压缸各阀的联锁（内压缩流程）。
- 预冷系统：联锁停水泵；联锁停水冷机组；联锁空冷塔排水阀。
- 纯化系统：联锁电加热器。
- 膨胀机系统：联锁增压机回流阀；联锁膨胀机紧急切断阀。
- 分馏系统：联锁液氧泵（内压缩流程）。
- 氩系统：联锁粗氩泵。
- 氧压机系统：联锁停氧压机（活塞式）；备用油泵启/停控制（活塞式、透平式）；自动启氧压机时序（透平式）；正常停车时序（透平式）；重故障停车时序（透平式）；温度异常停车时序（透平式）。
- 氮压机系统：联锁停氮压机（活塞式）；备用油泵启/停控制（活塞式、透平式）；自动启氮压机时序（透平式）；正常停车时序（透平式）；重故障停车时序（透平式）。

（3）空分分子筛时序控制。

分子筛切换（纯化系统）有两个分子筛吸附器，交互通过空气和污氮。通过空气的分子筛处于工作状态，分子筛中的吸附剂吸附空气中的杂质，除去 CO_2、碳氢化合物等；通过污氮的分子筛处于再生状态，经过加温带走杂质，然后冷吹，使吸附剂恢复活性（分子筛在高温下失去吸附能力）。经过一个周期后，两个分子筛进行切换。一般一个切换周期为 4 h，每个周期包括泄压、加温、冷吹、均压四个过程。每个过程的实现通过开关不同的电磁阀来完成。

3）甲醇主要控制策略实施

（1）甲醇合成塔热点温度控制策略实施。

在甲醇合成塔中，因生产负荷变大造成入塔压力变高，按照放热反应原理，触媒温度应该上升，但由于新增加的入塔气体温度低，原料气的反应热要等一段时间才放出，同时气体流速增大会带走一部分热量，因此实际上触媒温度反而是先下降，然后上升，这就是反向特性。针对有反向特性的被控制对象，传统的前馈－反馈控制的效果不好，因为反向特性会先造成一个错误方向的偏差，如果 PID 调节器按此偏差进行调节，效果反而更差，虽然最终待反向特性过去后能调整回来，但对生产已造成较大的波动。

反向特性可采用史密斯预估控制方法原理进行补偿。史密斯预估控制方法原理是在常规 PID 的反馈控制的基础上，引入一个预估的补偿环节，相当于控制过程仅在时间上推迟了时间 τ。

（2）甲醇精馏回流量控制策略实施。

①甲醇精馏回流量控制主要是预塔和主塔的回流量控制。回流量就是塔底蒸发量，是蒸馏塔设计的关键参数，也是生产中的主要调节对象，它与进料量有直接联系，生产中经常以回流量与进料量的比值来表示塔的回流比，一般通过调节塔底再沸器的加热量进行控制，但再沸器的加热量又受到再沸器内冷凝水液位的影响，因此要由冷凝水的排放量来控制。如果进料量增加，则回流量与它的比值减小，就自动把再沸器液位调低（即冷凝水量加大），使再沸器的加热量得以增加，回流量也相应增加，从而建立新的平衡。

②稀醇水流量与粗甲醇流量的比值调节。根据粗甲醇流量的不同，稀醇水的流量也是不同的，因此需要设计一个稀醇水流量与粗甲醇流量比值调节系统。

③当甲醇产量增加时，只需开大主塔进料阀，这时主塔得到增加进料的信号、塔底得到降低液位的信号，自动调节粗甲醇进料，以保证塔底液位平衡。粗甲醇的进料量增加使原来的回流比失去平衡，先通过比值器自动调节再沸器的冷凝水液位调节器，再通过冷凝水排放阀调整冷凝水液位，以达到新的平衡。进料量的增加会引起预塔塔底温度的变化，受到塔底温度控制的冷凝水加入量就会自动跟踪调整，使塔底的温度保持在额定的指标内。

（3）二甲醚控制策略实施。

①开车联锁。

a. 投料，检查螺杆泵（同循环泵）。当反应釜温度升至 130 ℃时可投料，投料后调节甲醇预热器，使物料温度控制在 45 ~ 55 ℃之间。

b. 在反应釜升温过程中，当压力上升后，就打开气相管线的蝶阀，使流程通畅，并打开相应的放空阀，使釜内空气排出（或氮气置换）。

c. 当各放空阀排出浓烈的二甲醚气味时，通知质控中心在压缩机入口处取样进行氧含量分析，在确认氧含量 $\leq 1\%$ 后，关闭放空阀，釜内压力随之升高，当压缩机入口压力大于 0.02 MPa 时，准备开启压缩机。开启压缩机后，注意反应釜内液面情况，保证液面平稳。

②实际工程中的主要控制回路：

a. 气化塔提馏段温度调节，进口温度调节，反应器冷激段温度调节，精馏塔提馏段温度调节，气提塔塔顶温度调节，气提塔提馏段温度调节，精馏塔塔顶压力调节，洗涤塔塔顶压力调节，气化塔进料流量调节，杂醇采出流量调节，洗涤塔洗涤流量调节，精馏塔进料量调节，精馏塔回流量调节。

b. 循环液流量调节，气化塔塔釜液位调节，气提塔塔釜液位调节，闪蒸罐液位调节，二甲醚采出量主调节，二甲醚采出量副调节，进干燥蒸汽压力控制手操器。

③停车联锁：

a. 接停车命令后，停止反应釜进料，其他设备照常运行。

b. 用压缩机一回一或二回一调整，保证一段进口压力；若系统为保压短期停车，则控制反应釜压力。

c. 待反应釜液面稳定不再下降、釜内压力不再上升后，关闭加热器蒸汽阀门，停循环，酸泵。

d. 停压缩机，关闭压缩机进出口阀门，关闭送罐区切断阀。

e. 待反应、压缩及精馏各冷却器温度下降至 50 ℃以下后，循环水停车。

f. 密切注意反应釜压力，保持各釜内呈正压状态。若停车时间较长，则关闭反应釜出口管蝶阀；当釜内压力呈微负压状态时，及时打开釜顶部预留管口法兰盖，禁止车间内动火。

3. 热电域工程实施

1）热电域系统构成

热电域 DCS 主要控制 3 台 130 t/h 循环流化床锅炉和一台 25 MW 汽轮机。共 11 个操作员站（1 个远程操作站）、1 个工程师站、1 对历史站服务器、4 对冗余控制站、4 台交换机中控室、14 个机柜、1 个 I/O 远程机柜。

2）热电主要控制回路实施

循环流化床稳定负荷下的自动控制系统由以下子系统组成：燃烧控制系统；主蒸汽压力（母管压力）调节系统；主蒸汽温度控制系统；气包水位控制系统及料层差压控制系统；炉膛负压控制系统。循环流化床运行的特点：维持炉膛稳定的温度分布，维持稳定的床温及床高。

（1）燃烧控制系统及主蒸汽压力（母管压力）调节系统。

燃烧控制系统及主蒸汽压力（母管压力）调节系统是热电工程中最复杂的控制系统，相互间耦合多，必须同时考虑控制方案。

如图 10－14 所示为燃烧控制系统及主蒸汽压力（母管压力）调节系统原理框图，图中包括了各种主控参数及中间控制参数，调节手段及各种扰动。控制规则库体现了需要总结整定的控制规律。循环流化床控制的特点是保持床温的稳定，以避免结焦与熄火的意外发生。因此原则上是在稳定循环流化床的运行工况的前提下，再考虑锅炉 3#所带负荷的调节，如开关 K 所体现的。K 接通相当于接上外环，主要克服由于并行运行制带来的主管压力的扰动。

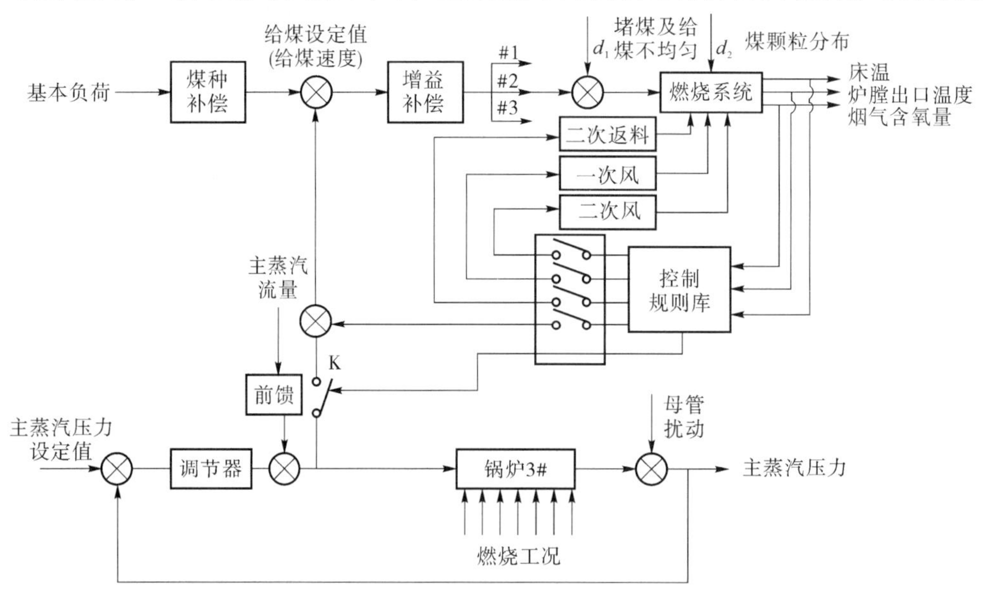

图 10－14　燃烧控制系统及主蒸汽压力（母管压力）调节系统原理框图

控制规则库、床温、炉膛出口温度相当于内环，用于克服堵煤异常情况和给煤质与量的不均匀。一次风的重要作用是保持床的正常流化状态，避免局部超温结焦现象，因此应与给煤有一个恰当的比例关系，一般不随意变动。二次返料量决定了冷灰再入炉膛的量，对床温、负荷出力也有很大影响，一定负荷与煤种也有一个最优量，因此也不能随意变动。以上一次风及二次返料量，只在床温或炉膛出口温度临近临界范围时，才有必要做微量的调整。另外，烟气含氧量主要通过二次风微调，以达到相应负荷下的经济燃烧。

（2）主蒸汽温度控制系统。

由于过热蒸汽温度测点在过热蒸汽出口处，存在着较大的传递滞后与容量滞后，而一般靠减温水来控制的容量滞后很长。对这样的系统，一般控制的波动很大，过热蒸汽温度受到烟气量、烟气温度、蒸汽流量的扰动影响，特别是烟气中的固体颗粒浓度对过热器的传热系数有显著影响，而这与二返料量密切相关。但是烟气量、温度、返料量都不能作为调节手段，因此只能由前馈来消除它们的干扰。过热器温度调节系统如图 10－15 所示。

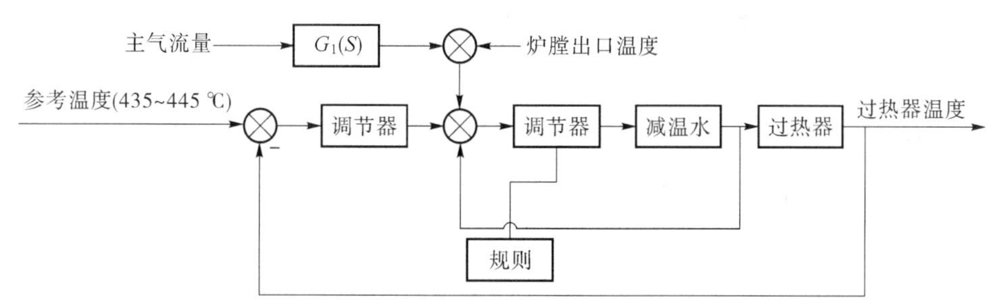

图 10－15　过热器温度调节系统

（3）气包水位控制系统。

气包水位控制系统可以采用三冲量基础上的串级控制系统。操作工的操作方式也体现在上述串级控制系统，内环操作较频繁，给出流量追踪主蒸汽流量。只有在气包水位临近高低限且趋势仍应向外走时，才做外环调节，但操作工的操作频率比较低，调整幅度较大，气包水位经常偏出高低限。由于气包水位有一个较宽的范围，因此采用规则控制可以控制，对测量的干扰更有适应性。因此，外调节器拟用规则调节器。气包水位控制原理如图 10－16 所示。

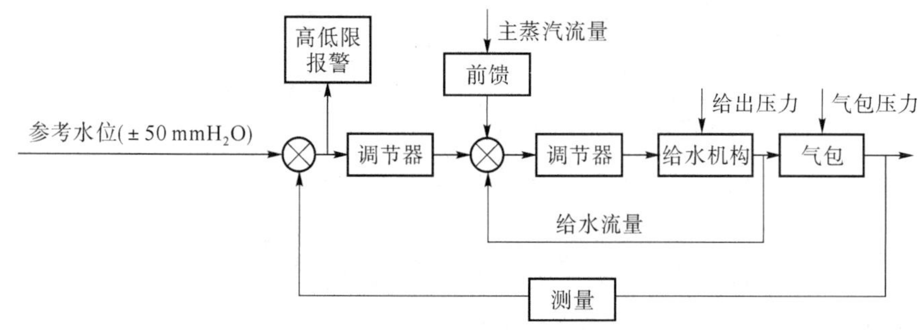

图 10－16　气包水位控制原理

(4) 料层差压控制系统。

料层差压控制采取间隙排渣手段，原理如图 10－17 所示。

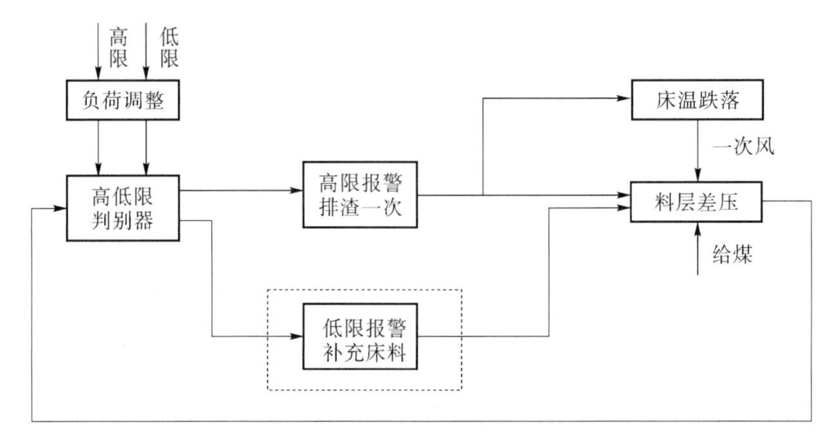

图 10－17　料层差压控制采取间隙排渣原理图

(5) 炉膛负压控制系统。

炉膛负压控制系统与一般锅炉的没有本质区别，为了防止出现炉膛正压，保证安全运行，可以在总风量增加动作前，让引风提高动作。同时为防止正压运行，需设置引风机开度为低限。炉膛负压控制原理如图 10－18 所示。

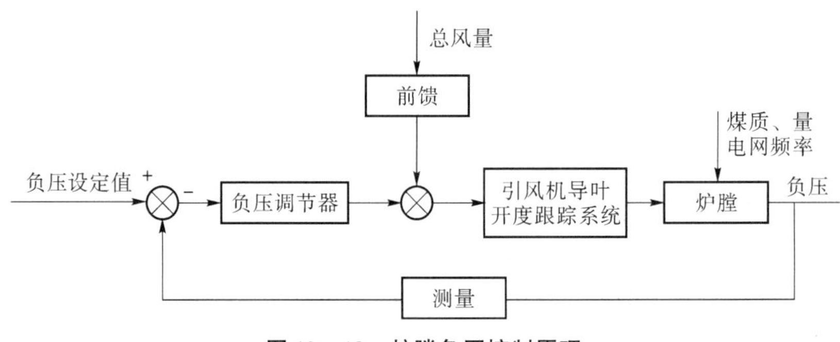

图 10－18　炉膛负压控制原理

10.4.3　总结

30 万吨/年甲醇、15 万吨/年二甲醚生产装置是典型的超大型化工联合装置，要求整个生产装置分四个域。该项目有以下主要特色：

1）基于“域”结构构架理念和“确定性的实时工业以太网”的设计思想

基于“域”结构构架理念，能方便地完成多装置、多系统构成一个整体的大型化工装置控制系统。“确定性的实时工业以太网 ”的设计思想解决了以太网 CSMA/CD 机制中数据冲突、随机后退问题，为大型实时系统采用商用网络硬件实现安全、高速、低成本的数据通信。

2）完善统一的通信解决方案

将各种通信协议统一转换成以太网 OPC 2.0，可解决大型系统必需的海量实时数据通信与管理等关键技术。作为一个大型的联合工程，采用的设备是非常繁杂的，这些设备有很多需要与 DCS 主系统通信。由于通信协议、通信介质不同，不同设备按传统的方式采用不同的通信方式，因此采用将市面各种通信协议统一转换成以太网 OPC 2.0 的技术，从根本上解决了通信的复杂性和通信量巨大的问题。

3）具备运算大型复杂关键过程控制策略能力

在控制甲醇合成塔预估算法中，需要巨大数量的复杂运算，要求 DCS 的控制器具有强大的运算能力；同时，具备强大的数组滚动储存功能，能将前馈干扰量动态存储在控制器中。

综合所述，HOLLiAS MACS S 系统在大型自动化系统的体系结构、海量实时数据通信与管理、复杂过程先进控制策略、流程性工业企业信息化管理等方面进行了卓有成效的理论研究和探索，在大型系统体系结构、确定性通信等关键技术方面取得了重大突破。

思　考　题

1. DCS 的安全可靠性设计方法有哪些?

2. DCS 的主要接地方案有哪些?

参考文献

[1] 侯朝祯．分布式计算机控制系统［M］．北京：北京理工大学出版社，1997.

[2] 王常力，罗安．分布式控制系统（DCS）设计与应用实例［M］．3 版．北京：电子工业出版社，2016.

[3] 韩兵．集散控制系统应用技术［M］．北京：化学工业出版社，2011.

[4] 王海．工业控制网络［M］．北京：化学工业出版社，2018.

[5] 程武山．分布式控制技术及其应用［M］．北京：科学出版社，2018.

[6] 周荣富，陶文英．集散控制系统［M］．北京：北京大学出版社，2011.

[7] 阳宪惠．现场总线技术及其应用［M］．北京：清华大学出版社，2008.